基于可靠性的设备维护优化研究

陈 琦 著

电子科技大学出版社
University of Electronic Science and Technology of China Press
·成都·

图书在版编目（CIP）数据

基于可靠性的设备维护优化研究 / 陈琦著. --成都 ：成都电子科大出版社，2024. 8. -- ISBN 978-7-5770-1072-4

Ⅰ. TB4

中国国家版本馆 CIP 数据核字第 2024PA3205 号

基于可靠性的设备维护优化研究

JIYU KEKAOXING DE SHEBEI WEIHU YOUHUA YANJIU

陈　琦　著

策划编辑　李　倩
责任编辑　李　倩
责任校对　黄杨杨
责任印制　梁　硕

出版发行　电子科技大学出版社
　　　　　成都市一环路东一段 159 号电子信息产业大厦九楼　邮编 610051
主　　页　www. uestcp. com. cn
服务电话　028-83203399
邮购电话　028-83201495

印　　刷　武汉佳艺彩印包装有限公司
成品尺寸　185 mm×260 mm
印　　张　14. 25
字　　数　300 千字
版　　次　2024 年 8 月第 1 版
印　　次　2024 年 8 月第 1 次印刷
书　　号　ISBN 978-7-5770-1072-4
定　　价　59. 90 元

前　言

基于可靠性的设备维护是一种重要的设备管理方法,其核心在于考虑设备故障带来的后果,并结合设备运行的经济性进行维护决策。这种模式综合了故障后果和故障模式信息,其目的是提高设备的可靠性和经济性。最新的理论和调查研究指出,这种维护模式深度探讨了设备可靠性维护的重要性,并在国内设备维护研究领域起到了积极的拓展作用。该模式不仅具有理论上的推动作用,还为我国设备维护的实践提供了有益的指导。

企业必须科学认识设备的可靠性并对设备进行可靠性管理。更高的可靠性意味着生产过程中更少的故障和停机时间,从而提高生产效率和产品质量,增强企业竞争力。在竞争激烈的市场环境下,设备的可靠性直接关系到企业的生产效率和产品质量,进而影响到企业的市场地位和利润水平。因此,通过科学的认识和有效的管理,企业能够更好地应对市场挑战,实现可持续发展。本书以工业企业中单设备系统为研究对象,对基于可靠性的设备维护优化问题进行了深入研究,主要包括以下内容。

(1)完善基于可靠性的设备维护方法。基于可靠性的设备维护方法是一种新兴维护理论,其核心在于对设备的设计特点、运行功能、失效模式和后果进行深入分析,旨在满足设备使用的可靠性需求。这一方法的出发点是通过深入了解设备的工作原理和失效模式,制订更加有效的维护策略,以保障设备的可靠运行。

(2)传统的寿命周期费用分析方法揭示了可靠性与寿命周期费用之间的关系,可建立优化模型来权衡设备可靠性与寿命周期费用,实现最佳匹配。通过传统的寿命周期费用分析方法,企业可以清晰地了解设备可靠性与其使用寿命的关系,从而制订合理的维护和更新计划,降低设备维护与更换的整体成本,实现经济效益的最大化。这一模型的建立不仅能够帮助企业合理安排维护计划,降低维护成本,还能够提高设备的可靠性和使用寿命,从而提高生产效率和产品质量。

(3)借鉴多设备维护的机会维护方法,企业可以建立基于可靠性的单设备系统预防性维护优化模型。这种模型综合考虑了生产和维护情况,通过合理安排维护计划和资源配置,可有效减小停机损失,提高设备利用率,进而提高生产效率和企业竞争力。

(4)基于可靠性的设备更新模型的设计是保证连续安全生产的关键一环。该模型综合考虑了设备更新的时机和维护周期的优化,以确保设备在整个生命周期内都能够保持高可靠性。通过最小化单位时间的维护费用,可以实现设备更新与维护的良性循环,从而延长设备的使用寿命,降低系统的运营成本。

(5)建立基于可靠性的备件优化混合整数非线性规划数学模型,是提高备件管理效率和降低生产成本的重要手段。考虑备件的可靠性和成本的多样性,可以为不同关系下的优化设计方案提供支持。

(6)从智能制造工程技术及企业实际应用的刚性需求出发,针对下一代智能车间在生产、物流系统的集成、联动与协同方面的自适应优化问题,探索了融合工业物联网底层设备和物联大数据的智能建模、集成联动和协同优化的机制、方法。

(7)将图像处理技术应用于异常检测,有效地识别、分析和定位图像中的异常区域或对象,以提高系统的可靠性。通过去除噪声、增强对比度等手段,提升图像质量,使系统基于图像数据进行的分析和决策更加准确可靠。结合人工智能技术精确提取图像中的关键特征,提高系统对目标物体的识别率。通过对图像数据的预处理和实时分析,优化系统的运行流程,提高系统的响应速度和整体性能。

由于作者水平有限,书中难免存在疏漏,恳请读者批评指正。

目　录

第一章 绪 论

在当今经济全球化和市场竞争激烈的时代，现代化企业不可避免地面临着迅速变化的市场需求。对于这些企业而言，设备状态和生产能力的有效管理成为确保产品数量和质量的关键因素之一。首先，设备维护的及时性直接决定了生产过程中可能出现的故障和停工时间，进而影响产品的数量和质量。其次，设备维护的成本也直接影响到企业的利润率。高昂的维护费用可能会降低企业的利润，从而影响企业的竞争力和持续发展能力。然而，设备维护问题并非局限于生产过程中的故障处理和设备修复，而是与企业的整体运营和发展密切相关。

随着科技和工业化的不断发展，设备维护思想也在不断创新。加强设备维护对提高设备可靠度、安全性，提高生产率和产品质量，降低成本等起着重要作用。一些专家认为，应将设备维护视为生产的组成部分，与生产密切联系。这种观点强调了设备维护在整个生产过程中的重要性，并呼吁企业在制订生产计划和策略时，充分考虑设备维护的因素。

当今全球市场的竞争日益激烈，企业不仅需要不断提高产品的质量和生产效率，还需要降低成本以保持竞争力。在这样的背景下，有效的设备维护和管理显得尤为重要。通过及时的维护和保养，可以延长设备的使用寿命，减少因故障而导致的停工时间，提高生产效率，降低生产成本。维修应被视为一种生产对策，其重要性不仅在于修复设备，更在于提高生产效率、优化资源利用、降低生产成本、保护环境，以及提升工作安全性。因此，设备维护在现代企业中的作用远不只是修复损坏的设备，更是一种科学方法，旨在优化投资回报、降低生产费用，并为企业的可持续发展提供支持。

第一节　设备可靠性维护理论的研究背景与意义

设备维护在当今企业中的地位凸显,成为降低运营成本和获取竞争优势的关键手段。现代工业发展迅速,使设备维护任务变得复杂繁重,因为设备状态直接影响产品质量和生产效率。在这一背景下,设备维护的重要性凸显无遗。设备维护对于各行业而言都是至关重要的,因为它直接关系到企业的运营和效益。维护管理理念的变革表现为四个方面:第一,维护资源不再局限于企业内部,而是扩大到社会化维护资源,这意味着企业可以通过外部资源获得更全面的支持和服务;第二,维护被视为创造企业利润的来源,这意味着维护管理不再仅仅是为了修复设备,而是成为增加价值和利润的重要手段;第三,维护管理需要与其他企业管理职能整合,以取得更大效益,这要求在企业内部各个部门之间建立更紧密的联系和协作;第四,基于可靠性的设备维护不仅关注设备故障本身,还考虑故障后果,这意味着在制订维护策略时要考虑到对生产、安全等方面的影响。综合考虑以上发展动态,对设备维护的研究具有重要的应用意义,它不仅有助于企业提高设备的可靠性和生产效率,还能够帮助企业降低成本、提升竞争力,从而实现可持续发展。

可靠性理论为设备维护提供了一种全新的方法,为提高设备的可靠性和企业的安全水平构建了理论基础。随着科技的进步和工业化的发展,现代设备的构造也越来越复杂,这一方面提升了设备的性能和功能,另一方面增加了故障的可能性。如果不对设备进行严格的管理和维护,设备故障可能会导致严重的后果,甚至对人民的生命安全和国家财产造成巨大的损失。无论是在生产领域,还是在服务领域,设备故障都可能带来不可预测的影响,因此科学地管理设备的可靠性成为企业实现永续经营的迫切需求。

在企业的运营中,对设备可靠性的客观需求促使企业进行科学的管理。一方面,提高设备的可靠性可以有效地提升企业的生产效率和产品质量,从而增强企业的持续竞争力;另一方面,保护人民的生命安全和国家财产也是企业不可推卸的社会责任。因此,将设备可靠性纳入企业管理的范畴,对于企业来说具有重要的战略意义。

设备可靠性指的是设备在规定的时间和条件下能够无故障地完成其功能的能力。这一概念贯穿设备的整个寿命周期,包括设计、制造、运行和维护等各个阶段。从设计和制造阶段开始,就应该考虑如何提高设备的可靠性,包括采用优质的材料、合理的结构设计和先进的制造工艺等。在设备投入运行后,定期地维护和保养也是保障设备可靠性的重要环节。通过及时发现并处理潜在的故障和问题,可以有效地延长设备的使用寿命,降低故障率,提高设备的稳定性和可靠性。以可靠性为中心的维护理论强调维护活动的目的是保持和恢复设备的固有可靠性。与传统的维修模式相比,这种理论更加注重预防性维护和对维护的优化。

在20世纪20年代,美国率先实行了预防性的定时维护制度,这一举措标志着维护管理领域的一次重要变革。定时维护方式的引入为设备维护管理带来了新的范式。从那时起,定时维护的理念开始在世界范围内传播,成为维护管理的主流方式之一。中国自第一个五年计划开始,便从苏联引进了定时维护方式,至今仍在沿用。这一制度的采用为中国工业设备的维护管理提供了重要的理论和实践基础,为工业生产的稳定性和持续性提供了保障。

相较于传统的事后维护方式,定时维护在减少设备故障和事故、降低停机损失、提高生产效率等方面具有明显优势。然而,定时维护方式也存在一些问题,如过度维护、频繁拆修、过细分解等,这些问题限制了设备的使用寿命,增加了维护成本,对企业的运营造成了一定程度的影响。

以可靠性为中心的维护理论的出现更新了传统维护观念,其核心理念是以设备的可靠性为核心,通过科学合理的维护策略,实现设备的长期稳定运行。在40多年的时间里,以可靠性为中心的维护理论在世界范围内不断推广应用,不断得到完善和发展。如今,这一现代维护理论已在世界许多国家广泛应用,为各行业的设备维护管理带来了新的思路和方法,成为维护管理领域的重要理论体系之一。

随着我国加入WTO,建立现代维护制度已成为企业提升竞争力、降低成本、减少停产损失的必然选择。重视以可靠性为中心的设备维护成为企业的首要任务,以优化维护工作,确保经营目标的实现。维护的概念不再局限于工业生产领域,而是适用于各个行业,包括公共设施、物流和服务性行业。不同行业虽有不同的维护目标,但普遍追求以最小成本实现企业目标。为此,企业采用多种维护技术综合管理,促进经营目标的实现。通过维护技术的综合运用,企业可以最大限度地延长设备的使用寿命,减少因设备故障而导致的生产中断,从而降低运营成本,提高生产效率,获取竞争优势。此外,随着科技的不断进步,有关设备可靠性维护的理论和研究成果也在不断涌现。积极吸收这些理论和成果,并深入研究国内企业设备可靠性维护,不仅可以拓展研究领域,还具有重要的理论意义和实际意义。这一系列举措,不仅有助于提升企业的竞争力,还能够降低成本、减少停产损失,为企业的可持续发展奠定坚实的基础。

第二节　设备维护发展历程

设备维护是企业生产经营中的重要管理活动,其主要目的是提高设备效能。这一管理活动涉及多种技术、经济和组织措施,以全面管理设备的使用、运行、维护、修理、改造直至报废为核心。物质运动形态和价值运动形态是设备管理中的两个关键概念。物质运动形态关注设备的性能、可靠性、维修性和工艺性等方面,这直接影响设备的运行状态和生产效率。而价值运动形态则关注资金转化、设备价值的转换、维修费用的经济性、新设备投资及技术改造的经济性评价等问题。这涉及资金的有效运用、设备价值的保值增值,以及在维修、更新设备或技术改造时的成本效益考量。通过研究这些形态,可以更好地理解设备维护活动在企业经营中的价值和作用。设备维护的研究领域非常广泛,涉及现代工程技术和管理科学的多个方面。其理论发展与现代工程技术的进步和管理科学的不断完善密切相关,为企业提高设备的效能和生产效率提供了理论支持和实践指导。

18 世纪的资产阶级工业革命是现代工业发展的重要历史节点,其带来的生产方式转变对工业生产产生了深远影响。随着机械设备在工业生产中的逐渐普及和应用,其作用日益凸显。机械设备的引入不仅提高了生产效率,还改变了劳动力的组织方式和生产模式。

随着设备复杂度的增加,企业对维修能力的要求也逐渐提高。因此,设备维修逐渐演变为一个独立的专业领域。其中,美国古典管理学家弗雷德里克·温斯洛·泰勒(F. W. Taylor)的科学管理思想对设备维护管理的发展起到了推动作用。他主张将设备维护管理纳入企业的管理体系中,成为独立的企业管理组成部分。

设备维护的发展大致经历了以下四个阶段。

(1)第一代设备维护,即事后维修阶段(可追溯至 1950 年)。这一阶段包括兼修阶段和专修阶段。其特点是设备只有在损坏后才进行维修,而没有故障时则不进行修理。这种被动式的维修方式使得生产中常常出现因设备故障而造成的停工现象,影响了生产效率和产品质量。

(2)第二代设备维护,即预防维修阶段。在 20 世纪 50 至 60 年代,设备维修的发展如同一场思想的角逐,国际上出现两大主导体系:苏联领导的计划预修制和美国领导的预防维修制。这两种体系都植根于摩擦学理论,旨在提高设备运行的稳定性和可靠性。然而,尽管它们的目标相似,但其具体实施方法和效果却有着显著的差异。

计划预修制强调定期维修,包括大修、中修和小修等周期性维护活动。这种制度的优势在于能够有效地减少非计划停机的发生,因为定期维护可以及时发现并修复潜在的故障,从而提高设备的可靠性。然而,这种制度的缺陷也显而易见,主要体现在缺乏经济性和基础保养考虑。有时为了确保设备的稳定运行,可能会出现维修过度的情况,浪费了资源和时间;而有时又可能出现维修不足的情况,导致设备的潜在问题没有得到有效解决,从而增加了设备故障的风险。

预防维修制强调通过定期的检查和分析,制订合理的维修计划。这种制度在西方国家得到广泛应用,其优势在于同样可以减少非计划停机的发生。并且相较于计划预修制,预防维修制更加注重维修的精准性和针对性。然而,预防维修制也存在一些缺陷,主要是受检查手段和经验的限制。由于技术水平和设备状态的变化,有时很难准确地判断何时需要进行维修以及维修的具体内容,这可能导致维修计划不准确,进而造成维修冗余或不足的问题。

(3)第三代设备维护,即生产维修阶段(1960—1970年)。这一阶段的标志是维修管理的转变。在这一阶段,以生产维修为核心,采用了多样、综合的设备管理方法,包括事后维修、预防维修、改善维修和维修预防。此时的维修管理强调维修策略的灵活性,并融合了后勤工程学理念,提出了诸如维修预防、设备可靠性设计、无维修设计等重要概念,为设备维护管理的发展奠定了基础。

(4)第四代设备维护,即多种设备维护管理模式并行阶段(1970年至今)。在这一阶段,设备维护管理模式多元发展。随着生产过程自动化、无人化水平的提高,企业对设备维护的重要性有了全面的认识,并在经济、技术等多方面进行了综合考虑。这推动了各种设备维护管理模式的发展。在这一背景下,涌现了一系列关于设备综合管理的理论,如后勤学、设备综合工程学和全员生产维修等,为设备维护理论的不断发展奠定了基础。

第三节 我国工业企业的设备维护现状

我国工业企业在设备维护方面相对国外先进企业存在差距,但已取得显著进步。传统的维修方法更注重问题出现后的处理,而非全过程管理和经济效益的管理。近年来,我国工业企业开始转变这一模式,确立设备综合管理概念,注重技术改造以提升性能,初步建立设备预防维修制度,并结合设备状态与计划进行检修,通过科学手段实现预防性维护。这些举措显示了我国工业企业在设备维护方面锐意进取的态度和积极改善的意识,以缩小与国外先进企业的差距。

与此同时,设备管理在横向联系方面也有了新的发展。维修联合体、专业维修公司、维修和改装技术服务中心等各种形式相继出现,为企业提供了更多选择和支持。这些新兴形式的出现,为企业提供了更多专业化、高效化的维修服务,有助于进一步提升设备维护水平。

我国工业企业设备维护也存在一些缺陷,主要表现在采用的集中维修体制虽专业化程度高但存在弊病等方面。虽然集中维修体制可以提高资源利用效率,但也容易出现维修周期长、应急响应不及时等问题。而专业化程度高的维修团队可能会忽视全过程管理,导致维修过程中出现一些潜在的问题。笔者对国内一些大型工业企业的设备维护状况进行了初步调查。调查结果可以归纳为以下几个方面。

(1)企业缺乏明确的设备维护目标和系统的设备维护知识基础,导致维护预算分配不当和维护效能低下,无法达到预期的设备可靠性和稳定性要求。

(2)多数企业缺乏系统的设备维护计划和设备维护管理,维护工作多局限于零部件更换,缺乏失效分析和管理层支持。维护管理往往处于被动状态,使设备维护难以得到足够的资源支持,无法发挥其应有的作用。

(3)维修不及时。由于维修部门管理面宽,重视大修项目而忽视生产过程中的故障维修,这会使生产受到影响。维修部门管理面宽意味着维修人员可能同时负责多个项目或任务,对生产过程中的故障维修不能及时响应。而过度关注大修项目,忽视生产过程中的小故障,这也会导致生产受到较大影响,同时也影响维修效率。

(4)维护部门在生产系统的开发过程中缺乏参与度,导致维护与生产之间协调困难,主要表现在调度冲突、停机和库存过量等方面。

(5)维修费用高。企业存在维修不彻底或维修过度以及维护库存管理不当的问题;维护人员的加班时间占维护总时间的比例约为20%～40%。以上这些因素都增加了维修费用。

(6)企业缺乏维护资源。由于缺乏足够的资金和人力投入,很难实施长期的维护计划,所以企业的重心倾向于日常操作而非长期规划。监督工作比起制订计划更为突出,这使维护工作显得更像是被动应对而非主动管理。此外,生产人员的基本维护意识也存在不足,缺乏对设备长期稳定运行的认识和重视。

(7)在维护手段方面,对设备的维护目前主要仍处于手动阶段,自动化程度低,系统智能性和开放性不足,这导致了维护效率的低下和资源的浪费。这种情况使得设备的使用寿命大大缩短,同时也增加了资源的浪费。

总的来说,我国的设备维护仍处于初级阶段,缺乏组织建设和知识基础。与生产系统开发、组织结构、信息技术等方面的整合还不够有效,这导致了维护工作的片段化和孤立化。此外,现有的维护系统缺乏与企业战略的有效衔接,缺乏明确的目标和方向,其功能逐渐退化,甚至成为负担。企业领导对维护的重视程度不够,员工也缺乏主动性,这进一步增加了维护工作的困难,造成了巨大的损失。这些维护问题严重制约了我国工业企业设备维护的发展,不仅影响了企业的效益和竞争力,也影响了整个产业的可持续发展。

第四节 基于可靠性的设备维护的发展

一、以可靠性为中心的维护的发展

以可靠性为中心的维护(reliability centered maintenance,RCM)被视为第四代维护管理的代表模式,其核心理念是将可靠性置于维护管理的核心地位,关注设备可靠性和故障后果。RCM 方法要求对故障后果进行结构性评价和分析,综合考虑安全性、运行经济性和维护费用节省等因素,从而制订出最为适合的维护策略。这意味着制订维护策略须基于最新的故障模式探索成果,并注重运行的经济性,确保策略的合理性和可行性。因此,RCM 方法不仅有助于提高设备的可靠性和性能,还能最大限度地降低维护成本和提高资源利用效率。以可靠性为中心的设备维护模式在实践中综合了故障后果和故障模式的信息,已经在美国民航等领域得到了广泛应用,并且取得了显著的效益。

40 多年来,这一维护模式在全球范围内不断发展,不断完善,为各行各业提供了更加可靠和高效的设备管理方案。自 1979 年我国民航和空军引入 RCM 以来,该方法取得了显著的成效,为设备维护理论的发展奠定了坚实基础。随后,海陆军以及各工业部门逐步开始研究和应用 RCM,并积极推广设备维护理论。至 1989 年 5 月,航空工业标准 HB 6211—89《飞机、发动机及设备以可靠性为中心的维修大纲的制订》发布,首次系统指导了航空器维护策略的制订。该标准规定了编写以可靠性为中心的维修大纲的方法和决断逻辑,这标志着 RCM 在航空领域的正式应用。1992 年,国家军用标准 GJB 1378《装备预防性维修大纲的制订要求与方法》的发布,推动了武器装备维护标准化的进程,进一步巩固了 RCM 在军事领域的地位。

1990 年 9 月,英国阿兰顿公司总裁提出了民用设备的 RCM 理论,拓展了维护理论的应用范围。截至 1997 年年底,RCM 已广泛应用于多个行业,成为基础理论之一。以可靠性为中心的维护理论经历了怀疑、试验、肯定、推广和标准化等过程。在 RCM

理论逐渐被国际接纳的同时，国际标准的拟制也在积极推进，旨在扩大 RCM 的全球应用范围。

RCM 作为设备维护的基础理论，对我国企业的设备维护工作产生了深远影响，并使设备维护方法有了重大改进。它为企业提供了一种系统化、科学化的维护方法，有助于提高设备的可靠性和可用性，降低维护成本，提升生产效率。因此，RCM 不仅在理论上为设备维护工作提供了指导，而且在实践中取得了显著成果，成为推动我国工业发展的重要支撑之一。通过 RCM 理论，企业可以更有效地制订维护计划，提高设备可靠性和可用性，从而降低维护成本，提升生产效率，促进企业可持续发展。

二、可靠性工程技术的重要意义

1. 在实践方面的意义

自 20 世纪 60 年代以来，可靠性工程技术在各个领域得到了广泛的发展和应用。这一趋势的推动因素主要包括设备结构的复杂化、工作环境的恶化及对性能和结构的高要求。设备结构的复杂化意味着更多的零部件和系统集成，增加了系统的脆弱性和故障风险。同时，工作环境的恶化，如高温、高压、腐蚀等，进一步加剧了设备的老化和损坏程度。对性能和结构的高要求则意味着任何小的失效都可能对系统的整体性能产生重大影响。为了确保设备的可靠性，避免灾难后果，可靠性工程技术应运而生。

可靠性工程技术不仅对设备的正常运行至关重要，而且对经济效益具有重要影响。在竞争日益激烈的国际市场中，企业需要提供高质量的、可靠的产品和服务，以获得竞争优势。因此，投资可靠性工程技术不仅能够降低生产成本，还可以提高产品的质量和可靠性，从而增强企业的市场竞争力。

除了对经济效益的影响外，可靠性问题还直接关系到国家安全和声誉。历史上的一些重大事故，如切尔诺贝利核电站事故，就是由于设备的失效和可靠性问题导致的。这些事故不仅给国家造成了巨大的经济损失，还对环境和人民的健康造成了严重影响，甚至可能引发国际关系的紧张。因此，加强可靠性工程技术的研究和应用，对维护国家安全和声誉具有重要意义。

半个多世纪以来，越来越多的企业认识到可靠性的重要性，纷纷进行大量的研究和开发工作，并取得了显著的成果。从最初简单的故障诊断到现在的预测性维护和智能监控系统，可靠性工程技术已经不断发展和完善，为各行各业提供了强大的支撑。

2. 在企业战略方面的意义

用户需求和企业竞争战略在决定新产品要求方面发挥着至关重要的作用,这些要求需要生产系统具备相应的实现能力。产品需求在转化为对生产系统的要求时,生产系统必须能够适应市场需求的变化和企业竞争策略的调整。在这个过程中,企业资源的分析至关重要,这不仅涉及列举企业所拥有的资源,还包括外部资源,如供应链、合作伙伴等,这些资源都是企业价值系统的一部分。通过将这些资源与产品相结合,可以实现企业战略资源能力的提升,从而增强企业的竞争力。

此外,基于可靠性的设备维护也成为工程技术创新的推动力。通过不断改进设备维护技术和方法,可以提高设备的可靠性和维护效率,从而降低生产系统的故障率,提升生产效率,降低生产成本。

第二章　设备维护相关理论

设备在企业中的重要性不言而喻。现代企业在获取市场资源和保障生存并发展方面,离不开高效的设备支持。然而,企业在使用设备时面临着来自技术、经济和管理方面的挑战。因此,发达国家提出了适应现代要求的设备维护理论,旨在确保工业生产的安全、无缺陷、无伤亡和无公害。

第一节　设备管理理论

设备维护作为设备管理理论的一部分,着眼于保证设备的良好运行状态。目前国际上有代表性的设备管理理论主要有以下三类。

一、后勤工程学

后勤工程学作为一门学科,起源于19世纪60年代的美国。后勤工程学融合了寿命周期费用、可靠性工程和维修性工程等概念,以产品、系统、计划和设备等资源为研究对象,旨在实现整个设备生命周期过程中的成本最优化管理。后勤工程学的系统构成包括基本设备和后勤支持两部分。基本设备是指直接用于生产的设备,而后勤支持是保障基本设备正常运行必不可少的支持系统,包括备件管理、维修人员培训、设备维修等。后勤支持与基本设备之间需要在设计和运作中相互配合和协调,以实现整体效能的最大化。

后勤工程学致力于确保设备制造单位能够有效地保证用户获得最佳的经济效益。为此,一系列措施被采取以确保设备的顺畅运行和长期性能。首先,设备制造单位必须提供适当的技术文件和维修手册，以便用户在需要时能够进行维修和保养。这些文件不仅提供了操作指南，还包括了设备的结构、功能和维护要点，确保用户能够准确地进行维修和保养操作。其次，充足的维修保养设施和配件供应对设备的长期运行至关重要。设备制造单位需要确保用户的设备在发生故障时能够获得及时的维修，以减少设备因故障停机而造成的生产损失。此外，设备制造单位还需要提供培训，使用户了解设备的正确使用方法和维护方法。培训不仅包括设备操作，还包括故障排除和常规维护，以提高用户的技能水平和保证设备的整体运行效率。验证设备可靠性和维修性是后勤学的重要组成部分。美国政府要求将寿命周期费用纳入合同规定，这也体现了后勤学的核心理念，即追求周期成本经济性和降低整个使用过程的总成本。

二、设备综合工程学

设备综合工程学（terotechnology）的概念是由英国丹尼斯·巴库斯在1970年的一次国际设备工程学术会议上首次提出的。这一概念的核心是运用系统论、控制论、信息论等原理，旨在建立一种新的设备管理理论。1974年，英国工商部对设备综合工程学的定义进行了修改，将其重新定义为：综合考虑工程技术、管理、财务等方面，以期在设备的整个寿命周期内获得最经济的费用的学科。这一定义的涵盖范围十分广泛，涉及方案、设计、制造、安装、调试、试运转、使用、维修、改造和更新等各个环节，并强调了信息反馈技术在其中的应用。

设备综合工程学对当时的设备工程领域管理体系产生了深远影响。这一理论引起了英国工商部的重视，他们成立了专门的设备综合工程委员会。此外，他们还将“terotechnology”这一概念编入《牛津辞典》，取代了传统的“plant engineering”（设备工程）和“equipment management”（设备管理）术语。这种行动清晰地显示了设备综合工程学在当时的重要性和影响力，以及其被视为设备管理领域的前沿理论的地位。

设备综合工程学旨在实现设备寿命周期费用的最大限度的节约，涉及工程技术、管理和财务等多方面内容。核心理论和方法包括设备可靠性和维修性设计，全面考虑设备的整个生命周期。此外，设备综合工程学要求建立信息交流和反馈系统，强调设计、使用效果及费用信息在管理中的重要性。

尽管我国早在20世纪80年代初就引入了设备综合工程学的概念，但大多数中国企业在设备管理上仍存在严重的局限性。他们主要集中于后期维修管理，而忽视了设备的规划、设计、制造和购置业务。这种片面的管理方式导致了一系列问题的出现，包括设备性能和质量不稳定、可靠性差、安装调试不合格，以及维修备件和资料缺乏等。

这些问题不仅影响了设备的正常运行，还造成了严重的经济损失。为克服这些局限性，我国在推行现代设备管理方法时，形成了“设备综合管理”模式，旨在实现良好的设备投资效益。这一模式依托科学技术来推动生产发展，并以预防为原则。其任务包括但不限于保持设备完好、提高技术装备素质、充分发挥设备效能以及实现设备保值增值。此模式的实施依据了1987年国务院发布的《全民所有制工业交通企业设备管理条例》，采用了多种方式相结合的管理理念。首先，结合了设计、制造与使用，维护与计划检修，修理、改造与更新等环节，形成了系统性的管理体系。其次，融合了专业管理与群众管理，使设备管理更具普惠性和参与性。最后，将技术管理与经济管理相结合，以确保在提高设备效能的同时，实现经济效益的最大化。

然而，随着市场经济的迅速发展，政府行为与企业决策逐渐脱钩，企业开始更加关注设备维护模式、方法、费用以及决策的优化问题。这种转变意味着在设备管理中，企业不再完全依赖于政府的指导与支持，而是更加注重自身的内部管理与效益优化。

三、全员生产维护

日本在1971年创立了全员生产维护（total productive maintenance，TPM）制度，其核心目标与我国的设备综合管理模式有相似之处，都是为了提高设备的综合效能，并以设备寿命周期为管理对象。TPM制度在管理理念上汲取了英、美维护理论和本国管理经验的精华，为日本工业的迅速崛起提供了有力支撑。该制度具体包括以下五个方面。

第一，TPM将设备综合效能最大化作为其首要目标。这意味着企业不仅要关注设备的生产能力，还要考虑到设备的可靠性、可维护性以及安全性等方面，从而全面提升设备的整体性能。

第二，TPM建立了整个设备寿命周期的生产维护系统。这意味着在设备的规划、使用、维护等各个阶段都要进行有效的维护和管理，以确保设备能够长时间稳定地运行。

第三，TPM涵盖了所有与设备相关的部门，包括规划、使用和维护等管理与技术部门。这意味着不仅仅是生产部门，研发部门、采购部门等在内的所有部门都应该参与TPM的实施，形成一个全方位的维护体系。

第四，TPM强调全员参与，从最高管理层到基层员工都应该积极参与其中。这意味着每个人都要对设备的维护和管理负责，从而形成一个共同维护设备的氛围。

第五，TPM推动生产维护与管理的小组自主活动。这意味着在实施TPM的过程中，应该鼓励员工自发地组织起来，形成各种维护小组，通过团队合作和共同努力来解决设备维护中的问题。

TPM 在日本以惊人的速度普及，10 年内在企业的普及率达 65%，带来了明显效果：企业设备维修费用下降 30%，设备开动率提高约 50%。TPM 不仅在日本成功应用，在全球也传播广泛，成为当代企业管理中不可或缺的重要手段，也是国际上应用最广泛的设备管理方法之一。

TPM 强调持续的技术和管理革新，鼓励全员参与合理化提案活动，推动技术进步和产品升级，其目的是提高企业整体素质，尤其是员工的素质。与此同时，TPM 与后勤工程学、设备综合工程学在追求经济的生命周期成本方面有着相似之处，但它们的目标和责任分配有所不同。后勤工程学的范围较广，设备综合工程学更专注于设备本身；而 TPM 则更注重设备的最终用户，为设备维护理论体系的丰富和发展奠定了基础。

在 TPM 中，企业不仅关注设备的正常运行，还注重通过员工的参与和管理的创新，不断优化生产过程，降低生产成本，提高生产效率。通过全员参与的方式，TPM 能够有效地解决设备管理中的各种问题，促进企业的可持续发展。因此，无论是在日本，还是在全球范围内，TPM 都被视为一种高效的、可靠的管理模式，为企业带来了显著的经济效益和竞争优势。

第二节　设备维护及建模方法

在工业企业中，资金主要用于投资设备。然而，通过日常维护和维修，大部分设备能够保持正常功能状态。维护优化研究涉及维护人力资源管理、备件管理、策略选择与评价等多个方面，旨在优化设备维护中的可靠性和生命周期费用。下面主要介绍设备维护的方式、维护建模的影响因素及维护建模方法。

一、设备维护方式

设备的维护方式是确保设备正常运行并延长其寿命的关键步骤。其中，事后维修、改善性维护和预防性维护是三种常见的维护方式。以预防性维护最为常见，它在工业领域中占据着重要地位。

1. 事后维修

事后维修是指在设备故障发生后立即进行的非计划性维修。这种维修方式在历史上是普遍存在的,然而,随着生产复杂性的增加,维修成本也随之增加。事后维修虽然可以迅速解决设备故障,但其产生的生产中断和维修成本往往会对企业造成不小的损失。因此,企业开始寻求更有效的维护方式以应对这一挑战。

2. 改善性维护

改善性维护则是通过改造设备结构或系统,消除缺陷和防止故障重复发生的一种维护方式。这种方式不仅可以提高设备的可靠性、维护性和安全性,还能够降低维护成本和生产中断的风险。虽然改善性维护通常由设计与制造部门负责,但维护部门往往能够提供有效的改进建议,从而使改善性维护工作更加顺利地进行。特别是在设备固有可靠性、维护性和安全性不足的情况下,维护部门的意见和建议尤为重要。

3. 预防性维护

预防性维护则是一种定期维护方式,旨在预防设备故障的发生。这一维护方式已成为现代制造企业普遍采用的标准做法,其目的在于提高设备的可靠性和稳定性,减少因故障停机而造成的生产中断。通过及时的维护和保养,预防性维护有助于延长设备的使用寿命,并降低维修成本和减少生产损失。周期预防性维护和状态维护是预防性维护中常见的实施方式。

(1)周期预防性维护。

周期预防性维护,是通过有计划地安排维护活动来预防设备故障的发生。其起源可追溯至第二次工业革命时期,当时对于大型、复杂设备的需求促使了这种方式的出现与实践。周期预防性维护的实施可以采用等周期和变周期两种方式。

等周期维护是一种在固定时间间隔内进行维护的方法,例如每月、每季度或每年。这种方法的确定基于历史维护数据和故障数据,并结合数理统计等方法进行分析。通过对设备运行情况的监测和维护记录的分析,可以确定适合设备的维护周期,以确保设备在整个使用寿命内处于良好的运行状态。

变周期维护则是根据设备的运行状况和需要的具体情况来灵活调整维护周期。这种方法更加灵活,能够根据设备的实际运行情况进行调整,避免了因不必要的维护带来浪费,同时又能够及时进行必要的维护,从而延长设备的使用寿命,提高生产效率。

(2)状态维护。

状态维护是预防性维护的高级阶段,这种维护形式以设备技术状态为基础,通过一系列措施,如日常点检、定期检查、连续监测和故障诊断等来评估设备的恶化程度。相比于传统的定期检修或纯粹的故障修复,状态维护的优势在于不规定设备使用时间,这避免了维修不足或维修过度的情况,从而使维护工作维持在较低水平且经济合理。

在实践中,状态维护在许多关键设备的维护中应用广泛,包括但不限于发电机、飞机引擎等。通过持续地监测设备的状态并及时采取措施,可以在很大程度上延长设备的使用寿命,减少突发故障造成的损失,提高设备的可靠性和安全性。

尽管状态维护具有诸多优势,但也存在一些不足,其中最显著的是,状态维护往往只考虑当前运行状态,而对未来运行情况的考虑相对较少。这可能导致在预测未来故障时出现遗漏或误判,从而影响设备的稳定性和可靠性。因此,在实施状态维护时,必须充分考虑设备的长期运行情况,并结合专业知识和技术手段,以便更准确地预测和防范可能的故障。

(3)智能维护。

随着科技的不断发展,智能维护作为一种预防性维护方式逐渐崭露头角。智能维护利用嵌入式智能代理技术和性能衰退预测技术,旨在实现设备的零故障运行,通过提前识别潜在问题并采取相应措施,从而避免设备故障带来的生产中断和损失。智能维护能够优化维护计划,使之更加精准高效。智能维护还可以帮助企业降低备件库存成本,通过准确预测设备可能出现的故障和需要更换的零部件,企业可以更加精准地采购和管理备件库存,避免因过多备件库存而造成资金浪费和资源浪费。

在实际应用中,维护计划常采用多种维护方式的组合,如周期预防性维护结合事后维修等,以达到优化维护策略的目的。这种维护策略的制定不仅需要考虑设备本身的特性,还需要充分考虑企业的实际情况和需求。智能维护技术的应用使得维护计划更加精准和高效,从而进一步提升企业的生产效率和运营效益。

设备维护后的性能状态通常可以分为三类:小修、修复非新和修复如新。这一分类决定了设备下一个维护周期的运行特性。对于处于不同性能状态的设备,企业需要采取不同的维护策略和措施。通过智能维护技术的支持,企业能够更加精准地评估设备的性能状态,并及时采取相应的维护措施,从而延长设备的使用寿命,减少生产中断的风险,提高设备的可靠性和稳定性。

二、维护活动的分类及维护建模的影响因素

维护是指通过技术和管理活动来保持或恢复产品或系统的功能。它包括两种主要类型：修复维护和预防维护。修复维护旨在针对已经出现的故障进行修复，以恢复产品或系统到规定的功能状态。这一过程也称为修理，其目标是尽快解决问题，使系统重新达到可工作状态。预防维护则是通过检查、探测和预防早期故障，以维持产品或系统的规定功能状态，避免故障的发生或降低故障发生的可能性。

维护活动根据其对系统工作状态的影响程度又可以分为完全、不完全、最小、劣化和最坏五类。这些分类主要依据维护活动对系统工作状态的修复程度。完全维护旨在使系统故障率与新系统相等，如全面大修。不完全维护则介于完全维护和最小维护之间，它可能只涉及部分零部件的更换或修理，但依然能够使系统在一定程度上维持规定功能。最小维修的目标是使系统在运行的时间窗口内维修工作量最小，通常采取针对性更弱的维护措施，以确保系统能够在最基本的水平上运行。劣化维护是一种状态下的维护，它使系统的故障率增加，但并未导致系统的完全损坏。最坏维护则是维护活动的最不理想的状态，它可能导致系统故障或损坏，这通常是由维护措施的不足或不当引起的。

无论是哪种类型的维护，其核心目标都是提高设备的可用性和可靠性，同时控制维护所需的成本。因此，维护决策的关键在于通过分析不同策略的表现来找出最佳的维护方式。要衡量维护效果，需要考虑多个指标，如维护总成本率、设备可靠性和可用性等。优化维护决策的目标通常包括最小化维护总成本率、最大化设备可靠性，或在确保可靠性的前提下降低总成本率，或在确保维护总成本率的前提下提高系统的可靠性。这些目标旨在确保设备在长期运行中能够保持高水平的可靠性和可用性，同时尽可能地降低总成本。维护决策的优化需要综合考虑这些目标，并在不同的情况下进行权衡和调整，以达到最优的维护策略。通过深入分析和合理评估，可以使企业在维护方面取得长期的经济效益和技术效益，从而提升整体运营效率和竞争力。

三、维护建模方式

建模方式的多样化是维护管理领域的一个重要趋势。在追求不同维护目标和策略的同时，常常采用解析法进行数学建模。这种方法通常是利用等式来描述维护活动，并将目标函数构建为系统变量的线性或非线性组合，同时确立约束条件。然而，随着系统复杂性的增加，解析法的应用变得日益困难。为了简化模型，学者们开始做出

一系列假设,例如假设设备失效服从指数分布或冲击模型,然后利用统计手段将随机失效转化为可解析的数学模型。这种转变使得建模过程更加可行,并为进一步的分析提供了便利。通过统计手段,学者们能够将原本复杂的系统行为抽象为更为简单和可计算的模型,从而为制定有效的维护策略提供了理论支持和计算基础。

马尔可夫决策过程作为一种常见的数学建模方式,在描述设备系统时假设系统具有明确的过程状态和唯一的参数组表示。其中,状态转移矩阵是一项关键工具,它描述了系统在不同状态之间转移的可能性。例如,设备可能从一种状态转移到另一种状态,而这些转移的概率通过状态转移矩阵来表示。这种模型的应用可见于 Love[1] 的研究中,他利用马尔可夫决策过程来研究设备维修和更新状态阈值的取值,从而优化设备维护和更新策略。

在 Marquez[2] 的研究中,半马尔可夫决策过程作为马尔可夫决策过程的扩展,被用来对系统进行建模,并制定最优的状态监测计划。这种模型考虑了系统状态的转移以及不同状态下的决策,以达到系统最优性能的目标。

然而,马尔可夫过程假设设备状态是完全可观测的,但实际上,由于各种因素的影响,我们可能无法精确观测到设备的状态。为了解决这一问题,需要考虑不完全信息状态下的扩展方法,以更准确地描述系统行为。正是因为解析方法的局限性,仿真方法在维护管理领域的重要性逐渐凸显。与传统的解析方法相比,仿真方法能够更灵活地应对系统的复杂性和不确定性。例如,Duffuaa 等[3] 学者考虑了各种维护所需的相关信息,如设备配置和人力资源,以更真实地模拟系统的运行情况。此外,Charles[4] 和 Li[5] 等学者也采用仿真方法对半导体生产系统和系统部件的可靠性进行建模,进一步证明了仿真方法在处理实际复杂系统时的有效性。

与传统的数学解析方法相比,仿真方法更适合描述复杂系统,因为它们可以更好地模拟系统的真实运行情况,并提供更准确的结果。

第三节　可靠性理论

一、可靠性的定义

GB/T 2900. 13—2008《电工术语　可信性与服务质量》对可靠性的定义为:产品在给定的条件下和在给定的时间区间内能完成要求的功能的能力。这一定义具体涵盖了产品、条件、时间、功能和能力五个要点。

1. 产品

产品的可靠性研究是针对硬件、软件或它们的组合等核心对象展开的,也可能涉及系统、子系统、部件等。

2. 给定的条件

规定的条件是影响产品可靠性的重要因素之一。这些条件包括使用条件、维护条件、环境条件及操作技术等。明确定义和严格遵守这些条件对确保产品的可靠性表现至关重要。例如,在不同的环境条件下,产品的性能表现可能会有所不同,因此,准确把握产品在不同条件下的可靠性表现至关重要。

3. 给定的时间

给定的时间是一个确定产品可靠性的时间尺度,其具体表现取决于产品的特性和使用目的。一般而言,随着时间的推移,产品的可靠性会逐渐下降,这是由各种外部和内部因素对产品性能的影响导致的。可靠性的定义规定了在时间为零时,产品的可靠性为“1”,这意味着产品在初始时刻具有完全可靠的性能。因此,可靠性可以看作是时间的一个非负递减函数,而时间的单位则可以采用多种形式,如统计的日历单位、工作循环次数等,甚至可以混合使用多种单位进行衡量。

4. 要求的功能

要求的功能是确保产品在特定环境和使用条件下能如期运行的重要保证。这些功能是通过产品规格说明书中定义的正常工作性能指标来明确的。通常通过试验或实际使用验证这些功能,以确保产品在各种情况下都能够达到预期的性能水平。这些功能规定不仅可以帮助制造商了解产品的性能表现,也可以帮助用户更好地使用和维护产品,从而提高产品的可靠性和稳定性。因此,合理、明确地规定这些性能指标和判据对评估产品可靠性至关重要。这不仅直接影响着可靠性的评估和判断,还反映了产品的技术先进性和顾客满意度。

5. 能力

能力是指产品在特定时间、条件和功能要求下的综合表现。在评估产品的能力时,可靠性是其中一个至关重要的内在特性。可靠性代表了产品在规定条件下实现功能的能力,是产品质量的核心组成部分之一。为了更准确地评估产品的能力,人们需要从定性和定量两方面进行考量。在定性方面,能力涵盖了产品在给定条件下是否能够如期完成其功能。在定量方面,则需要使用概率来描述可靠性的能力。通常情况

下，可靠性的能力是以概率形式呈现的，即在给定的条件和时间范围内，产品成功完成规定功能的概率。这一概率通常以条件概率的形式表示，即 R(可靠性) = p{完成规定功能|规定条件，规定时间区间}。因此，对于可靠性的评估不仅需要考虑产品在理想情况下的表现，还需要考虑在实际运行中可能出现的各种不确定性和随机性因素。通过对可靠性进行定性和定量分析，可以帮助制造商和用户更好地了解产品的性能特点，从而做出更明智的决策。

二、可靠性的分类

根据不同使用要求，从不同角度，针对不同产品，对可靠性的分类也不同。

1. 广义可靠性和狭义可靠性

广义可靠性是指评估产品或系统在特定条件下正常运行的能力，通常包括狭义可靠性和维修性两个方面。狭义可靠性侧重于产品在规定条件下连续运行的能力，即在规定时间内不出现故障或在性能下降的情况下完成其预期的功能。这一概念关注的是产品在特定环境和使用条件下的稳定性和可靠性。维修性则是指产品在规定条件和时间内，按照规定的程序和方法进行维修时，能够保持或恢复其规定状态的能力。这包括识别故障、采取合适的维修措施以及使产品尽快恢复到可接受的运行状态。从整体来看，广义可靠性可表示为：广义可靠性=狭义可靠性+维修性。

对于可维修产品而言，广义可靠性的提升需要同时考虑狭义可靠性和维修性。在这种情况下，产品不仅需要保持在规定条件下正常运行的能力，还需要在出现故障时能够进行快速、有效的维修，以尽快恢复其规定状态。对于不可维修产品来说，广义可靠性的意义略有不同。由于无法对这类产品进行维修，所以只需关注其在规定条件下的正常运行能力，即狭义可靠性。广义可靠性实质上反映了产品的有效性，即产品在规定条件下能够达到预期功能的能力。

2. 固有可靠性和使用可靠性

固有可靠性是产品在设计和制造阶段就被赋予的特性，主要由开发者控制，涉及产品的狭义可靠性。这一方面关注产品在设计、材料选取、工艺流程等方面的可靠性保障，确保产品在生产阶段就具备了较高的质量水平。然而，产品的可靠性并非仅限于此。使用可靠性则更多地关注产品在实际使用中的表现。除了固有可靠性涵盖的因素外，使用可靠性还考虑了产品在安装、操作、维护等方面的影响因素，从而涵盖了产品的广义可靠性。这种广义的可靠性评估更加贴近实际应用场景，反映了产品在真实环境下的表现和用户体验，是对产品整体质量的全面考量。

3. 硬件可靠性和软件可靠性

硬件可靠性作为传统的可靠性定义,主要关注产品在规定条件下的性能表现。这包括了硬件组件的材料强度、连接方式、耐用性等因素,直接影响产品在实际使用中的稳定性和持久性。相对而言,软件可靠性则更多地针对软件产品的特性,着眼于软件在规定条件下是否能够完成功能或不会引发系统故障的概率。软件可靠性与硬件可靠性存在明显差异,软件不受到疲劳、老化等因素的影响,其故障概率也不会随着时间的增长而单调下降。然而,软件可靠性的提升同样需要经过严格的设计、开发、测试等环节,以确保其在不同的使用场景下都能够稳定运行,不会因为软件漏洞或设计缺陷而影响到整个系统的可靠性和安全性。

4. 任务可靠性和基本可靠性

在产品可靠性分析中,任务可靠性与基本可靠性是两个重要概念。任务可靠性强调产品在执行规定任务过程中成功完成的概率,即在给定任务剖面内完成规定功能的能力。而基本可靠性侧重于产品在规定条件下持续运行的时间或概率,强调产品在特定环境下无故障运行的能力。基本可靠性包括产品在长期使用或在恶劣环境下的稳定性和持久性,确保产品在各种情况下可靠地运行而不会出现故障或性能降低。简单地说,任务可靠性强调任务成功的概率,以及统计危及任务成功的致命故障;而基本可靠性更注重产品全寿命单位的故障情况,反映了对维修人员和后勤保障的需求。

GB/T 2900. 13—2008 明确对失效、故障进行了定义。失效是指产品完成要求的功能的能力的中断,而故障指产品不能完成要求的功能的状态。故障是一种随机事件,可能发生也可能不发生。对于不可修复的产品,一旦发生故障即等同于失效。这种明确的区分有助于在可靠性分析中准确地识别并区分不同的事件类型,从而采取相应的预防或修复措施。例如,基于任务可靠性的分析,可以识别并排除导致任务失败的故障模式,从而提高产品在特定任务下的成功率;而基于基本可靠性的分析,则可以发现长期使用过程中可能出现的故障,提前采取维护措施,降低故障率,延长产品寿命。

三、常用故障分布的数学模型

表示设备的可靠性和维修性的特征量都与设备的故障分布有关,如果已知设备的故障分布函数,就可以求出设备的可靠度、故障率等各种数值。即使不知道具体的分布函数,只知道故障分布类型,也可以通过估算求得某些可靠性的估计值。

由

$$R(t)+F(t)=1$$

得

$$R(t)=1-F(t)=\int_{t}^{\infty}f(t)\,\mathrm{d}t$$

式中，$R(t)$为可靠度函数；$F(t)$为积累失效概率函数；$f(t)$为故障密度函数（累积故障率密度函数）。

常用的故障函数有指数分布、正态分布、威布尔分布。

1. 指数分布

$$R(t)=\mathrm{e}^{-\lambda t} \tag{2-1}$$

式中，λ 为故障率，也是指数分布的分布参数。

指数分布的故障密度函数$f(t)$、故障率函数 $\lambda(t)$ 和平均寿命 θ 可分别用以下各式表示。

$$f(t)=\lambda\mathrm{e}^{\lambda(t)} \tag{2-2}$$

$$\lambda(t)=\lambda \tag{2-3}$$

$$\theta=\frac{1}{\lambda} \tag{2-4}$$

2. 正态分布

正态分布又称高斯分布，是一种双参数分布。它的故障密度函数$f(t)$、可靠函数$R(t)$、故障率函数 $\lambda(t)$ 可分别用以下各式表示。

$$f(t)=\frac{1}{\sigma\sqrt{2\pi}}\exp\left[-\frac{(t-\mu)^2}{2\sigma^2}\right],-\infty<t<+\infty \tag{2-5}$$

$$F(t)=\frac{1}{\sigma\sqrt{2\pi}}\int_{-\infty}^{t}\exp\left\{-\frac{(\xi-\mu)^2}{2\sigma^2}\right\}\mathrm{d}\xi \tag{2-6}$$

$$R(t)=1-F(t) \tag{2-7}$$

$$\lambda(t)=\frac{f(t)}{R(t)} \tag{2-8}$$

式中，σ 为标准差；μ 为概率密度函数均值；ξ 为时间变量。

3. 威布尔分布

威布尔分布一般是双参数分布。调整尺度参数 α 和形状参数 β，可得到很多分布曲线形状满足试验数据。在可靠性工程中,威布尔分布被广泛采用。

故障率函数为

$$\lambda(t)=\frac{\beta t^{\beta-1}}{\alpha^{\beta}} \tag{2-9}$$

式中,α 为比例参数;β 为形状参数。$\alpha>0,\beta>0,t>0$。对应的故障密度函数 $f(t)$、可靠函数 $R(t)$、故障率函数 $\lambda(t)$ 可分别用以下各式表示。

$$f(t)=\frac{\beta t^{\beta-1}}{\alpha^{\beta}}\exp\left[-\left(\frac{t}{\alpha}\right)^{\beta}\right] \tag{2-10}$$

$$R(t)=\exp\left[-\left(\frac{t}{\alpha}\right)^{\beta}\right] \tag{2-11}$$

$$\lambda(t)=\frac{f(t)}{R(t)} \tag{2-12}$$

当 $\beta=1$ 时,威布尔分布简化为指数分布,即

$$\lambda(t)=\frac{1}{\alpha} \tag{2-13}$$

$$f(t)=\frac{1}{\alpha}\exp\left(-\frac{t}{\alpha}\right) \tag{2-14}$$

$$MTTF=\alpha \tag{2-15}$$

式中,$MTTF$ 为平均失效前时间。

当 $\beta=2$ 时,威布尔分布简化为瑞利分布,即

$$\lambda(t)=\left(\frac{2}{\alpha^{2}}\right)t \tag{2-16}$$

$$f(t)=\frac{2}{\alpha^{2}}t\exp\left[-\left(\frac{t}{\alpha}\right)^{2}\right] \tag{2-17}$$

当 $\beta<1$ 时,故障率呈下降趋势;当 $\beta=1$ 时,故障率为常数;当 $\beta>1$ 时,故障率呈上升趋势。

第四节　RCM 维护优化模型

一、RCM 中经常采用的方法

RCM 是一种系统化的方法,旨在全面考虑系统功能和功能失效,并优先考虑安全性和经济性来确定预防性维护任务。在 RCM 的实践中,综合考虑了故障后果和故障

模式信息,以运行经济性为核心指导思想。RCM 作为预防性维护的关键方法,必须在整个维护框架中得到充分应用,以最大化效益。需要特别注重对关键元件状态的监控,这有助于及时发现潜在问题并采取相应的预防措施。其主要应用领域包括制定和控制工厂主要设施的维护程序,确保设备的高效运行和寿命延长。

在本书的研究中,RCM 中采用了多种决策支持系统和专家评判方法,如遗传算法(GA)、蒙特卡罗(MC)模拟法、层次分析法(AHP)、RCM 分析法、敏感性分析法、失效模式和影响分析法(FMECA)、影响图表法等(见表 2-1)。这些方法的采用有助于从多个角度综合考量维护决策的各种因素,使得决策更为全面和准确。此外,研究中还采用了多种模型,包括多原则决策制定模型、基于规则的模糊逻辑模型以及比例风险模型等。这些模型的运用有助于对维护任务进行系统化的评估和优化,提高维护决策的科学性和精确性。

表 2-1　RCM 中经常采用的方法

方　法	适用范围
遗传算法	描述更新策略的维持和更新问题,包含可靠性和成本估计思想
蒙特卡罗模拟法	经常与遗传算法结合,描述更新策略的维持和更新问题
层次分析法	制订元件故障重要性等级,综合分析其对企业效益的影响效果
RCM 分析法	关注系统功能,从故障后果的严重程度出发,确定维护的必要性和可行性,对维护要求进行评估,制订合理的维护大纲
敏感性分析法	测定设备、元件等的重要等级
失效模式和影响分析法	确定潜在失效模式及其相应的原因、结果、发生频率和重要性
影响图表法	表达行为、特性与效用之间的相互关系,选择维护策略等

二、RCM 优化模型综述

当前,企业的运作趋于整体化,企业内部活动之间的联系越来越紧密。设备维护决策研究领域涉及的 RCM 理论,根据模型研究的关注点的不同,大致可以分为以下几类。

1. 使用导向

Ozekici[6] 认为,一般情况下大部分产品需要在不同环境下工作且具有不同的故障率函数,于是引入产品固有寿命的概念,建立在随机环境下的更换周期的最优化模型。Levitin[7] 提出了一种基于遗传算法的多状态系统的预防性维修优化模型。该模型运用威布尔分布进行故障的描述和分类检查报告，通过运用 RCM 知识库和维修数据来确定所获得结果的正确度和精度。该模型可以在其确定的参数范围内获得最优的维修策略。Khan[8]等提出了一种维修和可靠性模型的敏感性分析模型。该模型是基于最大相似度的满意度建立的，并且预留了接口，使模型可以运用其他的满意度模型进行分析。运用该模型可以根据系统的历史故障数据的分析结果，在所提供的多种维修或可靠性模型中选出最接近事实情况的模型。韩帮军等人[9-11]提出了设备预防性维修的两阶段优化模型：第一阶段确定最少的预防性维修次数，第二阶段在前一阶段的结果的基础上确定各预防性维修周期的最优周期。该模型简化了求解复杂度，克服了长期运行期望周期模型的缺点，具有很强的可操作性，可以为维修计划的制订和现场的作业调度提供决策支持。

2. 经济导向

Fletcher 和 Johnston [12]针对 RCM 中的功能检查决策建立了成本模型。相对于以往的基于延长时间的成本模型，该模型具有更高的精度和更快的运算速度。姬东朝和肖明清[13]在传统维修模型的基础上，建立了考虑维修时间的新的最小维修优化模型。该模型是对传统的维修模型的扩充和发展，此法对维修性理论的发展和维修实践活动的开展有一定的参考作用。冯柯等[14]以机械设备为研究对象，从经济性角度对设备预防维修工作进行了可行性分析，通过对设备维修费用的统计分析，建立了事后维修、定期维护和视情况维护工作的经济权衡模型，为机械设备的预防维护决策提供了具有经济性的参考依据。

3. 集成导向

Walter[15]分析了实际情况中维护和备件库存策略总是被独立地或顺次地用于解决问题的现状，提出了维护计划的设计应该考虑维护和与之相关的库存成本共同降低的观点。他研究了一个考虑了随机故障备件替换和订货至交货时间的生产制造系统。该系统考虑了可成组替换的低成本操作单元的随机故障。文献[15]的研究结果显示：联合优化策略的结果要优于独立的或顺次的混合优化策略。刘玉彬和王光远[16]以模糊随机变量为基本不确定性变量，定义了在役结构的动态模糊随机可靠度。他们的研究旨在解决在役结构维修中的不确定性问题。首先，他们建立了在役结构维修决策准则，这些准则是基于模糊集合的扩张原理，能够有效处理不确定性情况。通过这些准则，他们能够量化动态模糊随机可靠度与模糊维修费用之间的函数关系式，从而为维修决策提供可靠的依据。进一步地，刘玉彬和王光远利用结构模糊随机优化的数学方法，建立了在役结构维修方案的模糊随机优化数学模型。他们的研究考虑了预防性维护策略和修复策略，以最小化成本和最大化可靠度为目标，通过数学建模和优化方法，得出了最优维护模糊随机可靠度，从而实现了在役结构维修方案的有效优化。

Martorell 等[17]建立了多状态设备预防性维护决策的最优化模型。该模型的求解有两步：第一步，先求解一系列多状态随机优化模型，以确定单元的使用故障率关系；第二步，根据单元故障率关系优化系统维护决策。Petri 网和蒙特卡罗模拟方法也被引入设备维护领域。例如，张建强等[18]提出了基于 Petri 网的武器装备系统维护保障流程多层次仿真模型，从简单的 Petri 网开始，用子网代替初始简单网的库所或变迁，自顶向下地重复至理想的细化程度。系统的装备、资源及其动态协作关系用 Petri 资源、库所、变迁描述。其建模过程为：分析维修保障活动→划分活动为独立事件→建立保障流程描述的上层 Petri 网模型→分析独立的任务过程→得到子过程模型→基本事件的 Petri 网模型→利用模型仿真计算整个流程的参数→提出改进建议。他们还以飞机轮胎刹爆维修保障过程为例，详述了该模型的建立。肖刚[19]设计了用于评估复杂可维修系统的可靠度和瞬态可用度的蒙特卡罗模拟方法。通过评估一周期维修的非马尔可夫系统的可靠度和瞬态可用度检验了其方法的适用性。该模型的缺点是如果要提高结果精度，就要耗费大量的时间去对模型进行模拟运算。赵廷弟和田瑾[20]对柔性可靠性与故障诊断处理综合设计问题进行了研究。黄郁健[21]利用在单元寿命服从威布尔分布时的更换模型，通过简化处理，建立了确定预防性维护周期的优化模型。

4. 智能导向

人工智能于 1956 年被首次提出，它的出现使以往无法解决或解决起来耗时的问题有了解决途径。复杂系统的可靠性研究中也存在大量的运算。而专家系统则是人工智能与知识管理的一个交叉学科。对于依赖经验的系统维护问题，专家系统的引入使企业在实施 RCM 时更加方便容易。最早提出把人工智能技术与 RCM 技术结合起来的是 Streichfuss 等[22]，他们设计了应用于设备维修计划和状态监控管理的状态监控专家系统。Yang[23]在总结了自动化设备的故障和维修情况后，提供了一种基于知识的专家系统。在他设计的系统中，各种故障诊断技术被用于相应的故障监测，又将获得的数据与维修工作的历史数据相结合，通过总结专家知识和经验建立分析模块，向设备操作和维护人员提供详细的故障信息及故障信息分析结果、维修工作建议等。Badia 等人[24]尝试通过建立专家系统来自动实施 RCM。他们开发了一套面向化工行业的 RCM 专家系统，建立了 RCM 专家系统的整体框架，运用模糊数学对系统的可靠性模型进行筛选。该系统的输出信息具有系统可靠性、系统可用性、系统维修计划等。张本生等人[25]通过将知识工程引入维修管理，重点解决了维修工作中的知识处理问题,针对复杂装备系统维修的特点,提出了面向对象的基于框架、规则集成的知识表示方法。陶欢[26]、蔡林峰[27]也分别将模糊综合判断法及遗传算法应用于系统的软件可靠性研究和信息系统可靠性的优化设计。

当前,我国企业设备维修正经历转型,以可靠性为核心的维护变得迫切。相较于西方国家,我国企业设备的维修间隔较短,且尚未专门研究维修间隔的优化问题。然而,企业设备维修间隔和内容的优化至关重要,因为在理论上,随着维修费用的增加,运行费用应减少,两者之和应达到最优值。在这种背景下,可靠性中心维护方法显得尤为重要,因为它能够优化企业的预防性维护工作,从而提高设备的可靠性和经济性。

根据我国企业维护工作开展的现状,结合国外先进的维护理论,借鉴国外企业维护工作的新进展,本书对适应我国企业设备维护工作中基于可靠性的维护优化问题进行研究。

第三章　可靠性与寿命周期费用相关关系研究

中国经济的全球化，不仅使中国企业有了更多的发展机遇，也使得中国企业面临着日益激烈的竞争。在这个竞争的舞台上，产品的价格、质量及售后服务成为企业争夺市场份额的关键。然而，随着高新技术的应用，产品价格和保障费用逐渐上涨，这使得企业在保持竞争力的同时也面临着利润空间的挑战。与此同时，国际竞争的加剧导致资源的日益紧缺，这进一步加剧了企业在获取原材料和其他资源时的压力。为了在竞争激烈的市场处于优势地位，企业开始探索科技与管理方法的结合，以平衡设备可靠性与寿命周期费用之间的关系。

第一节　设备寿命周期费用评价法

一、寿命周期费用的构成

设备寿命周期费用（life cycle cost，LCC）涵盖了设备生命周期内的全部成本，包括购买、维护、运营和处理废弃物等方面的成本。在供方和买主之间，设备寿命周期费用也成为一项重要的经济参数，决定了企业的长期盈利能力和市场竞争力。所以设备寿命周期费用是企业在制订经济策略时需要重点考虑的指标。

寿命周期费用理念的提出为企业设备维修提供了新思路。该理念最早由美国通用电气公司（GE）的迈尔斯于 1974 年提出，其核心思想是在满足产品功能的前提下，使购置费和维护费的总和最经济，主要通过价值分析法来实现。设备综合工程学吸收了寿命周期费用的思想，把追求寿命周期费用的经济性作为根本目标。寿命周期费用的理论和评价方法越来越广泛地渗透到设备管理中，成为现代设备管理理论和方法的核心。

寿命周期费用主要分为购置费和维护费两部分。购置费通常是一次性支出或在较短时间内集中支付的费用,而维护费则是为了保证设备正常运行而定期多次支付的费用。自制设备的购置费涵盖了开发、设计、制造和试运行等多个方面的费用。而外购设备的购置费则不仅包括设备本身的成本,还包括相关的运输、安装和调试等费用。在维护费方面,主要涵盖了能耗费、人工费、维修费、后勤支援费、更新改造费及报废处置费等多个方面。设备寿命周期费用的构成如图 3-1 所示。

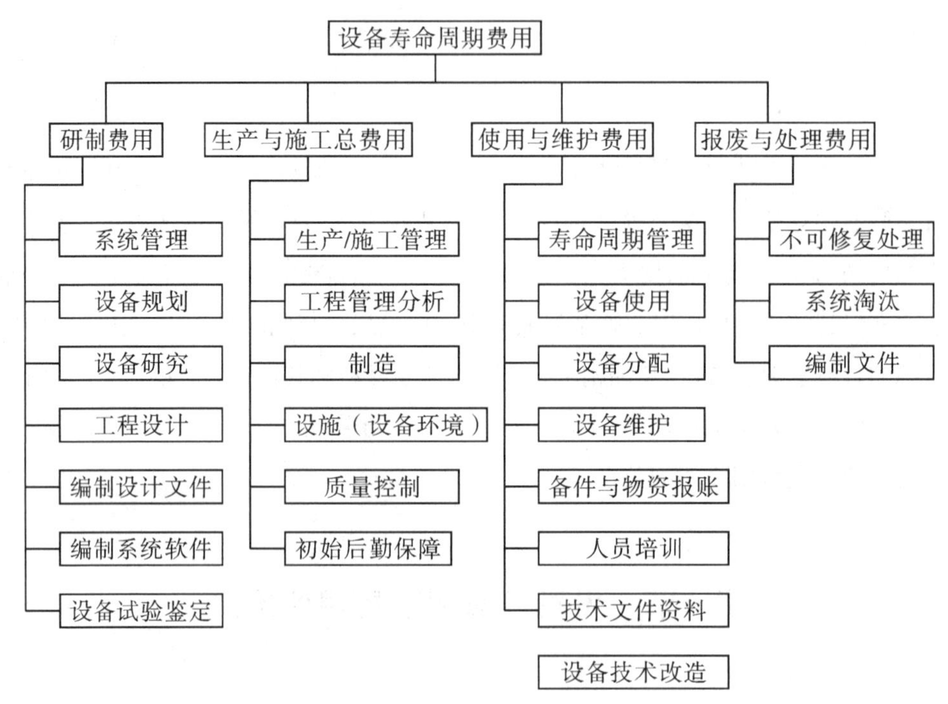

图 3-1　设备寿命周期费用的构成

二、寿命周期费用的计算

寿命周期费用技术又称 LCC 技术,被认为是在控制费用、优化设备质量以及获取最大利润方面不可或缺的有效技术。其核心在于通过估算、分析、评价和管理来实现这一目标。首先,LCC 估算的关键在于将设备寿命周期内的资源消耗量转化为成本费用,从而得出总费用。这种量化的方法使得管理者能够清晰地了解到设备的综合成本,并在决策中做出更加明智的选择。其次,LCC 分析系统性地确定产品的寿命周期费用以及各费用单元的估算值,通过分析高费用项目和费用风险项目等,为企业提供深入的经济数据。这有助于企业更好地规划资源分配、降低成本、提高利润。而在

LCC 评价方面,以 LCC 为准则,使企业在对备选方案进行权衡抉择时,能够在多种选择中做出符合长期利益的最佳决策。最后,LCC 管理以追求寿命周期费用最小为目标,对各阶段实施计划、监督、协调和控制。这种管理方式注重全过程的成本控制和管理,确保企业在整个生命周期中的经济效益最大化。值得一提的是,该技术的时间灵活性使得它可以随时用于设备的整个寿命周期,为管理者提供决策所需的信息。

一般说来,寿命周期费用可用式(3-1)表示。

$$LCC=AC+SC \tag{3-1}$$

式中,AC 为系统的设置费(购置费);SC 为系统的维护费。

LCC 是一个全面的概念,涵盖了设备的自制设备费用和外购设备费用,这些费用包括研发、设计、制造、购置、运输和安装等方面。另外,维护费也是 LCC 的一部分,包括运行费用(如能源消耗、操作设备、员工工资等)、维修费用及固定资产税费、保险费等。对于企业来说,了解和评估这些费用对做出正确的决策至关重要。

寿命周期费用的基本计算公式为

$$LCC=\sum_{t=1}^{T}\sum_{j=1}^{n}C_{tj} \tag{3-2}$$

式中,t 为寿命周期(t 取 1,2,3,…,T);j 为寿命周期费用构成项(j 取 1,2,3,…,n);C_{tj} 为第 t 期的第 j 项费用。

当把 LCC 分为购置费和维护费时,式(3-2)变为

$$LCC=AC+\sum_{t=1}^{T}SC_t \tag{3-3}$$

若考虑到货币的时间价值和通货膨胀因素,LCC 的总现值为

$$LCC_p=AC+\sum_{t=1}^{T}SC_t\cdot(1+r)^t\frac{1}{(1+i)^t} \tag{3-4}$$

式中,i 为贴现率;r 为通货膨胀率。

LCC 的预测通常需要大量的数据和资料支持,而数据的不完整和不确定性可能导致无法准确地进行分项计算,这给企业决策带来了挑战。

为了应对这一挑战,可以利用设备的特征参数建立计量经济模型来预测 LCC。通过分析设备的特性和历史数据,可以建立模型来估算 LCC,从而避免了部分无法确定的费用数据带来的影响。这种方法使得企业能够更准确地评估设备的成本,并在决策中考虑到未来的费用。

在现代决策中,LCC 理念与 LCC 技术为未来费用相关的决策提供了科学依据和方法。通过对设备综合管理的研究和实践,企业可以有效地降低寿命周期费用,实现最大综合效益。

在综合管理中,必须全面考虑与设备相关的整个寿命周期内的所有费用,而非仅仅关注投资费。这一观点强调在设备设计和选购阶段考虑寿命周期费用的重要性,因为越早引入这一考量,其效果越显著。可以将寿命周期费用视为设计参数之一,与技术指标一同考虑,或者采用“费用限额设计”的方式。在决策过程中,需要仔细考虑投资费与使用维护费、技术指标与寿命周期费用,以及建设进度与寿命周期费用之间的关系。对于设备及其组成部分,必须考虑两种以上的方案,并通过权衡利弊找出最佳方案。这种方法可以确保不仅能考虑到初期投资,还能充分考虑到设备的整个寿命周期费用。为了进行 LCC 评价,需要准备可有效利用的数据库,这将为管理者提供数据支持,从而更好地进行决策。

第二节　寿命周期费用的传统分析方法

设备维护是一个动态管理和辅助决策的过程,需要综合考虑经济和技术两个方面。其主要目标在于提高设备的综合效能并降低设备寿命周期费用。为达成此目标,采用先进合理的设备维护策略是必不可少的。这种策略不仅有助于提高设备的可靠性,还能通过经济技术评价等方法跟踪成本,从而合理降低使用费用,实现对设备的综合管理。

寿命周期费用理念的发展历程已有 50 年。在这个漫长的发展过程中,出现了多种传统的分析方法/模型,包括费用效率模型、成本-效益量化分析模型、可靠性-费用比较模型、概率分析和统计学理论、权衡分析方法等。这些方法各有特点,但均致力于评估设备寿命周期费用,并且在实践中得到了一定的应用与验证。下面对几种分析方法/模型进行介绍。

一、费用效率模型

费用效率是指工程系统效率与工程寿命周期费用的比值[21],其一般计算式为

$$\text{费用效率}=\frac{\text{系统效率}}{\text{寿命周期费用}}=\frac{\text{系统效率}}{\text{设置费}+\text{维护费}}$$

1. 系统效率

系统效率是衡量寿命周期费用投入所达成的成果或任务完成程度的重要指标。一般来说,系统效率包括经济效益、价值和效率等方面的输出。

2. 寿命周期费用

寿命周期费用是指系统在其整个寿命周期内的设置费和维护费的总和。在系统开发初期就应该尽早对其进行估算。寿命周期费用估算的方法有很多,常用的有以下四种。

(1)费用模型估算法。

费用模型估算法是一种基于统计方法的费用估算技术,其核心在于利用实际数据分析,建立针对费用的数学模型,并通过自变量简化归纳成数学表达式。这种方法的优势在于其建立在大量实际数据的基础上,具有较高的准确性和可信度。

(2)参数估算法。

参数估算法将系统分解为子系统和组成部分,在设计阶段利用过去的数据对物理性能和费用等参数进行估算,最终累加得出总估算费用。这种方法适用于系统较为复杂、需要考虑多种影响因素的情况,能够较为全面地估算出费用。

(3)类比估算法。

类比估算法特别适用于开发初期。该方法通过类比已有的项目或经验,对费用进行估算,是一种快速而有效的估算手段。当费用模型和参数估算不适用或数据不足时,类比估算法可以作为一种有效的替代方案。

(4) 费用项目分别估算法。

费用项目分别估算法是一种在权衡系统效率和寿命周期费用时常用的方法。通过增加设置费,可以提高系统能力、产品精度、材料周转速度以及产品使用性能,从而提高销售量和利润。这种方法能够在保证产品质量和性能的前提下,合理分配费用,并最大化利润。

二、成本-效益量化分析模型

成本-效益量化分析模型被认为是评估资产在其整个寿命周期内的使用效果的基本量化分析模型。一些学者,如曲东才、曾庆禹等,已经构建了针对不同行业资产特点的成本-效益量化模型[28,29]。这些模型旨在分析项目、能源管理、系统经济性等不同方面的寿命周期费用。通过这些模型，企业可以更全面地评估资产的成本与效益，从而更好地做出决策。例如，在项目管理中，这些模型可以帮助预测项目的总成本，包括开发、运行和维护阶段的费用，并与项目所产生的效益进行比较。在能源管理领域，这些模型可以用来评估不同能源方案的成本效益，以指导能源政策的制订和资源的配置。在系统经济性分析方面，这些模型则能够帮助企业评估投资项目的长期盈利能力，以支持战略规划和资本预算、决策。总体而言，不同行业资产特点的成本-效益量化分析模型丰富了寿命周期费用的分析手段，使得评估更加准确、全面。这些模型的建立和应用为企业和政府部门提供了有力的工具。企业和政府部门能够根据行业特征，参考分析模型提供的数据，从而更好地管理资源，优化决策，实现经济和社会效益的最大化。

三、可靠性-费用比较分析模型

为了评估资产使用效果和成本，可靠性-费用比较分析模型成为一种重要的工具。这种模型为决策者提供了经济合理性的支持，能够帮助他们在自制设备和外购设备之间做出明智的选择。Frangopol 等[30]在其研究中对高速公路桥梁全寿命周期管理进行了分析，并构建了可靠性-费用综合比较模型。该模型能够综合考虑资产的可靠性和维护费用，为桥梁管理系统提供了理论基础，帮助决策者在决策时更加全面地考虑资产的长期效益和成本，更好地评估不同决策方案的经济性和可行性，从而做出更为合理的管理决策。此外，韩天祥[31]在他的研究中提及，在奥地利联邦铁路的案例中展示了可靠性维修和寿命周期费用分析的综合战略。他们试图通过重新确定机车车辆的维修计划来提高资产的可靠性，并降低其寿命周期费用。

四、概率分析与统计学理论

概率分析和统计学理论在资产寿命周期费用分析中扮演着至关重要的角色。它们通过利用历史数据进行统计分析，预测未来费用的发生情况，揭示资产成本的规律。Putchala 等[32]研究了变压器故障的统计分析以及预测性维护方法。通过对大量变压器故障数据的收集和分析，阐述了变压器故障的类型、频率、原因及其分布规律，利用统计方法和数据挖掘技术，建立了变压器故障预测模型，实现了对变压器故障的有效预测。

基于这些风险指标，决策者可以做出寿命周期费用决策，包括继续运行、改造或大修、迁移或退役等。郭基伟等[33]采用了一种结合威布尔分布的方法，通过使用蒙特卡罗模拟方法模拟设备可能发生的故障情况，为选择电力设备维修方案提供了依据。这种方法的关键在于其综合性，不仅考虑了设备的寿命分布情况，还考虑了不同维修方案的经济效益。这种结合威布尔分布和蒙特卡罗模拟方法的分析，能够更全面地考虑设备运行中的风险因素，为设备维修方案的选择提供更加科学的依据。

五、权衡分析方法

王竣锋[34]提出的权衡分析方法为提高系统的总体经济性提供了一种有效途径。该方法通过对完全相反的要素进行适当处理，使系统任务能够更好地完成，同时有效地利用有限资源。这种权衡分析方法不仅有助于资产管理者更好地理解资源分配的影响，还能够帮助他们在不同需求之间做出明智的选择，从而实现资产的最优利用和管理。

第三节　可靠性增长模型

一、可靠性失效曲线

产品的可靠度与失效率密切相关，失效率随工作时间变化呈现不同特点。通常情况下，由多个零件构成的机器、设备或系统在无预防性维修或无法修复时，其失效曲线呈现浴盆曲线形态，如图 3-2 所示。这一曲线示意图反映了设备的失效情况，随时间呈现初期下降、中期稳定、末期上升的特征。

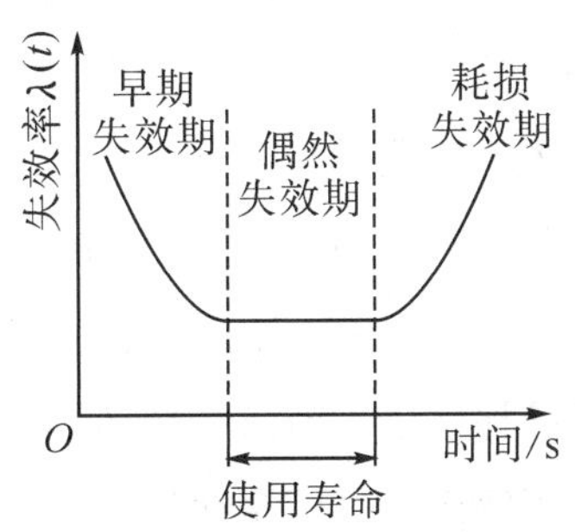

图 3-2　可靠性失效曲线

早期失效期通常表现出高失效率，主要集中在试运行或初期使用阶段。随着工作时间的增加，失效率迅速下降，呈现出递减型（DRF）的特征。这种现象主要由设计、原料以及制造过程中的缺陷导致。此后，随着工作时间的推移，失效率趋于稳定，来到稳定期，表现出较低的失效率。可靠度分布密度函数大体上服从超指数分布或 $\alpha<1$ 的威布尔分布。

偶然失效期（CRF 型）的特点是其失效率低且稳定，近似为常数。这种失效率的稳定性直接与产品的设计、制造质量以及操作、保养等因素相关。由于失效率稳定且较低，延长偶然失效期对产品的使用寿命具有重要意义。通过适当的费用控制和维护措施，可以有效延长产品的使用寿命，提高产品的可靠性。

故障率恒定型与可靠度指标密切相关，可靠度分布密度函数大体上服从负指数分布或 $\alpha=1$ 的威布尔分布。这种类型的失效率表明产品在一段时间内保持相对稳定的性能状态，因此可靠度较高。

耗损失效期（IFR 型）则呈现出失效率随时间增长而急速增加的特点。当耗损失效期到来时，大部分元件开始失效，这表明产品的损伤已经严重，其寿命即将结束。

当元件的失效率达到不可接受水平时，应及时更换或维修元件，以延长设备的使用寿命。维修的目标是延长设备寿命、减少停机时间、降低故障率，从而使设备保持在容许故障率内。而且，设备磨损是自然规律，仅能通过大修、改造或更换来降低故障率。当设备进入耗损失效期时，可靠度分布密度函数通常遵循正态分布或 $\alpha>1$ 的威布尔分布。

二、几种可靠性增长模型

20 世纪 50 年代末期，国外正式提出了可靠性增长思想，这一思想很快引起了可靠性工程界的广泛关注，并促使行业制定了相关标准与手册。可靠性增长被定义为产品在研制和使用初期，通过反复试验、改进，使其可靠性与性能不断提高的过程。这一概念的重要性在于，它认识到产品的可靠性不是一个静态的属性，而是一个动态的过程，需要在整个产品生命周期内不断改进和提升。

首先，可靠性增长并不仅限于产品的研制阶段，而是可能发生在产品的每个阶段。这意味着从设计到制造，再到运营和维护，都存在着改进和提高产品可靠性的潜力。其次，采用可靠性增长模型能够评估系统当前和最终的可靠性水平。这为企业提供了一种量化的手段，可以准确地了解产品的可靠性状况，并与目标进行比较。最后，可靠性增长模型还可以指导各阶段的工程的改进和管理分析。通过对系统的可靠性增长规律的分析，企业可以识别出影响可靠性的关键因素，并针对这些因素制订相应的改进措施。这种基于数据和模型的管理方法有助于企业更有效地进行决策，提高产品的可靠性和性能。

可靠性数据分析旨在满足可靠性工作的需求,其核心任务包括分析产品故障原因、识别薄弱环节,并提出改进措施以提升产品的可靠性水平。在这一目标的驱动下,可靠性数据分析通常采用两种模型:物性论模型和概率论模型。物性论模型侧重于对故障进行微观分析,关注故障发生的部位、形式以及失效机理,其核心在于寻找问题的根源。而概率论模型更注重于故障与时间的关系,通过统计分析来研究故障事件的发生规律。在可靠性增长模型方面,除了硬件模型之外,随着软件应用的迅速发展,国外已有数十种可靠性增长的软件模型。

1. Duane 模型

Duane 模型[35-37]作为一个可靠性增长模型,自 1964 年被提出以来,经过长期的验证和实践,已被广泛应用并被认为是可靠的。1978 年,该模型被美军标准采纳,进一步证实了其可靠性。美国和中国的多个部门和系统都对其准确性进行了验证,从而进一步加强了对该模型的信任。该模型的核心是通过逐步纠正故障来提高产品的可靠性,强调不允许通过集中改进多个故障来提高突然的可靠性。这一原则的重要性在于,它确保了改进的持续性和可靠性增长的稳定性,而不是依赖于一次性的大规模改进。

记可修系统的累计工作时间为 t,在时间区间 $(0,t)$ 内系统的累计失效次数记为 $N(t)$。因为故障计数只能是非负整数,所以累计故障数 $N(t)$ 实际上是一个非连续函数。Duane 模型在其规定的前提下,把 $N(t)$ 当作连续函数来处理。Duane 模型引入累计故障率的概念,用 $\lambda_1(t)$ 来表示,其定义为

$$\lambda_1(t)=\frac{E[N(t)]}{t} \tag{3-4}$$

式中,$E[N(t)]$ 为累计故障数均值。

累计故障数是一个计算值,没有具体的物理意义,但是累计故障率随着累计试验时间 t 增加时的变化规律中包含了设备可靠性变化的规律。在 Duane 模型中,累计故障率和累计试验时间的关系可表示为

$$\lambda_1(t)=\frac{E[N(t)]}{t}=\alpha t^{-m} \tag{3-5}$$

式中,参数 α、m 分别是双边对数坐标上该直线的截距和斜率。

由此可以得出,累计故障数均值的数学式为 $E[N(t)]=\alpha t^{1-m}$

t 时刻的瞬时失效率 $\lambda(t)$ 为

$$\lambda(t)=\frac{\mathrm{d}}{\mathrm{d}t}\{E[N(t)]\}=\alpha(1-m)t^{-m} \tag{3-6}$$

由于可维修产品的可靠性参数常用 MTBF(平均失效间隔工作时间)表示,所以在运用 Duane 模型时,派生出两个术语:累计 MTBF,用 $MTBF_1(t)$ 表示;瞬时 MTBF,用 $MTBF(t)$ 表示。瞬时 MTBF 表示设备两个故障发生的间隔时间。在故障时间服从指数分布的假设下,这两个 MTBF 与相应故障率互为倒数关系。由此可得出两个 MTBF 的数学式为

$$MTBF_1(t)=\frac{1}{\alpha}t^{m} \tag{3-7}$$

$$MTBF(t)=\frac{1}{\alpha(1-m)}t^{m} \tag{3-8}$$

当参数 α 与 m 确定后,它描述了产品可靠性的变化规律。在实际应用中,由于 $E[N(t)]$ 是未知的,所以用 $N(t)$ 代替 $E[N(t)]$。

$$MTBF(t)=\frac{MTBF_1(t)}{1-m} \tag{3-9}$$

式中,m 的取值范围为(0,1),称为 Duane 增长率。

2. NHPP 模型

(1)极大似然估计。

极大似然估计(maximum likelihood estimation,MLE)是概率统计中一种重要的参数估计方法。设总体的分布密度函数为 $f(t,\theta)$,其中 θ 为待估参数,从总体中得到的一组样本,其观测值为 $t_1,t_2\cdots,t_n$,子样取这组观测值的概率为

$$P=\prod_{i=1}^{n} f(t_i,\theta)\,\mathrm{d}t_i \tag{3-10}$$

使 P 值达到最大,从而求得 θ 的估计值。

(2)非齐次 Poisson 过程(NHPP)。

定义计数过程 $\{N(t),t\geqslant 0\}$,如果

①$N(0)=0$;

②$\{N(t),t\geqslant 0\}$ 有独立增量;

③$P\{N(t+h)-N(t)\geqslant 2\}=o(h)$;

④$P\{N(t+h)-N(t)=1\}=\lambda(t)h+o(h)$,

对于强度为 $\lambda(t)$ 的非齐次 Poisson 过程,它的特点是具有非平稳增量。

第四节　可靠性与寿命周期费用模型的设计

一、可靠性与寿命周期费用的权衡分析

寿命周期费用与可靠性的权衡研究起源于寿命周期费用评价法，这一概念最早可以追溯到费用效益分析的理论框架。20 世纪 60 年代末 70 年代初，该概念开始被国防系统和宇航系统采用，并在 20 世纪 80 年代引起了国内外的广泛关注。在寿命周期费用评价法的研究中，大多数学者关注的是系统寿命周期内可靠性的稳定性。然而，从 20 世纪 80 年代开始，中国开始研究在可靠性经济分析中应用该方法，以解决实际问题。这表明寿命周期费用与可靠性的权衡研究不仅关注成本和可靠性之间的平衡，还涉及实际应用中的经济分析和决策问题。这种转变反映了对综合考虑成本和可靠性的需求，以在产品设计和运营中实现有效决策和资源分配。

设备寿命周期费用管理的目的是在可靠性的基础上实现设备和系统寿命的最低成本。该管理方法将设备或系统的寿命周期费用视为一个整体，包含设备或系统整个价值链上的各种费用，从可行性研究论证到报废回收，从人工到环保等。这一概念涉及工程和财务两大范畴，分别从技术和经济的角度综合考量。

在工程范畴，设备寿命周期费用管理涵盖了多个方面，如设备的可靠性分析、经济寿命分析、维修对策分析和失效统计。在财务范畴，设备寿命周期费用管理关注的是资金投入和经济效益。首先是投资成本的考量，其次是投资与运行成本的比较，即考虑设备在运行过程中产生的各项费用与投资成本的对比，以评估设备的经济效益。另外，设备故障对系统影响及可能损失的比较也是重要的财务考虑因素，通过分析设备故障可能带来的停机损失、生产损失等，可以评估故障对系统运行的影响，并采取相应的风险管理措施。

与传统方法不同的是，设备寿命周期费用管理强调整个价值链上的寿命周期成本，而不仅仅是设备的前期投资。例如，买三台不同型号的油开关（A、B、C），假定其使用效率相同（以 a 为单位价值），如何评价使用哪一台最经济？对三台设备的评价情况见表 3-1。

表 3-1 A、B、C 设备评价表

设备型号	购买成本	安装成本	维护费用	寿命周期费用
A	a	0. 1a	0. 8a	1. 9a
B	1. 2a	0. 15a	0. 3a	1. 65a
C	1. 5a	0. 17a	0. 1a	1. 77a

由表 3-1 可知,A 设备的初始投资较低,但随之而来的维护费用相对较高,导致其寿命周期费用居高不下。相反,C 设备的初始投资较高,但其维护费用相对较低,其寿命周期费用相对较小。这表明,在综合考虑投资与维护费用的情况下,选择 C 方案是最优的决策。然而,需要强调的是,设备管理不仅仅取决于初始投资与维护费用这两个方面,还需要进行综合评价。设备周期费用评价法是一种综合评价指标体系,它能够全面、系统地比较设备的总成本,同时兼顾经济和技术特性。通过这种方法,企业能够更加全面地评估不同设备管理方案的优劣,为其选择最佳的设备管理模式提供有力支持。

可靠性与寿命周期费用关系的研究领域已积累了大量成果,其中包括 Govil[38,39] 提出的静态模型。基于购置费与可靠性之间的关系,Govil 提出了后勤保障费与可靠性之间的模型,并建立了可靠性与寿命周期费用的静态关系模型。然而,目前的可靠性经济研究主要聚焦于军用产品或大型复杂电子系统,而这些系统的费用投入在时间上的变动却鲜有得到充分考虑。值得注意的是,Govil 的静态模型存在四个明显不足之处:第一,它无法考查系统在不同运行时刻的寿命周期费用值,这限制了对系统长期性能的全面评估;第二,它不考虑运行期条件下的可靠性与寿命周期费用之间的权衡研究,这在实际运行中可能导致决策失误;第三,它无法进行概率分析,无法考虑到不确定性因素对寿命周期费用的影响,进而影响了决策的准确性;第四,它无法对寿命周期费用进行折现,未能考虑到时间价值的变化对决策的影响。由于这些限制,当应用于费用投入较高的大型系统时,静态模型可能产生较大误差,这为系统的运行与维护都带来了风险。

Chisholm[40] 提出了一种动态寿命周期成本模型,以克服静态模型的局限性,并全面考虑了时间因素对可靠性与成本的影响。该模型采用了 Duane 模型,以探讨随机营运期和变可靠性下的寿命周期费用变化。通过引入时间因素,Chisholm 的模型有效地提高了对系统寿命周期费用的预测准确性,并为系统设计与维护决策提供了更全面的依据。

周行权、蔡宁[41] 针对 Govil 提出的静态模型存在的不足,建立了动态模型,并引入时间参数,以解决资金时间价值等问题。他们的工作强调了动态因素在寿命周期费用分析中的重要性,并为制订合理的资金计划和时间安排提供了指导。

在质量管理领域,类似的模型也得到了广泛运用。如朱兰[42]提出的质量成本模型,该模型基于可靠性与费用之间的关系,为质量管理提供了理论支持;另外,刘晓东、张恒喜[43]建立的基于 MTBF 的费用关系模型也在实践中得到了应用。这些模型的特点各有侧重:基于可靠性改进的关系模型更注重于经验性,通过对实际情况的总结和归纳,提出具体的改进方案;而基于 MTBF 的关系模型则更加注重数学意义,通过对数据的统计分析和模型建立,提供更为严谨的理论支持。

二、模型分析

系统的可靠性在各种性能指标中占据着重要地位,因为它对系统能力发挥和寿命周期费用具有深远影响。如图 3-3 所示:可靠性水平的增加使得购置费用(曲线 2)增加,却使使用与后勤保障等费用(曲线 3)减少。这种相反的费用变化趋势使得可靠性水平与寿命周期费用(曲线 1)之间存在优化区域成为可能。在这个优化区域内,系统的可靠性水平能够保持在一个相对较高的水平,同时寿命周期费用也能够得到有效的控制。因此,在进行系统研制决策时,需要综合考虑可靠性与寿命周期费用之间的关系,通过确定最佳的可靠性指标来实现系统寿命周期费用的降低。

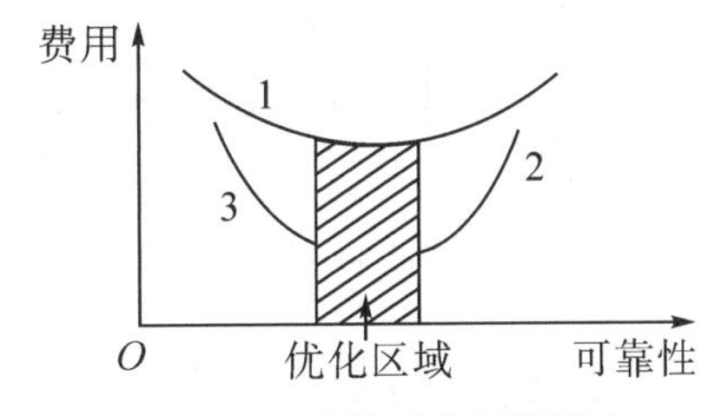

图 3-3　可靠性对费用的影响

在系统研制过程中,提高可靠性往往是关键目标之一。为达到此目标,可采取多种方案,包括提高子系统的可靠性、采用冗余技术以及将两者进行合理组合应用。这些方案的实施将直接影响系统的寿命周期费用。其中,可靠性改进方案的选择至关重要,它们不仅影响着系统的运行稳定性,还会对后续维护与保养的需求产生重要影响。本章主要分析寿命周期费用分解结构中可靠性改进方案对费用的影响。

提高子系统可靠性方案的实施涉及可靠性增长试验,这项试验旨在验证系统在特定环境下的可靠性水平,然而,它也会导致研发测试、评价费用以及生产购置费用的增加。此外,增加的可靠性可能会影响使用费用和维修费用,因为更高水平的可靠性通常与更高的成本相关联。采用冗余技术是提高系统可靠性的常见方法之一。通过在系统中引入冗余组件或子系统,可以提供备用功能以应对故障。然而,这也会引起一系列经济影响:首先,冗余技术的采用将改变子系统数量,从而直接影响生产购置费用;其次,冗余技术的运用也会增加使用费用和维修费用,因为额外的冗余部件需要维护和管理,这将增加后勤保障费用。

三、模型设计

1. 模型建立

朱兰[42]提出的质量成本模型 I：

$$C_Q=\sum_{k}^{n}C_b(k)\left\{\omega_1\left(\tan\left[\frac{\pi}{2}R(k)\right]\right)^{k_1}+\omega_2\left(\arctan\left[\frac{\pi}{2}R(k)\right]\right)^{k_2}\right\} \quad (3-11)$$

式中，C_Q 为质量总成本；$C_b(k)$ 为第 k 个子系统的费用基本值；$R(k)$ 为第 k 个子系统的可靠度；k_i 为成本增长指数；n 为相互区别独立的子系统的数量；ω_1、ω_2 为模型常数；ctan 为反正切函数。

在模型 I 中，可靠性 $R(k)$ 被定义在一个从 0 到 1 的范围，然而，实际系统的研制往往受到客观条件的限制，这就意味着可靠性存在上限。同时，不同系统的子系统数量各不相同，这使得提高模型的一般性变得更为复杂。为了解决这一挑战，研究者们将系统的可靠度视为一个参数，这样一来，系统的可靠性就可以被更好地描述和比较。因此，将模型 I 改进为模型 Ⅱ：

$$LCC=C(K_1)\left[\tan\left(\frac{\pi}{2}\cdot\frac{R}{R_T}\right)\right]^{K_1}+C(K_2)\left[\arctan\left(\frac{\pi}{2}\cdot\frac{R}{R_T}\right)\right]^{K_2} \quad (3-12)$$

式中，LCC 为系统的寿命周期费用；$C(K_1)\left[\tan\left(\frac{\pi}{2}\cdot\frac{R}{R_T}\right)\right]^{K_1}$ 为系统的生产购置费用（简称 AC）；$C(K_2)\left[\arctan\left(\frac{\pi}{2}\cdot\frac{R}{R_T}\right)\right]^{K_2}$ 为系统的使用与后勤保障费用（简称 LSC）；$C(K_i)$ 为相应的基本费用值；R 为系统的可靠度；R_T 为可靠性的上限；K_i 为成本增长指数。

2. 模型扩展

模型 Ⅱ 在满足假设条件时的表现较为出色，然而，它未能很好地反映实际应用中随时间的增长，可靠性引起的寿命周期费用和资金的时间价值等变化。这意味着，尽管该模型在一定程度上能够提供可靠性方面的信息，但在考虑到系统的整个寿命周期费用和资金的时间价值时存在一定的局限性。

当考虑资金的时间价值时，模型 Ⅱ 改进成模型 Ⅲ：

$$PLCC(t)=\int_0^T\frac{LCC(t)}{(1+i)^t}dt \quad (3-13)$$

式中，$PLCC(t)$ 为折现后的寿命周期费用；$LCC(t)$ 为寿命周期内各时间点的费用值；T 为预先给定或由相似系统给出的时间；t 为系统寿命时间；i 为折现率。

由于空间和资金的限制,系统的可靠度仍然受到一定程度的限制。这种限制主要取决于系统中子系统的数量和它们之间的组合方式。因此,尽管冗余技术能够在一定程度上提高系统的可靠性,但其效果会受到空间和资金方面的限制,这也意味着系统的可靠性存在上限。研究表明,生产购置费用与子系统数量呈线性关系,这表明冗余系统对于维持生产的有效性和连续性至关重要。

3. 可靠度与寿命周期费用模型的优化

在系统研制决策中,权衡寿命周期费用与可靠度至关重要。首要任务是建立寿命周期费用与可靠度之间的关系模型,这可以基于经验或数学关系式进行。通过分析这些模型,可以得到体现多目标优化的模型Ⅰ。该模型旨在在可靠度和费用约束下寻求统一的解,这有助于系统维护决策分析:

$$\begin{cases} \max R(r,n) \\ \min PLCC(R) \\ 0 \leqslant R(r,n) \leqslant R_T \leqslant 1 \\ 0 \leqslant PLCC(R) \leqslant PLCC_U \end{cases} \tag{3-14}$$

式中,$R(r,n)$为系统的可靠度;R_T为可靠性的上限;$PLCC_U$为折现后费用约束的上限;$PLCC(R)$由$LCC(R)$根据模型Ⅲ类似得出。

考虑到大多数系统更看重可用性,因此需确保最低可靠度R_L。在可靠度与寿命周期费用的权衡中,可靠度的重要性显然优于寿命周期费用。为了更好地满足实际需求,需要对模型Ⅰ进行改进,将其转变为单目标优化模型Ⅱ,以更好地反映系统的需求。

$$\begin{cases} \max \dfrac{\lambda_1 R(r,n)}{R_T} - \dfrac{\lambda_2 PLCC(r,n)}{PLCC_U} \\ R_L \leqslant R(r,n) \leqslant R_T \leqslant 1 \\ 0 \leqslant PLCC(r,n) \leqslant PLCC_U \\ \lambda_1 + \lambda_2 = 1 \end{cases} \tag{3-15}$$

式中,λ_1与λ_2为可靠度与折现后的寿命周期费用相应的权重。

$\lambda_1 > \lambda_2$,表示可靠度的权重大于寿命周期费用的权重,即可靠度的重要性优于寿命周期费用。当资源限制较强些,也可以$\lambda_2 > \lambda_1$,具体处理方法应根据实际情况而定。

四、算例分析

已知某系统的可靠性R_0为0.4,可靠性增长服从Duane模型。首先由R与LCC模型确定最佳可靠性范围。威布尔参数可以根据相似系统寿命分布的历史数据统计

得到 $\alpha=1,\beta=1$，这里假定系统运行期间的失效率为由可靠性增长时间确定的常数，可靠性增长时间集中在一起。设 $K_1=0.46, K_2=0.14, C(K_1)=2.98$ 万元，$C(K_2)=5.76$ 万元，$R_U=0.955, PLCC_U=12.5$ 万元，$R_L=0.5, R_T=0.99$。计算结果如图 3-4 所示，可得最佳可靠性的范围为 0.5 ～ 0.72。

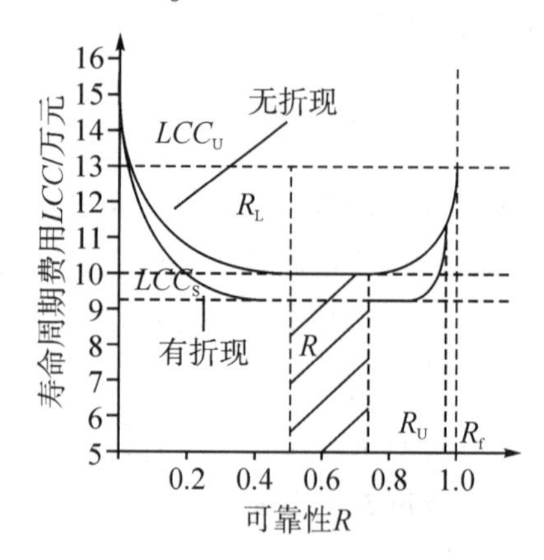

图 3-4　图形分析

在优化模型下，给定不同 λ_1、λ_2 时，优化目标的结果列于表 3-2。

表 3-2　λ_1、λ_2 不同匹配对优化目标值的影响

λ_1	λ_2	优化目标值(R=0.5)		优化目标值(R=0.7)		优化目标值(R=0.9)	
		$PLCC$=11	$PLCC$=12	$PLCC$=11	$PLCC$=12	$PLCC$=11	$PLCC$=12
0.1	0.9	-0.71	-0.78	-0.69	-0.76	-0.67	-0.74
0.2	0.8	-0.577	-0.638	-0.536	-0.597	-0.495	-0.556
0.3	0.7	-0.44	-0.494	-0.38	-0.434	-0.319	-0.373
0.4	0.6	-0.305	-0.352	-0.225	-0.237	-0.144	-0.19
0.5	0.5	-0.17	-0.209	-0.069	-0.108	0.032	0
0.6	0.4	-0.035	-0.066	0.086	0.055	0.207	0.176
0.7	0.3	0.1	0.077	0.241	0.218	0.382	0.359
0.8	0.2	0.235	0.219	0.397	0.381	0.558	0.542
0.9	0.1	0.37	0.363	0.551	0.544	0.733	0.726

在决策中，主要关注寿命周期费用的最小化，这意味着在整个系统寿命周期内，包括维护、修复和替换等方面的成本都要考虑到。而在有限的资源和可接受的可靠度的要求下，必须平衡费用和可靠性之间的关系。如果要增加系统的可靠性，就需要投入更多的资源，但需要评估这些额外的资源投入是否物有所值。由表 3-2 可以看出，λ_1、λ_2 匹配不同时，所获得的最优目标是不同的。折现率并不会对最佳可靠度的选择产生影响，因为折现率主要影响的是未来成本的现值，而不是可靠性本身。然而，折现

率会影响寿命周期费用的计算结果,在做决策时需要考虑到这一点。如果系统的运行期增加,也就是说系统需要更长时间地保持运行状态,那么最优目标值也会随之增加,因为系统需要更高的可靠性来保证长时间的运行。相反,如果系统的运行期固定,那么失效率越低,即可靠性越高,最优目标值也会越大,因为系统需要更高的可靠性来确保在有限的时间内尽量减少失效的次数。

在开发阶段投资可靠性,可对最终可靠性水平产生显著影响。首先,资金投入决定了可靠性提高的幅度。这意味着,投入越多的资金到可靠性工作中,系统的最终可靠性水平将更高。其次,可靠性工作程序和实施情况对可靠性增长速率和试验时间起着决定性作用。如果实施得当,可靠性增长速率将更高,试验时间也会相应缩短。为了提高系统的可靠性,通常会采取一系列程序,包括设计、预测、分析、监督、标准化和包装等活动。此外,冗余技术被广泛用于增加系统的可靠性,但在考虑冗余时必须考虑子系统数量及其组合方式,以确保最佳效果。

在相关决策方面,一些关键步骤包括选择高质量部件、降低应力和负荷、添加冗余、增强失效检测和隔离,以及优化设计和维修策略。这些措施的综合,不仅提高了系统的可靠性和维修性,还降低了系统的整个寿命周期费用。尽管这些措施会增加初始购置费用,但由于提高了保障效率,整个寿命周期费用实际上是降低的。这意味着,在投资决策中需要综合考虑成本和效益,以确定最佳的可靠性提升策略。

第四章　单设备系统维护策略优化设计

随着科技的不断发展,生产设备系统趋向于大型化和综合化,这就会导致维护成本的不断增加,而维护成本已成为影响企业竞争力的重要因素之一。因此,企业有必要进行科学的研究和分析,以了解生产设备系统的维护情况,从而降低成本,保证系统的正常运行,并实现全寿命周期内的最优维护策略。这种全面的研究和分析将有助于企业制订合适的维护计划,提高生产设备系统的可靠性和稳定性,同时降低维护成本,为企业持续发展提供有力支持。

第一节　维护策略优化

维护策略优化一直以来都是维护科学的核心领域之一,从 20 世纪 60 年代起,就成为研究的重点。其主要目标是找到维护成本和维护效果之间的最佳平衡点,以提升企业设备维护的效率和效果。为了实现这一目标,研究者们通过建立数学模型来分析和评估不同的维护策略。通过对维护周期、预防性维护和修复等参数的调整,这些模型可以帮助企业找到最经济、最合理的维护方式,从而降低维护成本,延长设备使用寿命,提高生产效率。

长期以来,学术界和工业界一直致力于研究设备系统的维护策略,根据不同设备系统的组成方式,创造了多种行之有效的维护策略。这些策略大致可分为两类:单设备系统的维护策略和多设备系统的维护策略。单设备系统的维护策略主要关注如何在最小化成本的同时确保设备的正常运行和长寿命。常见的方法包括基于使用寿命的预防性维护策略、等周期性预防性策略、故障限制策略、顺序预防性维护策略、维修限制策略等。而多设备系统的维护策略则更加复杂,需要考虑不同设备之间的相互影响以及系统整体的运行效率。常见的方法包括成组维护策略、机会维护策略等。本章只重点探讨单设备系统的维护策略,对多设备系统的维护只简单介绍。

维护策略优化研究不仅对企业的生产运营具有重要意义,也是科学技术领域的重要课题之一。通过不断深入的研究和实践,相信在未来,维护策略优化将会在更多领域展现出其重要作用,为人类创造更大的价值。

一、单设备系统的维护策略

目前,单设备系统的维护策略主要有以下五种。

1. 基于使用寿命的预防性维护策略

基于使用寿命的预防性维护策略最早由 Barlow 提出,是目前广泛流行的维护方式之一。该策略的核心思想是在设备达到寿命 T 或发生失效时进行更新,其中 T 为常量。这种策略的优点在于简单易行,不需要监测设备状态,能够有效地避免设备因长期使用而突然发生故障,从而减少了生产中断的可能性。随着时间的推移和技术的进步,维修模型逐渐得到了拓展。特别是基于使用寿命的自由维护策略,其中寿命 T 随着设备使用周期的变化而调整,使其适用于寿命变动的情况。这一策略的实施使得维护更加灵活,能够更好地应对不同情况下设备的需求。这些维护策略的流行,除了其在提高设备寿命和可靠性方面的优势外,还因其能够有效降低维护成本、提高生产效率,以及减少因设备故障而导致的生产中断而备受企业青睐。

在基于使用寿命的维护策略领域,研究者们进行了深入的探讨和拓展,提出了多种变体策略。这些策略旨在通过有效的维护管理,延长设备的使用寿命,提高设备的可靠性和性能,从而降低生产过程中的停机时间和维修成本,提高生产效率和经济效益。其中,Tahara 等[44]提出了基于故障次数或时间的更新策略,注重于监测设备的故障次数或运行时间,一旦发现故障,及时进行小修,以保障设备的正常运转。这种策略的优势在于能够在故障发生初期就进行干预,避免故障的进一步恶化,从而延长设备的可靠使用时间。

Nakagawa 等[45]也提出了类似的更新策略,他们同样考虑了时间或故障次数,并采用小修方式来应对设备的故障。这种策略的核心在于根据设备的运行情况,灵活地调整维护计划,以确保设备能长期稳定地运行。除了基于时间或故障次数的维护策略外,Sheu[46,47]提出了两种不同的维护策略:一种是考虑了设备故障的可能性和小修的选择,通过风险评估和维修方案优化,实现维护成本和效益的平衡;另一种是更加细致地区分了设备不同类型的故障状态,为不同情况下的维护提供了针对性的方案,提高了维护的精准性和效率。Wang[48]的研究则着重基于混合寿命的维护策略,通过区分设备的部分失效和全部失效情况,采取相应的维修方式,实现更加精准的维护管理。这种策略能够更好地根据设备的实际情况,灵活地调整维护计划,最大限度地延长设备的使用寿命,降低维护成本,提高生产效率。然而,尽管这些研究取得了一定的进展,但许多研究仍未具体说明更新时间获取的方法,而是假设设备寿命服从特定分布,如威布尔分布。在这方面,Amari[49]的研究突出了设备寿命的重要性,提出了设备更新时间的上下限,为维护策略的具体实施提供了更加明确的指导。

基于使用寿命的预防性维护策略一直是维护领域的研究热点,吸引了众多学者的关注和持续研究。这些学者的工作为维护管理提供了丰富的理论基础和实践经验,推动了该领域的不断发展和进步。

2. 周期预防性维护策略

在周期预防性维护策略中,维护操作按固定时间间隔 kT(其中,$k=1,2,\cdots$)进行。这种策略分为块更新和故障小修周期更新两类。块更新意味着设备每经过时间 T 就进行一次预防性维护,并且无论这期间是否出现故障都会执行。而故障小修周期更新则要求设备在每过时间 T 进行预防性维护,但如果在此期间出现故障,则会进行小修。

当设备使用寿命达到 $(O+1)T$ 时,更新设备,其中,O 表示此期间被修复的非新故障次数。这意味着在过去的 O 个 T 周期内,设备已经经历了 O 次非新技术修复[50]。因此,在达到 $(O+1)T$ 时,进行设备更新可以有效地避免可能因多次修复而导致的设备性能下降或更多故障的发生。块更新策略则是在设备经过维护周期 kT 之后进行更新,忽略设备的寿命期,即使设备发生故障也不会立即更新,而是一直等到维护周期 kT 时才进行更新[51]。

块更新和故障小修周期更新这两种策略各有优劣。块更新策略更注重设备的规律性维护,但忽略了设备的寿命期,因此可能会造成设备虽在寿命期内发生故障但不能及时维护,这会降低设备的可靠性。故障小修周期更新策略在设备发生故障时可以进行小修,延长设备的使用寿命,同时在设备达到一定寿命后进行更新,确保设备的安全性和可靠性。

为了综合利用两种策略的优点,许多学者也进行了合并方法的研究。这些合并方法旨在兼顾设备的规律性维护和寿命期内的故障修复,以达到维护成本和设备可靠性的平衡[52]。

尽管块更新和故障小修周期更新策略各有利弊,但等周期预防性维护策略因其操作简便而被广泛应用于众多企业。这种策略不需要对设备的寿命期进行过多考虑,只需按照固定的时间间隔进行维护,简化了维护的流程,提高了工作效率。

3. 故障限制策略

故障限制策略下的预防性维护旨在确保设备在可接受的可靠度范围内运行,其核心思想是只有当设备的故障率或其他可靠性指标达到预设阈值时才进行维护。这一理念在维护管理领域中被广泛讨论和采纳。Lie[53]提出的优化策略进一步强调,在预防性维护期间出现的故障都应采用小修方式解决,以降低维护成本。Bergman[54]总结的观点则着重强调了设备故障率与状态变量之间的关系,并突出了在保证故障率水平的前提下降低维护成本的重要性。这种理念强调了在维护决策中平衡可靠性与成本之间的关系。Love[1]的研究则为满足威布尔分布条件下的故障限制维护策略提供了新的思路,为该领域的发展带来了新的启示。

Maillart[55]通过状态监测将设备状态分为正常阶段和退化阶段,提出了在特定时间间隔内进行预防性维护,并在出现故障时进行修复的方法。这一方法的优势在于能够及时捕捉设备状态的变化,从而有针对性地进行维护,降低因未及时维护而导致的损失。另外,Badiad[56]在满足故障限制条件的前提下,优化状态监测的间隔周期,进一步提高了维护效率和设备可靠性。

针对维护决策的算法模型,Malikl[57]、Monga[58]等学者进行了优化,旨在提高算法的计算速度和实用性。虽然已经取得了一定的进展,但仍存在进一步优化的空间。。

4. 顺序预防性维护策略

顺序预防性维护策略旨在根据设备的剩余寿命动态确定维护周期,以最大限度地降低维护成本,这一概念最初也是由 Barlow[59]提出的。他强调维护周期应随设备使用年限的增长而缩短,以确保设备始终处于良好状态。这一维护策略的关键是维护周期并非一开始就确定了,也不是一直不变的,而是每次维护后根据设备的实际情况来确定下一次维护的时间。Nguyen[60]进一步完善了这一策略,他引入了在参考时间段内设备没有出现故障时进行维护的观念，旨在提高设备的可靠性和维护效率。Nakagawa[61]提出了一种每隔一定时间进行预防性维护，并在一定次数后进行更新的策略，以降低维护成本并延长设备寿命。这一策略的关键在于将维护的频率与设备的使用情况和年限挂钩，以最大限度地减少不必要的维护费用，并确保设备的长期稳定运行。相比之下，顺序预防性维护策略的操作更加简便，因为它考虑了维护周期随着设备年限变化而调整的特点。

与传统的故障限制策略不同，顺序预防性维护策略着重通过直接控制维护周期来实现成本和效率的优化，而不是依赖于控制设备的故障率和可靠性。这种策略的实施不仅可以降低维护成本，还可以提高设备的整体性能，延长其寿命。通过定期的维护和更新，顺序预防性维护策略有助于确保设备稳定地运行，最大限度地减少停机时间，并提高生产效率。

5. 维修限制策略

在维修限制策略方面，主要分为修复费用限制和修复时间限制两类。修复费用限制策略是指在设备出现故障时，首先进行修复费用的估算，如果费用在可接受范围内，则进行修复，否则考虑更新设备。这一策略最早由 Drinkwater 等[62]学者提出，并在设备维护管理中得到广泛应用。这种策略着重考虑了维修成本对维护决策的影响，使得维护决策更加理性和可行。修复时间限制策略则是指在设备出现故障时，限定维修的时间范围，如果在规定时间内无法修复，则考虑其他替代方案，如替换设备或采取临时维修措施。

在这一基础上，Yun 等[63]学者进行了对非新设备的修复费用限制策略的讨论，拓展了该策略的应用范围。而 Kapur 等[64]学者则将维修次数纳入决策变量，进一步丰富了修复费用限制策略的内容，使其更具实践意义和适用性。

修复费用限制策略也存在一些缺点，如在设备出现频繁但费用较低的维修情况下，按照此策略可能会延误设备更新的时机，从而影响生产效率和成本控制。Beichelt[65]提出了一种维护成本率的概念，将其作为设备更新的阈值。他认为，当设备的维修费用率超过可接受范围时，考虑更新设备，否则继续维修。Nakagawa[66]最初提出了修复时间限制策略，其中设立了一个修复时间阈值 T。若修复时间超过了 T，则选择更新设备，否则继续运行。Nguyen[67]的研究将修复过程分为局部维修和大修，并考虑到大修需要更多的时间。Dohi[68]在此基础上进一步考虑了维修准备时间以及修复后是否能够将设备恢复到新设备状态。他通过非参数估计方法对修复时间限制 T 进行了最优化估计,从而提高了维修策略的精确性和可靠性。另外,Koshimae[69]提出了另一种普适的策略,即在故障发生后立即开始修复工作。若在规定的时间内完成修复,则继续进行修复操作,否则立即更新设备。这些研究为维修管理提供了多种策略选择,帮助决策者在面对设备故障时做出理性的决策,最大限度地提高设备的利用率和降低维修成本。

二、多设备系统的维护策略

在多设备系统中,若各设备之间不存在依赖关系,每台设备的维护决策可被视为相互独立的,因而可以采用单设备系统的维护策略进行建模和优化。这就意味着对于每个设备,维护策略的制订不需考虑其他设备的影响,仅需基于该设备自身的特定情况进行考量。然而,一旦系统中设备之间存在依赖性,维护决策就需要考虑其他设备的工作状态。在这种情况下,可能需要同时对多个设备进行维护,以确保系统整体性能,并降低总体维护成本。过去,由于技术条件限制,多设备系统维护策略的研究往往对实际工作环境进行了简化,导致研究成果未能普及。近年来,学者们逐渐关注多设备系统的维护策略和模型的研究。尽管仍有许多学者将研究重点放在单设备系统的维护策略上,但对于具有依赖关系的多设备系统,维护决策的综合考虑已成为研究的焦点之一。

多设备系统的维护策略主要有以下两种。

1. 成组维护策略

在维护领域,成组维护策略备受关注,这种策略综合考虑了系统的可靠性和操作成本,是提高设备运行效率和降低维护成本的关键[70]。研究方向主要包括按依赖因素分类设备并进行预防性维护,优化总维护成本和备件因素,以及针对具有相同故障分布的独立设备提出成组维护策略。针对第三类研究,已有三种主要成组维护策略:基于使用寿命的成组更新策略、基于故障设备数的成组维护策略以及综合考虑设备寿命和故障情况的组合策略。

基于使用寿命的成组更新策略是一种常见的方法,其核心思想是将设备按照其使用寿命划分成不同的组,并在每个组的设备到达一定的使用寿命后进行集中维护或更新,以确保整个系统的可靠性和稳定性[71]。基于故障设备数的成组维护策略则是根据系统中出现故障设备的数量来确定维护的时机和方式。当系统中出现一定数量的故障设备时,即触发集中维护或更新操作,以减少系统的故障率和提高整体运行效率。综合考虑设备寿命和故障情况的组合策略是对设备的使用寿命和故障情况进行综合分析,以确定最优的维护策略[72]。

在维护管理领域,学者们提出了多种成组维护策略,以提高系统的可靠性和经济性。Gertsbakh[73]提出了一种基于故障设备数量的成组维护策略。该策略的核心思想是在系统中的故障设备达到一定数量时进行成组维护,以有效地集中资源。与此类似,Assat 等[74]的成组维护策略针对具有相同指数寿命分布的设备,随时修复故障设备,并确保修复后状态如同新设备一般,以延长系统的运行寿命。Love 等[75]通过设定维护成本阈值的方式扩展了成组维护策略。在该策略中,当维护成本超出预先设定的阈值时,选择更新设备,反之则选择修复。这种策略考虑到了维护成本对决策的影响,以在经济效益和系统可用性之间取得平衡。Sheu 等[76]提出了一种针对可修复设备的两阶段成组维护策略,其主要特点是根据故障类型进行不同方式的维修或更新。这种策略考虑到了设备的故障类型对维护方案的影响,以提高维修效率和系统的可靠性。此外,Wildeman 等[77]提出了按照维护成本分类的成组维护方法,旨在通过对不同维护成本的设备进行分类,从而节省维护成本,并优化维护资源的利用。除了上述学者外,其他研究人员,如 Popova[78]、Archibald[79]、Hsieh[80]、Brezavscek[81]等也对成组维护策略进行了深入探索。他们的研究不仅丰富了成组维护理论,还为实际工程应用提供了有益的参考和指导。

2. 机会维护策略

多设备系统维护策略与单设备系统的主要区别在于系统设备之间的依赖性。在多设备系统中,设备之间存在相互依赖的关系,一个设备的故障可能会影响到其他设备的正常运行,从而影响整个系统的稳定性和可靠性。针对这种情况,根据系统配置形式的不同,存在多种机会维护策略。

Berg[82,83]的机会维护策略旨在针对指数故障率分布的设备,一旦一台设备发生故障,立即更新另一台设备。这个策略的主要目的是确保系统的稳定性和可靠性。通过即时替换故障设备,能够降低系统停机时间,从而减少生产中断的可能性。这种策略的优势在于其简单直接,能够快速响应故障,并且不需要过多地预测或计划。然而,它也存在一些潜在问题,如可能会浪费资源,因为并不是所有设备都会在同一时间点发生故障,而且新设备的准备工作可能需要一定的时间。

Zheng[84]的机会维护策略则针对 k 个不同种类的设备。当设备故障率达到阈值 L 或在($L-u,L$)范围内时,就更新该设备,并同时更新范围内的其他设备,以防止系统不稳定。对于故障率在($0,L-u$)范围内的设备,则进行小修,以延长其寿命。这个策略的优势在于它考虑了不同设备的故障率和维护需求,能够更精细地管理系统的稳定性和可靠性。然而,此策略的实施可能需要更复杂的预测和规划,以确保设备得到及时的维护和资源得到合理的利用[85]。

Kulshrestha[86]提出的设备系统分类将系统分为具有冗余设备的系统和串行系统两种。具有冗余设备的系统可以立即接替故障设备,从而保证系统连续地性运行。如果所有冗余设备均发生故障,系统将面临灾难性故障。相比之下,串行系统中一个设备的故障会导致整个系统停机,尽管冗余设备有机会进行维护,但可能导致系统停机时间过长。这种分类有助于理解不同结构系统的维护策略的选择,根据系统对可靠性和连续性的要求进行合理决策。

Chung 等[87]的研究聚焦于 k-out-of-n 系统配置,并引入了关键部件集概念。该概念指出,只有在关键设备故障时才进行更新,以降低维护成本和时间。这种方法可以根据系统结构和重要性对维护进行优先级排序,从而更有效地利用资源。通过专注于关键部件的维护,系统能够在尽可能短的时间内恢复正常运行,减少生产中断的影响。

Pham 等[88]的优化策略的关键则在于对维护时间的分段处理。在 r 时刻之前,他们对故障设备进行小修复。在 r 时刻之后,他们同时修复故障设备并进行其他设备的预防性维护,以确保系统的稳定运行。如果系统在时间 T($T>r$)内未启用新的修复方式,他们进行全面的预防性维护,以确保设备的长期可靠性。这种分段处理的策略能够灵活应对不同阶段的维护需求,避免了长时间的停机,同时确保了系统的稳定性和可靠性。此外,Pham 还考虑了故障设备数量的影响,只有当故障设备数超过阈值时,才会执行维护操作。这种策略旨在平衡维护成本和系统可靠性之间的关系。这些策略的目的在于最大限度地降低系统维护的成本,同时确保系统在操作过程中的可靠性和稳定性,从而提高系统的整体效率和性能。

对于研究者们在多设备系统的维护策略方面所做的努力,笔者有以下六点体会。

(1)单设备系统建模是解决多设备系统维护问题的基础。在维护管理中,单设备系统建模是一个重要的起点。通过对单个设备的维护需求、故障模式和性能特征进行建模，可以为多设备系统提供可靠的基础。这种建模方法使得维护管理者能够更好地理解设备的运行情况，从而采取针对性的维护措施，提高系统的可靠性和效率。

（2）维护策略需平衡成本和可靠性，关键是优化维护决策。在实际操作中，维护策略的选择往往需要综合考虑成本和可靠性。维护成本包括直接维修费用、停机损失以及间接的生产损失等，而可靠性则直接关系到系统的稳定性和生产效率。优化维护决策意味着在保证系统可靠性的前提下，尽可能降低维护成本，这需要维护管理者综合考虑各种因素，并采用合适的决策方法。

（3）不同系统结构需采用不同的维护策略，如串行系统需立即修复，而并行系统可延迟维护。系统的结构对于维护策略的选择有着重要的影响。在串行系统中，各个组件之间存在依赖关系，一旦其中一个组件出现故障，整个系统就无法正常运行，因此需要立即修复。而在并行系统中，各个组件之间相对独立，一个组件的故障不会影响整个系统的运行，因此可以延迟维护，以降低维护成本。

（4）维护时间对决策模型至关重要，但常被忽略。维护时间是指维护活动开始的时刻，它对维护决策模型的建立至关重要，然而在实际应用中往往被忽略。维护时间的选择直接影响到维护活动的成本和效果，因此，在建立维护决策模型时，应当充分考虑维护时间因素，以提高维护决策的准确性和有效性。

（5）维护模型通常只考虑长期稳定运行，无法反映特定时间段内的预防性维护活动。当前的维护模型往往只考虑长期稳定运行下的维护需求，而忽略了特定时间段内的预防性维护活动。然而，在实际操作中，预防性维护是非常重要的，它可以及时发现并修复潜在故障，从而避免系统的突发性故障，提高系统的可靠性和稳定性。

（6）对多设备系统多维护方式的研究相对较少，需要深入探索。尽管单设备系统建模为多设备系统维护管理提供了基础，但目前对于多设备系统多维护方式的研究仍然相对较少。多设备系统的复杂性和多样性使得维护管理面临更大的挑战，因此有必要深入探索多设备系统的维护策略和决策模型，以应对不同系统结构和运行情况下的维护需求。

第二节　单设备系统预防性维护优化模型设计

一、预防性维护优化模型

自 20 世纪 50 年代以来，系统设备故障对生产活动的影响备受关注，预防性维护策略的优化成为重要研究领域。在这一领域，Zheng[89]、Legat[90]、Wang[91]等对完备的预防性维护策略进行了深入研究，他们采用了周期性检修方法，并假设维护周期一直相等。然而，尽管这种方法简单且易于实施，但在实际操作中，周期性维护往往导致系统的可靠性逐步降低、故障次数逐步增加的情况逐渐凸显。这一现象可能是由于周期性维护未能有效地捕捉到系统潜在的故障模式和随时间变化的设备状态所致。因此，更符合实际情况的假设是，随着设备役龄的增加，预防性维护次数应随着故障次数的增加而逐步增加，以更好地维持系统的可靠性和稳定性。

Chan[92]、Martorell[93,94]等则研究了非完备的预防性维护策略，他们采用了不同的方法来模拟基于改良因子的非完备维护。这些方法包括定期检查、修复部件和局部更换，以便在设备故障前预测并防止潜在的故障。在这方面，Nakagawa[95]提出了一些具有操作性的扩展策略，包括小修、周期更新和块更新。这些策略根据故障发生时间和系统运行时间来进行修复或更新，以保证系统的可靠性和可操作性。例如，小修策略可以针对性地修复或替换部件，以缩短系统停机时间，而周期更新策略则可以定期替换老化部件，以延长系统的寿命，维持系统的性能。

Sheu 等[96]提出了一种设备维护策略，该策略涵盖了小修和更新两种主要方式，并根据设备的故障情况和使用时间来决定采取何种维修方式。这种策略具有在不同的时间段更新策略的潜力，为维护工作提供了更灵活的选择。这种灵活性在面对不同类型和规模的设备时尤其重要，因为不同设备可能具有不同的维修需求和使用环境。与此不同，Tsai 等[97]将预防性维护工作细分为保养、修理和更换，并提出了基于可用度的多部件周期性预防性维护模型。该模型可辅助生产作业计划的制订。这种模型的优势在于其能够系统地考虑设备各部件的使用情况，并根据预测的可用度水平来决定何时进行维护，从而最大限度地减少停机时间和生产损失。然而，尽管这种模型在一般情况下效果显著，但对于那些对设备可靠性要求较高的特殊部件，制订预防性维护计划仍然更为复杂，因为相关研究成果相对较少。这表明了在预防性维护领域仍存在着挑战，需要更深入的研究和创新。奚立峰等[98]以设备的可靠性为核心，构建了一种基于设备可靠性的顺序预防性维护模型。他们通过整合役龄递减因子和故障率递增因子，提出了设备的最优维护计划。

除此之外，蔡景等[99]研究了复杂系统维护问题的经济相关性。他们的工作旨在揭示维护成本与系统性能之间的平衡，以便优化维护策略。他们的研究突出了经济因素在维护决策中的重要性，特别是在资源有限和成本压力较大的情况下。

本研究在综合改进以上各种模型和分析企业中预防性维护要求的基础上，对基于可靠性的单设备系统预防性维护优化模型进行设计。为了减少预防性维护造成的停机损失，本研究在建立数学模型时借鉴了多设备系统的机会维护策略。

二、模型设计

1. 基本假设

设备 S 的预防性维护活动时间段 $[0,T]$ 被分成 n 个等长时间段，每段长度为 ΔT。在这个设置中，设备 S 的 M 个可修理部件在初始时刻都处于全新状态，且它们的故障分布相互独立且服从威布尔分布。这种分布假设为设备的故障提供了一个统计学上的模型，这有助于进行有效的维护计划。

当部件达到其最低可靠度时，就需要对该部件进行替换或修理；如果未达到最低可靠度，则只需要进行小修。在时间段 ΔT 内，可以同时完成多个部件的预防性维护作业，这有助于提高效率并减少维护所需的总时间。

此模型忽略了小修和保养作业时间对 T 的影响，这是为了简化问题使模型更易于求解。此外，为了减少预防性维护所带来的停产损失，设备的每个部件 i 在 T 时间的预防性维护触发时，将提供机会给部件 j(其中 $i \neq j$) 在 T 时间段内进行预防性维护作业。这种机会的提供可以最大限度地减少设备因维护而停机的时间，从而降低生产中的损失。

符号说明：

C_d：预防性维护时，单位时间的停机生产损失成本；

$C_{t(i)}$：对部件 i 进行一次替换的费用；

$C_{x(i)}$：对部件 i 进行一次修理的费用；

$C_{b(i)}$：对部件 i 进行一次保养的费用；

$C_{m(i)}$：对部件 i 进行一次小修的费用；

$D_t(T_q)$：在时间段 T_q 内设备的总停机时间；

$D_c(i,T_q)$：部件 i 在时间段 T_q 内进行预防性维护所造成的停机时间；

$K(i)$：在时间段 $[0,T]$ 内部件 i 的总预防性维护次数；

$R_{\min}(i)$：部件 i 的最低可靠度；

$R(i,t)$：部件 i 在时间 t 时的可靠度；

$R_s(i,k(i))$：部件 i 在第 k 次预防性维护后的初始可靠度；

$R_f(i,k(i))$：部件 i 在第 $k+1$ 次预防性维护前的终了可靠度；

$t_x(i,k(i))$：部件 i 进行第 k 次预防性维护的时间；

$X(i,T_q)$：对部件 i 在时间段 T_q 采取的维护方式；

η：机会维护阈值；

$\alpha(i)$:部件 i 威布尔分布的尺度参数;

$\beta(i)$:部件 i 威布尔分布的形状参数;

$\rho_1(i)$:对部件 i 进行一次替换作业所需平均时间;

$\rho_2(i)$:对部件 i 进行一次修理作业所需平均时间;

$\rho_3(i)$:对部件 i 进行一次保养作业所需平均时间。

2. 预防性维护作业

预防性维护是设备管理中至关重要的一环,它包括保养(PM3)、修理(PM2)和更换(PM1)三种类型。PM3 主要集中在改善设备部件的外部运行环境,如润滑、调节、除尘等。这种维护方式的数值表示为 3,表明其在预防性维护中最为重要。PM2 则专注于修复部件内部的损耗,通常涉及小机构的保养、修理或更换。它的数值为 2,代表其是次要的维护类型。PM1 采用直接用全新部件替换旧部件的方式,以防止更严重的损坏。它的数值为 1,表示其在维护优先级中排在最后。这种分级方式有助于优化设备维护计划,确保设备的长期稳定运行。

图 4-1 展示了设备 S 在$[0,T]$内的预防性维护过程。

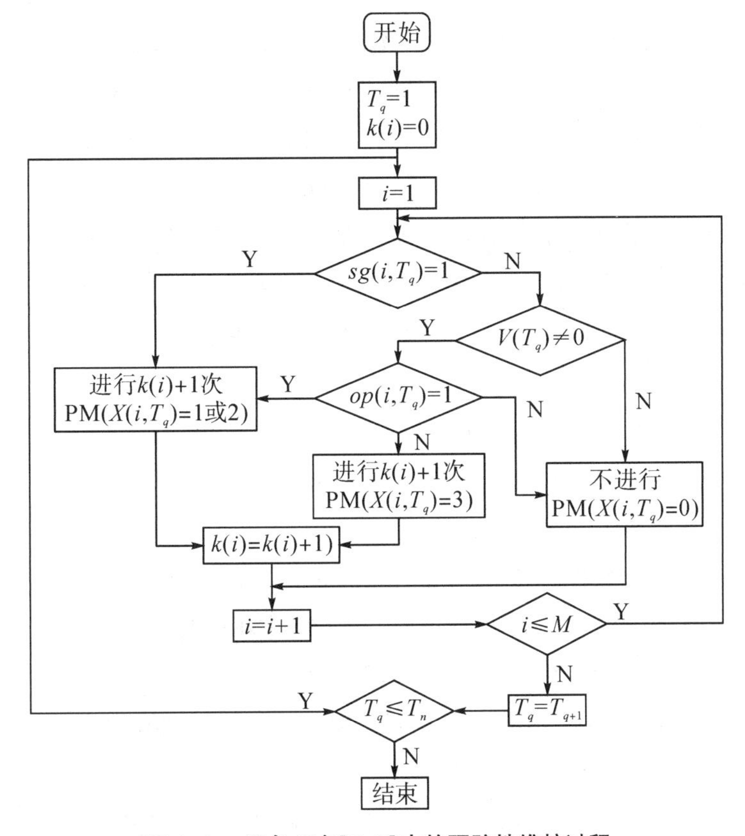

图 4-1 设备 S 在$[0,T]$内的预防性维护过程

设 $T_q=t_q-t_{q-1}$ 为任一时间段，$q=1,2,\cdots,n$；$k(i)$ 为进行预防性维护的次数（$i=0,1,2,\cdots$）。下面用 $sg(i,T_q)$ 来标记 T_q 内部件 i 是否需要进行 PM1 或 PM2 类预防性维护；用 $V(T_q)$ 来标记 T_q 需要进行 PM1 或 PM2 类预防性维护的部件总数；用 $op(i,T_q)$ 来标记 T_q 内是否需要提供机会给部件 i 进行 PM1 或 PM2 类预防性维护。各表达式分别为

$$sg(i,T_q)=\begin{cases}1 & R(i,T_{q+1})<R_{\min}(i)\\0 & R(i,T_{q+1})\geqslant R_{\min}(i)\end{cases} \tag{4-1}$$

$$V(T_q)=\sum_{i=1}^{M} sg(i,T_q) \tag{4-2}$$

$$op(i,T_q)=\begin{cases}1 & R(i,T_{q+\eta'+1})<R_{\min}(i)\\0 & R(i,T_{q+\eta'+1})\geqslant R_{\min}(i)\end{cases} \tag{4-3}$$

式中，η 为机会维护阈值；$\eta'\leqslant\eta$。

3. 不同维护方式下的可靠度

在此应用 Tsai 等[97]提出的方法求解不同维护方式下的可靠度。经过预防性维护后系统的可靠性改善情况分为两部分：一部分是，通过修理或更换，使原系统中的失效零件得以修复；另一部分是，采用三种 PM 方式中的任意一种，使未失效零件的性能得以改善。在预防性维护之后，部件 i 在时刻 t 的可靠度为

$$R(i,t)=R_s[i,k(i)]R_{p\_i,k(i)}(t) \tag{4-4}$$

式中，$R_s[i,k(i)]$ 为部件 i 经第 $k(i)$ 次预防性维护，失效零件修复后的初始可靠度；$R_{(p)\_i,k(i)}(t)$ 为部件 i 在第 $k(i)$ 次预防性维护后，未失效零件的可靠度。

若在时间段 T_s 内，部件 i 进行了第 $k(i)$ 次预防性维护，即

$$t_x[i,k(i)]=T_s$$

$$R_s[i,k(i)]=R(i,t_{s+})$$

若在时间段 T_z 内，部件 i 进行了第 $k(i)+1$ 次预防性维护，即

$$t_x[i,k(i)+1]=T_z$$

ΔT 相对于 T 很小，即在 ΔT 的设备可靠度的变化很小，则 $R_f[i,k(i)]\approx R(i,t_{z\_})$。根据第 $k(i)$ 次预防性维护的不同类型，将部件 i 经过第 $k(i)$ 次预防性维护后，可靠度变化情况分为三类（$t\in[t_s,t_z]$）：更换、修理和保养。

(1)更换。经过替换后，从时刻 t_s 开始，部件 i 成为全新的部件。

$$R_s[i,k(i)]=1$$

$$R_{p\_i,k(i)}(t)=\exp\left\{-\left[\frac{t-t_s}{\alpha(i)}\right]^{\beta(i)}\right\}$$

(2)修理。部件 i 经过修理后,从时刻 t_s 开始,失效零件得到修复,未失效的零件性能得到改善。

$$R_s[i,k(i)]=R_f[i,k(i)-1]+\theta_1\{R_s[i,k(i)-1]-R_f[i,k(i)-1]\}$$

$$R_{p\_i,k(i)}(t)=\exp\left\{-\left[\frac{t-t_s}{\theta_2\alpha(i)}\right]^{\beta(i)}\right\}$$

式中,θ_1 和 θ_2 为改良因子,$\theta_1>0,\theta_2<1$,一般通过分析故障和维修历史数据,运用数理统计的方法估计。

(3)保养。部件 i 经过保养后,从 t_s 时刻开始,未失效的零件性能得到了改善,改善情况同修理。

$$R_s[i,k(i)]=R_f[i,k(i)-1]$$

$$R_{p\_i,k(i)}(t)=\exp\left\{-\left[\frac{t-t_s}{\theta_2\alpha(i)}\right]^{\beta(i)}\right\}$$

由此,当部件服从威布尔分布时,部件 i 在($t\in[t_s,t_z]$)的可靠度为

$$R(i,t)=R_s[i,k(i)]\exp\left\{-\left[\frac{t+t_s}{\theta\alpha(i)}\right]^{\beta(i)}\right\} \tag{4-5}$$

式中

$$\theta=\begin{cases}1 & X(i,T_s)=1\\ \theta_2 & X(i,T_s)=2,3\end{cases}$$

4. $X(i,T_q)$ 的确定

设备 S 在$[0,T]$内的预防性维护过程是一个马尔可夫决策过程。若在时间段 T_s 内,部件 i 进行了第 $k(i)$ 次预防性维护,设 $X(i,T_s)=A(A=1,2,3)$,则在时间段 $T_{q+s}(q=1,2,\cdots)$内,$X(i,T_{q+s})=B(B=0,1,2,3)$的转移概率为

$$P\{X(i,T_{q+s})=B\mid X(i,T_s)=A\}$$

转移概率的大小由从采取该种预防性维护方式到下次其可靠度达到 $R_{\min}(i)$ 时,其间的单位时间的平均维护成本确定。

当 $V(T_{q+s})\geqslant 1$ 时,令 $C_B[i,k(i)+1]$ 为采取 B 类维护后,$[t_{q+s},t_{\min}]$ 区间单位时间的平均成本,即

$$C_B[i,k(i)+1]=\frac{B\text{类维护费用}+\text{停机损失成本}+\text{小修费用}}{t_{R_{\min}}}-t_{q+s} \tag{4-6}$$

当 $B=0,1,2,3$ 时,分别有

$$C_0[i,k(i+1)]=\begin{cases}C_1[i,k(i)+1] & X(i,T_s)=1\\ C_2[i,k(i)+1] & X(i,T_s)=2\\ C_3[i,k(i)+1] & X(i,T_s)=3\end{cases}$$

$$C_1[i,k(i+1)]=\frac{C_t(i)+C_dD_1(i,T_{q+s})+C_m(i)N_{1,i}[k(i)+1]}{t_{R_{\min}}-t_{q+s}}$$

$$C_2[i,k(i+1)]=\frac{C_x(i)+C_dD_2(i,T_{q+s})+C_m(i)N_{2,i}[k(i)+1]}{t_{R_{\min}}-t_{q+s}}$$

$$C_3[i,k(i+1)]=\frac{C_b(i)+C_m(i)N_{3,i}[k(i)+1]}{t_{R_{\min}}-t_{q+s}}$$

式中，$t_{R_{\min}}$ 为部件 i 在时间段内进行预防性维护到下次其可靠度达到 $R_{\min}(i)$ 的时间。

$$t_{R_{\min}}=\theta\left[\exp\left\{\frac{1}{\beta(i)}\log\left[-\log\left(\frac{R_{\min}(i)}{R_s[i,k(i)+1]}\right)\right]\right\}\alpha+\frac{1}{\theta}t_{q+s}\right]$$

$N_{\phi,i}[k(i)+1]$ 为部件 i 在 $(t_{q+s},t_{R_{\min}})$ 内发生故障的次数。

$$N_{\phi,i}[k(i)+1]=\int_{t_{q+s}}^{t_{R_{\min}}}\lambda_{\phi,k(i)+1}(i,t)\,\mathrm{d}t\quad(\phi=1,2,3)$$

$D_c(i,T_{q+s})$ 为在时间段 T_{q+s} 内，由于部件 i 进行预防性维护所引起设备 S 的停机时间。

$$D_c(i,T_{q+s})=\begin{cases}\rho_\beta(i)-\sum\limits_{j=1}^{i-1}D_c(j,T_{q+s}) & \rho_\beta(i)-\sum\limits_{j=1}^{i-1}D_c(j,T_{q+s})>0\\ 0 & \rho_\beta(i)-\sum\limits_{j=1}^{i-1}D_c(j,T_{q+s})\leqslant 0\quad \text{or}\quad B=0,3\end{cases}$$

（1）当 $sj(i,T_{q+s})=1$ 或 $op(i,T_{q+s})=1$ 时，对部件 i 进行 PM1 或 PM2 类预防性维护。

$$P\{X(i,T_q+s)=1|X(i,T_s)=A\}=\frac{\dfrac{1}{C_1[i,k(i)+1]}}{\dfrac{1}{C_1[i,k(i)+1]}+\dfrac{1}{C_2[i,k(i)+1]}}\tag{4-7}$$

$$P\{X(i,T_{q+s})=2|X(i,T_s)=A\}=\frac{\dfrac{1}{C_2[i,k(i)+1]}}{\dfrac{1}{C_1[i,k(i)+1]}+\dfrac{1}{C_2[i,k(i)+1]}}\tag{4-8}$$

（2）当 $sj(i+T_{q+s})=0$ 且 $op(i,T_{q+s})=0$ 时，对部件 i 进行 PM3 类预防性维护或不进行预防性维护。

$$P\{X(i,T_q+s)=3|X(i,T_s)=A\}=\frac{\dfrac{1}{C_3[i,k(i)+1]}}{\dfrac{1}{C_0[i,k(i)+1]}+\dfrac{1}{C_3[i,k(i)+1]}}\tag{4-9}$$

$$P\{X(i,T_q+s)=0|X(i,T_s)=A\}=\frac{\dfrac{1}{C_0[i,k(i)+1]}}{\dfrac{1}{C_0[i,k(i)+1]}+\dfrac{1}{C_3[i,k(i)+1]}}\tag{4-10}$$

当 $V(T_{q+s})=0$ 时，

$$P\{X(i,T_{q+s})=2\mid X(i,T_s)=A\}=1 \tag{4-11}$$

5. 优化模型

通过以上分析，得出以下优化模型：

$$\begin{aligned}\min cost = & \sum_{i=1}^{M}\sum_{q=1}^{n}X(i,T_q)\left[C_t(i)\bar{\omega}_1(i,T_q)+\frac{1}{2}C_x(i)\bar{\omega}_2(i,T_q)+\frac{1}{3}C_b(i)\bar{\omega}_3(i,T_q)\right]+\\ & \sum_{i=1}^{M}C_m(i)\left(\sum_{k=0}^{k(i)-1}\int_{t_x(i,k)}^{t_x(i,k+1)}\lambda_k(i,t)\mathrm{d}t+\int_{t_{x[i,k(i)]}}^{T}\lambda_{k(i)}(i,t)\mathrm{d}t\right)+\\ & \sum_{q=1}^{n}C_d\left[\sum_{i=1}^{M}C_d\sum_{i=1}^{M}D_c(i,T_q)\right]\end{aligned} \tag{4-12}$$

式中，$\omega_j(i,T_q)=\begin{cases}1 & X(i,T_q)=j\\ 0 & X(i,T_q)\neq j\end{cases}$ $(j=1,2,3)$，并满足如下约束条件：

$$\forall i,t,\ \exists R(i,t)\geqslant R_{\min}(i)$$

$$\left[\sum_{i=1}^{M}X(i,T_{q1})\right]\left[\sum_{i=1}^{M}X(i,T_q2)\right]\equiv 0$$

$$0\leqslant\mid t_{q2}-t_{q1}\mid\leqslant\eta\Delta T$$

$$i=1,2,\cdots,M$$

$$t_q=1,2,\cdots,n$$

$$t\in[0,T]$$

在式(4-12)所示的目标函数中，第1项为部件 i 的预防性维护费用；第2项为部件 i 总的小修费用；第3项为维护工作引起的总停机时间导致的损失费用。

三、算例分析

为了验证数学模型的可行性，假设设备 S 由六个部件组成，且各部件都处于全新状态。将设备的运行范围设定为[0,365]，预防性替换和修理所导致的停机损失费用设定为每天550元。此外，将机会预防性维护的阈值设定为三天内最多一次停机维护。这个阈值的设定使得维护团队能够在设备停机时间最少的同时，有效地进行维护工作，以确保设备的可靠性和持续性。其他参数见表4-1。

表4-1　部件的部分参数

部件	$\alpha(i)$	$\beta(i)$	$C_t(i)$/元	$C_x(i)$/元	$C_b(i)$/元	$C_m(i)$/元	$\rho_1(i)$/天	$\rho_2(i)$/天	$\rho_3(i)$/天
1	53	1.7	310	110	30	470	0.2	0.4	0.70

续表

部件	$\alpha(i)$	$\beta(i)$	$C_t(i)$/元	$C_x(i)$/元	$C_b(i)$/元	$C_m(i)$/元	$\rho_1(i)$/天	$\rho_2(i)$/天	$\rho_3(i)$/天
2	110	2.6	460	210	30	1 000	0.4	0.6	0.75
3	118	3.3	690	310	60	1 500	0.3	0.5	0.80
4	160	3.2	210	90	20	270	0.1	0.3	0.60
5	30	2.1	60	40	9	210	0.4	0.6	0.60
6	80	1.6	710	250	60	1100	0.5	0.9	0.80

根据以上参数,对各部件单独进行以可靠性为中心的预防性更换或修理,所需维护费用见表4-2。

表4-2 各部件单独的预防性维修费用

部件	预防性维修费用/元
1	7 734.88
2	6 006.04
3	5 978.26
4	1 422.16
5	11 396.72
6	17 880.96
合计	50 419.00

优化模型利用 Matlab 7.1 计算设备 S 在一年内的预防性维护成本,结果见表4-3。该模型的研发旨在有效降低维护成本,提高设备的可靠性和可用性。通过对仿真数据的分析可以观察到,优化模型在维护方面的显著成效。随着仿真次数的增加,优化模型的精度逐渐提高,这意味着随着模型运行次数的增加,其对最佳维护策略的预测更加准确。具体而言,仿真结果显示,经过优化后,设备 S 全年的总维护费用为32 822.77元,相较于传统的维护方式,成本显著降低。

表4-3 仿真结果及其优势

仿真次数	最小总成本/元	节约成本/%
50	33 689.54	33.2
10 000	33 226.12	34.1
200 000	32 822.77	34.9

表4-4进一步展示了优化的预防性维护计划,表中详细列出了设备在不同时间点需要进行的具体维护操作。例如,在第120天时,需要对部件1、2和3进行保养,对部件5进行修理,对部件6进行替换,而部件4则不需要进行任何预防性维护。通过

对比表中的数据可以发现，部件5的替换和修理次数最多，而部件4在整个年度内未曾进行过替换和修理，主要通过定期保养来降低故障率，从而保证设备的可靠性和稳定性。

表4-4　优化的预防性维修类型

时期/d	预防性维修类型					
	部件1	部件2	部件3	部件4	部件5	部件6
15	3	3	3	0	1	3
30	3	3	3	0	1	1
45	1	0	3	3	1	3
60	3	3	3	3	1	1
75	0	0	3	3	2	3
81	1	3	3	0	3	0
90	3	0	3	0	0	1
105	3	3	0	3	0	3
120	3	3	3	0	2	1
130	1	3	0	0	0	3
145	3	3	3	0	0	3
153	3	0	0	3	3	0
163	0	3	3	3	0	3
173	2	0	0	3	3	3
182	3	0	3	3	0	0
187	3	3	3	0	3	1
198	3	3	3	0	2	3
207	1	0	0	3	1	3
212	3	1	3	0	3	0
221	3	3	0	3	1	2
233	3	3	0	0	1	3
241	3	3	0	0	1	3
251	1	0	3	0	3	0
260	3	3	0	0	2	2
269	0	3	0	3	1	3
282	2	0	3	0	1	1

续表

时期/d	预防性维修类型					
	部件 1	部件 2	部件 3	部件 4	部件 5	部件 6
297	3	3	0	3	2	3
308	0	0	0	3	2	3
312	1	3	3	3	3	3
320	3	0	0	3	3	1
344	1	3	0	3	1	0
348	3	0	0	0	0	1
359	3	0	3	0	2	3

通过算例可得到以下结论:(1)提出的基于可靠性的大修优化模型针对单设备非周期预防性大修,将维护行为划分为更换、修理和保养,并采用小修处理突发故障。(2)这一模型旨在减少维修停机损失,通过将多个维修作业按机会维修阈值归并,并采用马尔可夫转移概率计算方法解决了多部件的预防性维护组合优化问题。(3)通过多次仿真,该模型找到了维护成本最小的优化维护策略,从而提高了设备的可靠性和生产效率。(4)提出的优化模型还给出了动态优化的预防性维护计划,考虑了部件特质和工作条件,使得计划更符合实际生产情况。此外,优化的维护计划不仅可以降低维护成本,还可以辅助生产作业计划的制订,具有很强的操作性。这一模型的提出和实施,不仅为企业降低了维修成本,提高了生产效率,还为其提供了一种全面考虑设备状态、工作条件和维护需求的系统化管理方案。通过合理的维护计划,企业可以在确保设备可靠性的同时最大限度地减少维修停机时间,提高生产效率,降低生产成本,从而提升竞争力。

第三节　单设备系统更新优化模型设计

一、设备更新时机的确定方法

设备更新是企业生产经营中一项关键的策略性举措,指的是替换那些技术陈旧、不宜再使用的老旧设备,以引进更先进、更完善、更高效、性能更优越的新型设备。在企业管理中,更新决策的重要性不可低估,这包括更新方案和时机的选择。一个不合理的更新决策可能给企业带来重大损失。随着设备年限的增长,设备磨损逐渐严重,生产效率下降,费用增加,因此对设备磨损的补偿显得尤为重要。

设备更新的形式多样,包括修理、现代化改装、以相同设备更换损坏设备,以及用更优质的新设备替换旧设备。具体而言,有两类更新方式:一种方式是原型更新,即解决设备损坏问题,但不推动技术进步。这种方法属于维修与维护的范畴,它确保了设备的运行稳定性,但并未带来生产效率的显著提升。另一种方式是新型更新,即通过引进技术更先进、效率更高的新设备来替代旧设备。这种方式推动了企业技术水平的提升,增强了生产力,降低了生产成本,从而提高了企业的竞争力和盈利能力。

随着设备使用时间的增加,磨损不可避免地会影响设备性能,而修理无法完全弥补,从而损害设备的经济性。因此,对设备进行更新是一个必要的考量。设备更新不仅仅是为了解决当前的问题,更重要的是为了促进技术进步和实现更好的经济效益。在决定是否更新设备、何时更新,以及是选择原型还是新型设备时,经济效益是关键的考量因素。

当设备随着使用时间的增长磨损越严重时,维修成本和运行费用往往会随之增加。尽管设备可能还未过时,但其性能的下降会降低生产效率,进而影响到企业的经济效益。在这种情况下,原型设备的更新通常是经济合算的选择。通过更新设备,可以降低维修费用和运行成本,提高生产效率,从而实现更好的经济效益。

在制订设备更新策略时,首先需要对设备进行评估,确定是否确实需要更新。这需要综合考虑设备的当前状况、维修历史、使用情况以及未来预期的生产需求等因素。确定最佳的更新时机也是至关重要的。更新时机的选择应考虑到设备的磨损程度、维修成本以及未来的生产计划等因素,以确保更新能够带来最大的经济效益。下面介绍几种判断设备更新时机的方法。

1. 更新收益率法

更新收益率法,又称 MAPI 法,是通过计算更新与不更新两种方案的差额投资的收益率来判别是否应更换设备。更新收益率法以收益率形式定性地来判别在当前情况下设备是否需要更新,但不能知道更新后的收益有多大。

2. 经济寿命法

设备寿命是指设备在使用过程中能够保持正常运行的时间期限,包括自然寿命、技术寿命和经济寿命。自然寿命主要受到有形磨损的影响。这种磨损是由设备的正常使用以及外部环境因素所引起的,如摩擦、腐蚀等。通过正确的使用和维护,可以有效延长设备的自然寿命,减缓磨损速度,延长设备的使用寿命。技术寿命则受到无形磨损的影响。这种磨损主要是由技术的过时导致的，包括设备的功能、性能等方面。通过进行现代化改装，可以更新设备的技术，延长设备的技术寿命，使其适应当前的工作需求和跟上当前的技术水平。经济寿命则综合考虑了有形磨损和无形磨损的影响。当设备的继续使用不能保证产品质量或者不合算时，就意味着设备的经济寿命已经结束。

设备的使用成本是指设备在使用过程中产生的各项费用，包括购置费的年分摊额和年运行费用。设备的年平均使用总成本随着使用时间的变化而变化，在设备的最适宜使用年限内，年平均总成本将会达到最低值，这时设备达到了经济寿命。通过对设备的经济寿命进行分析，以使用费用最经济为准则，确定设备更新的时机。在更先进的设备尚未出现时，旧设备的更新时机即是其经济寿命结束时。所以在没有新设备出现的情况下，判断设备是否需要更新也可以用设备的使用寿命是否达到其经济寿命作为更新判据。

在扩大再生产和资金流通过程中，资金随时间变化会产生增值，以及在银行储蓄中所获得的利息，都是资金时间价值的具体体现。不同时间发生的等额资金在价值上的差异就是资金时间价值。钮平南[100]详细地说明了资金等值计算的规律及公式。用静态方法考虑各种现金流的时候不考虑资金的时间价值，用动态方法考虑各种现金流的时候要考虑资金的时间价值。下面具体介绍经济寿命的确定方法。

(1)不考虑残值的经济寿命的确定。

在有些设备更新分析中将设备清理费与设备残值相抵，就相当于不考虑残值。张文泉[101]分别讨论了不考虑残值情况下的静态和动态计算公式。用列表法得出年总费用最小的年份 T，即为设备的经济寿命，也就是原型设备更换的时机。

(2)考虑残值的经济寿命的确定。

在大部分设备分析中是考虑设备残值，且假设残值是不变的。钮平南[100]同样分别讨论了考虑残值时的静态和动态计算公式。

(3) 最小维护系统的经济寿命的确定。

最小维护系统是指在维护前后可靠性不变的系统。Larry[102]将在这种条件下的系统假设其故障率服从泊松分布，据此计算经济寿命。

最小维护系统边际费用等于平均费用时为最佳更换时机，Jasom[103]根据此原理建立了一个模型，在边际费用超过平均费用时更换设备。

3. LCC 法

用 LCC 理论可以进行考虑多方面因素(包括出现新型设备的情况)的经济寿命

分析。该方法是比较旧设备的最佳经济寿命费用和新设备最佳经济寿命年费,确定现有旧设备最佳更新方案及最佳的更换时机。张小明[104]、梅强[105]等研究了 LCC 法在设备更新中的应用。

4. 特定年限内总费用比较法

在企业生产中,设备更新决策涉及固有设备可服务年限与置换设备经济寿命之间的平衡。最佳的设备更新时机应该在这两者之间,以确保经济上的最大化效益。张文泉[101]、高克[106]均讨论了这种情况。

5. 基于马尔可夫过程的最优策略。

基于马尔可夫过程的最优策略是研究以投入维修费与所承受的故障损失相比较,在经济合理的条件下,使用过程最长的策略。设备的使用和维修过程是一个马尔可夫过程。丘仕义[107]介绍了基于马尔可夫过程的最优策略问题。

6. 网络图法

网络图法又称最短路径法、最小弧长法,是依据最优化原理,放弃更新期的概念,通过一个决策网络图找出最经济的设备更新途径的方法。刘心报[108]介绍了这种评价模型。在设备更新决策中运用最短问题的决策模型,将每年用点来表示,两点之间的弧长表示设备的购置费用、运行费用以及本利和,分别计算出各弧长的值,最后找出从第一年到最后一年的弧长最短的线路,即得到更新点。

7. 模糊评价法

模糊理论是近年来蓬勃发展的一门新兴学科。模糊理论可实现将人的定性思维和判断方法定量化,以适合计算机处理的过程。模糊理论广泛应用于各个领域。王永清[109]将模糊技术引入设备更新的辅助决策过程。通过确定因素总集、评价人员、因素子集、权值集、评价及评语的处理,得到客观、全面的决策。模糊评价法以模糊解的形式,通过分组有助于评价人员将经历集中在熟悉的因素评价的比较中,主要对决策进行定性的评价,结论客观、可靠、稳定。

8. 博弈论法

博弈论又称对策论,是研究决策主体的行为发生直接相互作用时候的决策以及这种决策的均衡问题。博弈论是经济学中的一个重要分支问题,应用于与经济学相关的很多领域。杨元梁[110]将博弈论引入设备更新分析，给出了在产品状态无可靠资料时选择方案的最优策略。

9. 基于遗传算法的设备更新规划

将遗传算法引入设备更新规划中，克服了以往方法对技术进步和市场竞争等因素的忽视，以及计算量大的问题。遗传算法具有全局优化能力，对被优化的系统的数学模型无先验要求，可更精确、更经济地确定设备更新时机。一方面，传统方法对技术进步和市场竞争等因素缺乏足够的考量，可能导致对设备更新时机的误判。遗传算法通过考虑这些因素，使得决策更具有全局性和长远性，能够更好地适应不断变化的市场环境。另一方面，传统方法在计算量上存在挑战，而遗传算法则能够有效克服这一问题，提高决策的效率和准确性。

然而，设备更新理论在实际应用中仍存在一些未解决的问题。首先，更新函数的确定具有一定的难度，需要考虑到多种因素的综合影响，而现有的方法在这方面尚未达到理想的水平。其次，价值工程方法和寿命周期费用评价法在对设备价值系数和寿命周期费用的评估上存在一定的局限性，尤其是对于大型复杂可维修设备而言。最后，现有的更新方法在考虑各种更新费用时往往未综合考虑系统的维持费用和可靠性指标的约束等因素，这可能导致决策结果不准确。

二、系统维护活动对可靠性影响的分析

预防性维护是企业为延长系统寿命、减少故障损失而采取的维护活动，包括定期维护、检修以及日常小修等措施。在这些措施中，定期维护尤为重要，因为它涉及一系列决策变量，如维护期、维护次数以及经济寿命周期等。目前，许多企业采用的是固定维护周期的方式。然而，这种做法是假设每次维护都能使设备恢复如新，这与实际情况并不相符。随着生产活动的进行，设备系统的可靠性逐渐下降，这意味着需要缩短维护周期，并且有时候设备无法完全修复。为了更好地应对这一挑战，基于最低可接受可靠度的理念，提出了可变维护周期的设备维护策略，并且建立了相应的最优维护周期决策模型。这一模型可以更好地平衡维护成本和系统可靠性之间的关系，使得维护活动更加灵活、高效。通过实施可变维护周期策略，企业能够更好地保障设备的正常运行，降低维护成本，提高生产效率，从而为企业的可持续发展打下坚实基础。

1. 系统可靠性度量指标

假设系统故障规律服从概率密度为 $f(t)$ 的分布形式，对应的可靠度函数为 $R(t)$，失效函数为 $F(t)$，系统的故障率为 $\lambda(t)$，则

$$\lambda(t)=\frac{f(t)}{R(t)} \tag{4-13}$$

威布尔分布比传统设备系统故障率研究中的指数分布的应用更为广泛，是更加典型的系统故障率分布形式，本章以二参数威布尔分布为例进行说明，其概率密度函数为

$$f(t)=\frac{\beta}{\alpha}\left(\frac{t}{\alpha}\right)^{\beta-1}\mathrm{e}^{-\left(\frac{t}{\alpha}\right)^{\beta}} \tag{4-14}$$

式中，$\alpha,\beta(\beta>0)$ 分别为尺度参数和形状参数。当 $\beta=1$ 时，为指数分布；当 $\beta=2$ 时，为瑞利分布；当 $\beta=3.5$ 时，为近似正态分布。

那么其可靠度函数为

$$R(t)=\mathrm{e}^{-\left(\frac{t}{\alpha}\right)^{\beta}} \tag{4-15}$$

失效分布函数为

$$F(t)=1-\mathrm{e}^{-\left(\frac{t}{\alpha}\right)^{\beta}} \tag{4-16}$$

失效率函数为

$$\lambda(t)=\frac{\beta}{\alpha}\left(\frac{t}{\alpha}\right)^{\beta-1} \tag{4-17}$$

2. 可变维护周期条件下的设备系统可靠性分析

由于每次修复活动的修复时间与维护周期相比很短，所以可以忽略，记为 0。假定预防性维护活动在每一周期末进行，且该维护周期长度为上一维护周期长度的 $z(0<z\leqslant1)$ 倍，每次维护可使系统可靠度提高到该周期期初可靠度的 $b(0<b\leqslant1)$ 倍水平，但维护活动并不改变故障率分布函数的形式。那么，

$$T_i=(1+z)T_{i-1}$$
$$R'(T_i)=bR(T_{i-1}) \qquad (i=2,3,\cdots,N)$$

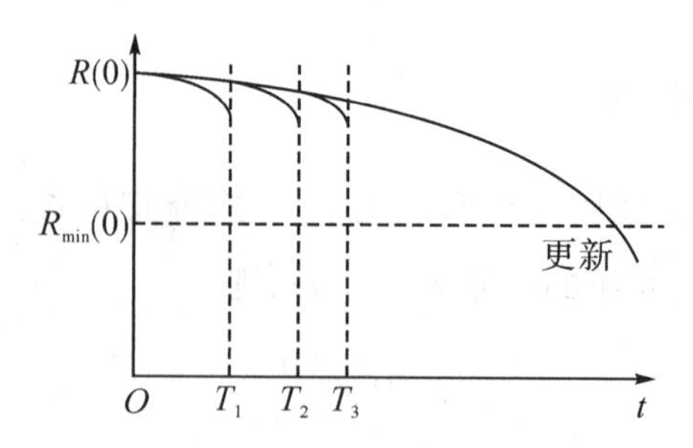

图 4-2 维护对设备系统的影响

由图 4-2 可知,在周期$[0,T_1]$内,任意时刻 t 系统的可靠度为

$$R'(t)=R(0)R(t) \tag{4-18}$$

维护后的期末系统可靠度为

$$R(T_1)=bR(0) \tag{4-19}$$

同样可知,在周期(T_1,T_2)内,

$$R'(t)=R(T_1)R(t-T_1)=bR(0)R(t-T_1) \tag{4-20}$$

$$R(T_2)=b^2R(0) \tag{4-21}$$

以此类推,可得在任意周期(T_{p-1},T_p)内,

$$\begin{aligned} R'(t) &= R(T_{p-1})R\left(t-\sum_{i=1}^{p-1}T_i\right) \\ &= b^{p-1}R(0)R\left(t-\sum_{i=1}^{p-1}T_i\right) \\ &= b^{p-1}R(0)R\left(t-\frac{1-z^{p-1}}{1-z}T_1\right) \end{aligned} \tag{4 - 22}$$

$$R(T_p)=b^pR(0) \tag{4 - 23}$$

式中,p 表示系统所处维护周期,$p=1,2,\cdots,N+1$;$\frac{1-z^{p-1}}{1-z}T_1<t\leqslant\frac{1-z^p}{1-z}T_1$;$T_0=0$。

3. 最低可接受可靠度条件下的维护及故障次数

若进行系统修复后,系统可靠性不能达到系统所规定的最小可接受可靠度,那么将进行系统更新。若 $R(T_N)<R_{\min}(0)$,即 $b^NR(0)<R_{\min}(0)$时,更新系统。由此可得系统的最大修复次数应满足

$$N\leqslant \text{int}\left[\frac{\ln R_{\min}(0)-\ln R(0)}{\ln b}\right] \tag{4-24}$$

求解 t 时间内系统的失效率为

$$F'(t)=1-R'(t)=1-b^{p-1}R(0)R\left(t-\frac{1-z^{p-1}}{1-z}T_1\right)$$

第 i 周期内系统的故障次数为 F_i：

$$F_i=-\ln[1-F'_i(t)]=-\ln[b^{i-1}R(0)R(z^{i-1}T_1)]$$

式中，i 表示 t 时间系统所处维护周期，即

$$i=\text{int}\left\{\frac{\ln\left[1-\frac{t}{T_1}(1-z)\right]}{\ln z}\right\}+1$$

三、设备更新优化模型设计

设备系统维护费用主要由预防性维护费用（C_P）、修复性维护费用（C_C）、故障损失（C_F）等部分组成。其费用模型可用式（4-25）描述。

$$\begin{aligned}C_M&=C_PN+(C_C+C_F)\sum_{i=1}^{N+1}F_i\\&=C_PN-(C_C+C_F)\left[\frac{N+(N+1)}{2}\ln b+N\ln R(0)+\sum_{i=1}^{N+1}\ln R(z^{i-1}T_1)\right]\end{aligned}\tag{4-25}$$

1. 参数 z 的确定及分析

为了保证每次维护活动的稳定性和连续性，各个维护周期内系统可靠性要尽可能相等，即第 i 周期的可靠性要近似于 $i+1$ 周期的可靠性，即

$$\begin{aligned}R'_i(t)&=b^{i-1}R(0)R\left(\frac{1-z^i}{1-z}T_1-\frac{1-z^{i-1}}{1-z}T_1\right)\\&\approx R'_{i+1}(t)=b^iR(0)R\left(\frac{1-z^{i+1}}{1-z}T_i-\frac{1-z^i}{1-z}T_1\right)\end{aligned}\tag{4-26}$$

对式（4-26）取等值，可得

$$R(z^{i-1}T_1)=bR(z^iT_I)\tag{4-27}$$

$$e^{-\left(\frac{z^{i-1}T_1}{\alpha}\right)^\beta}=be^{-\left(\frac{z^iT_1}{\alpha}\right)^\beta}\tag{4-28}$$

$$z^{i\beta-\beta}(z^\beta-1)=\left(\frac{\alpha}{T_1}\right)^\beta\ln b\tag{4-29}$$

由式（4-29）可知，z 会随所处维护周期 i 的增加而减小，对不同设备系统管理者

而言,可以选取不同周期内的 z 值作为统一的维护周期变动参数,选择的周期越靠前,维护周期就越长,表明设备系统维护管理者为风险性设备维护管理者;反之,越往后,维护周期就越短,设备系统维护管理者会越保守。

由式(4-27)~式(4-29)可确定由 T_1 表示的 z 值,记为

$$z=\phi(T_1) \tag{4-30}$$

系统的最优经济寿命周期为

$$T=\frac{1-z^{N+1}}{1-z}T_1 \tag{4-31}$$

同样,把式(4-30)代入式(4-31),可得只用 T_1 表示的 T 为

$$T=\varphi(T_1) \tag{4-32}$$

2. 设备更新优化模型

系统维护决策的目标是系统寿命周期内单位时间的平均费用最低,那么可得目标函数为

$$\begin{aligned}\min J(T_1)&=\frac{C_M}{T}\\&=\frac{C_PN}{T}-\frac{C_C+C_F}{T}\left[\frac{N(N+1)}{2}\ln b+N\ln b+N\ln R(0)+\sum_{i=1}^{N+1}\ln R(z^{i+1}T_1)\right]\end{aligned} \tag{4-33}$$

根据最优条件可知,当$\frac{\mathrm{d}j}{\mathrm{d}T_1}=0$,即

$$\begin{aligned}\frac{\mathrm{d}j}{\alpha T_1}=&\frac{C_PN}{\varphi'(T_1)}-\frac{C_C+C_F}{\varphi'(T_1)}\left[\frac{N(N+1)}{2}\ln b+N\ln R(0)\right]-\\&\frac{C_C+C_F}{\varphi'(T_1)}\cdot\sum_{i=1}^{N+1}\ln R(z^{i-1}T_1)-\\&\frac{C_C+C_F}{\varphi'(T_1)}\sum_{i=1}^{N+1}\frac{R'(z^{i-1}T_1)\left[z^{i-1}+(i-1)z^{i-2}T_1\phi'(T_1)\right]}{R(z^{i-1}T_1)}\\=&0\end{aligned} \tag{4-34}$$

时,可求得最优的设备系统维护策略。根据式(4-34)可求得系统第一维护周期的长度(T_1),从而可由式(4-30)、式(4-31)分别求得最优的设备维护周期变动参数 z 及最低可接受可靠度条件下的系统最优经济寿命周期。

四、算例分析

1. 算例分析

现有某设备，其系统可靠性服从 $\alpha=1$、$\beta=1$ 的威布尔分布，其初始可靠度 $R(0)=0.985$，系统投入运行后，要求其最低可靠度 $R_{\min}=0.68$，若低于该可靠度企业将淘汰该系统，购买新系统。设在 a 时间内，系统每次预防性维护费用 $C_P=1860$ 元，且每次维护系统可靠度只能恢复到该维护期期初的 b 倍水平，$b=0.92$。若维护期内发生故障，其修复性维护费用 $C_C=3720$ 元，故障所造成的损失 $C_F=5540$ 元。

由已知条件知，该系统的故障概率密度函数为 $f(t)=\mathrm{e}^{-t}$。由此可得该系统的维护次数为

$$N=\mathrm{int}\left[\frac{\ln R_{\min}-\ln R(0)}{\ln b}\right]=\mathrm{int}\left[\frac{\ln 0.68-\ln 0.985}{\ln 0.92}\right]=4$$

为了不失一般性，采用第一周期的维护周期变动参数作为系统全寿命内统一的维护周期变动参数。

$$z=\phi(T_1)=z^{i\beta-\beta}[z^{\beta}-1]=\left(\frac{\alpha}{T_1}\right)^{\beta}\ln b=1+\frac{\ln b}{T_1}=1-\frac{0.0834}{T_1}$$

$$\phi'(T_1)=\frac{0.0834}{T_1^2}$$

由式(4-32)，可得

$$T=\varphi(T_1)=\frac{1-z^{N+1}}{1-z}T_1=\frac{1-\left(1-\dfrac{0.0834}{T_1}\right)^5}{\dfrac{0.0834}{T_1}}$$

$$=\frac{T_1^5-(T_1-0.0834)^4}{0.0834T_1^3}\approx 5T_1-0.0834$$

$$\varphi'(T_1)=5$$

将以上结果代入式(4-33)，即

$$\frac{C_PN}{\varphi'(T_1)}-\frac{C_C+C_F}{\varphi'(T_1)}\left[\frac{N(N+1)}{2}\ln b+N\ln R(0)\right]-\frac{C_C+C_F}{\varphi'(T_1)}\cdot\sum_{i=1}^{N+1}\ln R(z^{i-1}T_1)-$$

$$\frac{C_C+C_F}{\varphi'(T_1)}\sum_{i=1}^{N+1}\ln\frac{R'(z^{i-1}T_1)+[z^{i-1}+(i-1)z^{i-2}T_1\phi'(T_1)]}{R(z^{i-1}T_1)}=0$$

得

$$\frac{1\,860\times4}{5}-\frac{3\,720+5\,540}{5}\left[\frac{4(4+1)}{2}\ln 0.92+4\ln 0.985\right]-\frac{3\,720+5\,540}{5}\sum_{i=1}^{5}\ln R\left[\left(1-\frac{0.084\,3}{T_1}\right)^{i-1}T_1\right]-$$

$$\frac{3\,720+5\,540}{5T_1-0.084\,3}\sum_{i=1}^{5}\frac{R'\left[\left(1-\frac{0.083\,4}{T_1}\right)^{i-1}T_1\right]\left[\left(1-\frac{0.083\,4}{T_1}\right)^{i-1}+(i-1)\left(1-\frac{0.083\,4}{T_1}\right)^{i-2}T_1\frac{0.083\,4}{T_1^2}\right]}{R\left[\left(1-\frac{0.083\,4}{T_1}\right)^{i-1}T_1\right]}=0$$

可求得 $T_1=0.025\,68a$。

再根据式(4-30)、式(4-31)可求得:$z=0.67$,$T=0.45a$。

2. 结论

设备维护管理模式的核心目标是确保设备系统可靠运转、延长其使用寿命,并降低维护费用。本节通过分析实际维护管理活动,建立了以最低可接受可靠度为基础的可变维护周期最优维护决策模型。这一模型的关键在于科学确定设备的维护周期、次数,并确定设备的最优经济寿命周期,为设备更新提供依据。通过案例分析可知,本章建立的模型能够在保证连续生产安全性的同时,最小化单位时间维修费用,实现了维护成本与效果的最优平衡。

第四节　设备维护动态模型及敏感性研究

为了更深入地研究维护模型的最优解,Marseguerra 等[111]综合利用遗传算法和MC 模拟,综合考虑成本、收益等多种因素,以找到更为精确的维护优化方案。这种方法的创新之处在于将遗传算法和 MC 模拟相结合,通过对不同情景的模拟和优化的搜索,实现对维护模型最优解的全面考量。Seo 等[112]研究了固定维护周期的维护优化问题。他们认为,在有限时间区间,固定维护的时间间隔,维修后设备的故障率降低了,同时故障率函数发生了变化,即设备的故障率的变化速度发生了改变。Yeh 和Chen[113]对全新租赁设备维护策略进行了研究,假设预防维护(PM)为周期型,恢复类型属于年龄缩减型,失效率函数服从非齐次泊松过程,决策变量为设备预防维护次数与预防维护程度,则其预防维护成本与维护程度呈线性关系。Pongpech 等[114]探讨了全新租赁设备的周期型预防维护策略,属于有限时间区间研究,其预防维护的恢复类型为失效率缩减型。假设预防维护成本与维护程度呈线性关系,决策变量为 PM 间隔时间以及各次 PM 的维护程度。所提出的预防维护模型，期望总维护成本等于总失效成本与 PM 成本之和。Yeh 和 Chang[115] 研究了有限时间区间的周期型预防维护，假设恢复类型为失效速率减缓型，考虑 PM 成本为 PM 次数与恢复程度的线性函数。

此外，文献[116]和[117]指出，周期型失效率缩减型预防维护模型以固定的 PM 间隔时间执行预防维护，失效率随着时间的增加而升高，当执行 PM 时，失效率下降一个恢复量。非周期型失效率缩减预防维护模型则是每次 PM 的间隔不同，通常以失效率限制、可靠度限制或者是维护成本限制为条件约束决定每次 PM 的间隔时间。

以下从设备管理者的角度出发，以总维护成本最小化为目标，探讨有限时间区间内非周期型预防维护的最佳策略。不同于以往的研究，本研究针对恢复类型为失效率缩减型的设备，考虑保修期与转让价值，求解非周期型最佳预防维护策略，即根据失效门槛值求解最佳 PM 次数。

先对涉及符号进行说明。

L：设备可使用期限；

W：设备保修期；

N：在 L 内，设备所需的预防维护次数；

δ：失效率缩减型预防维护模型，每次 PM 的失效率减少量；

$\lambda(t)$：设备的初始失效率函数；

θ：非周期型预防维护模型的失效门槛；

T_i：第 i 次 PM 时间点；

π：第 N 次周期型预防维护时间点和 L 的差；

$\lambda i(t)$：设备在执行第 i 次 PM 后的失效率函数；

$\Lambda i(t)$：设备在第 i 次 PM 周期内的期望失效率次数；

C_{mr}：每次失效的最低维修成本；

C_{pr}：预防维护成本；

TC：设备在可使用期限内的期望总成本；

a：每次预防维护的固定成本；

b：每次预防维护的次数因子；

c：每次预防维护的单位恢复成本；

SV：设备的转让价值；

v：设备的购买成本；

s、q：转让价值的市场指导参数。

一、预防维护模型的建立

下面对非周期型设备进行研究，针对失效率为缩减型的设备考虑保修期和转让价值两种情况，以总维护成本最小化为目标，根据失效率门槛值求解最佳 PM 次数[118]。

设定以下基本假设：

(1)考虑全新设备，设备可使用年限为 L；

(2)假设设备为可维修型，失效率为时间的增函数；

(3)每次预防保养可使设备失效率缩减；

(4)当失效率随着时间升高到门槛值时，执行预防维护；若设备发生失效，则执行最小修复；

(5)执行 PM 和最小修复所需时间忽略不计；

(6)在保修期内，若设备发生失效，由设备制造商承担修复成本；在保修期外，若设备发生失效，由设备拥有者承担修复费用。

1. 考虑保修期的预防维护模型

设在保修期内执行 PM，令保修期内执行 PM 的次数为 M，$\theta+M\delta\leqslant\lambda(W)$，则 M 的计算式如式(4-35)所示，期望失效次数如式(4-36)所示。

$$M=\operatorname{int}\left[\frac{\lambda(W)}{\delta}\right],\quad M\geqslant 0 \tag{4-35}$$

$$\begin{aligned}\Lambda_{\mathrm{bF}}(L,W)&=\int_0^L\lambda(t)dt-\delta\Big(NL-\sum_{i=1}^{N}T_i\Big)-\Big[\int_0^W\lambda(t)dt-\delta\Big(MW-\sum_{i=1}^{M}T_i\Big)\Big]\\&=\int_W^L\lambda(t)dt-\delta\Big[(NL-MW)-\Big(\sum_{i=1}^{N}\{\lambda^{-1}[\theta+(i-1)\delta)]\}\Big)\Big]-\\&\quad\Big(\sum_{i=1}^{M}\{\lambda^{-1}[\theta+(i-1)\delta)]\}\Big)\end{aligned} \tag{4-36}$$

期望维护成本为最小修复成本与 PM 成本之和，计算式如式(4-37)所示。

$$\begin{aligned}TC_{\mathrm{bF}}&=C_{\mathrm{mr}}\Lambda_{\mathrm{bF}}(L,M)+C_{\mathrm{PM}}(i,\delta)\\&=C_{\mathrm{mr}}\Big\{\int_W^L\lambda(t)\mathrm{d}t-\delta\Big[(NL-MW)-\Big(\sum_{i=1}^{N}\{\lambda^{-1}[\theta+(i-1)\delta)]\}\Big)\Big]\Big\}-\\&\quad\Big(\sum_{i=1}^{M}\{\lambda^{-1}[\theta+(i-1)\delta]\}\Big)+N\Big(a+\frac{N+1}{2}b+c\delta\Big)\end{aligned} \tag{4-37}$$

式中，下标 bF 代表考虑保修期的函数。

2. 考虑转让价值的预防维护模型

目标函数为期望维护成本(TC_{zhF}),即为最小修复成本与 PM 成本之和减去转让价值,计算式如式(4-38)所示。

$$TC_{zhF} = C_{mr}\Lambda_F(L) + C_{pm}(i,\delta) - SV$$
$$= C_{mr}\left\{\int_W^L \lambda(t)\mathrm{d}t - \delta\left[NL - \left(\sum_{i=1}^{N}\{\lambda^{-1}[\theta + (i-1)\delta]\}\right)\right] - \left(\sum_{i=1}^{M}\{\lambda^{-1}[\theta + (i-1)\delta]\}\right)\right\} + N\left(a + \frac{N+1}{2}b + c\delta\right) - \frac{u}{s^*\lambda_N(L) + q} \quad (4\text{-}38)$$

式中,zhF 代表考虑转让价值的函数。

3. 考虑保修期和转让价值的预防维护模型

同时考虑保修期和转让价值的期望维护成本,计算式如式(4-39)所示。

$$TC_{bzhF} = C_{mr}\Lambda_{bF}(L,W) + C_{pm}(i,\delta) - SV$$
$$= C_{mr}\left\{\int_W^L \lambda(t)dt - \delta\left[(NL - MW) - \left(\sum_{i=1}^{N}\{\lambda^{-1}[\theta + (i-1)\delta]\}\right)\right] - \left(\sum_{i=1}^{M}\{\lambda^{-1}[\theta + (i-1)\delta]\}\right)\right\} + N\left(a + \frac{N+1}{2}b + c\delta\right) - \frac{v}{s^*\lambda_N(L) + q} \quad (4\text{-}39)$$

式中,bzhF 代表同时考虑保修期和转让价值的函数。

若失效率满足威布尔分布,则期望维护成本的计算式如式(4-40)所示。

$$TC_{bzhF} = C_{mr}\left[\frac{L^\beta - W^\beta}{\alpha^\beta} - \delta\left((NL-MW) - \left\{\sum_{i=1}^{N}\left[\frac{\theta+(i-1)\delta}{\left(\frac{1}{\alpha}\right)^\beta \beta}\right]^{\frac{1}{\beta-1}} - \sum_{i=1}^{M}\left[\frac{\theta+(i-1)\delta}{\left(\frac{1}{\alpha}\right)^\beta \beta}\right]^{\frac{1}{\beta-1}}\right\}\right)\right] + N\left[a + \frac{N+1}{2}b + c\delta\right] - \frac{v}{s^*\lambda_N(L)+q} \quad (4\text{-}40)$$

4. 预防维护模型最佳解定理

定理 1:非周期型预防维护模型,在失效率缩减量为固定值的条件下,其失效门槛值 $\theta^* = \theta_{min} = \delta$。

定理 2:在有限时间里,预防维护模型的 PM 次数存在最大上限,PM 次数的上限值分以下三种情况

(1)考虑保修期的预防维护模型。

$$N_{max} \leqslant \text{int}\left(\frac{-(2a+b)+\sqrt{(2a+b)^2+8b\{C_{mr}[\Lambda(L)-\Lambda(W)]\}}}{2b}\right) \tag{4-41}$$

(2)考虑转让价值的预防维护模型。

$$N_{max} \leqslant \text{int}\left(\frac{-(2a+b)+\sqrt{(2a+b)^2+8b\left[C_{mr}\Lambda(L)-\frac{v}{s^*\lambda(L)+q}\right]}}{2b}\right) \tag{4-42}$$

(3)考虑保修期和转让价值的预防维护模型。

$$N_{max} \leqslant \text{int}\left(\frac{-(2a+b)+\sqrt{(2a+b)^2+8b\left\{C_{mr}[\Lambda(L)-\Lambda(W)]-\frac{v}{s^*\lambda(L)+q}\right\}}}{2b}\right) \tag{4-43}$$

式中,$\Lambda(L)$表示设备在可使用期限内的失效次数;$\Lambda(W)$表示设备在保修期内的失效次数。

失效率函数为随时间变化的增函数,每次执行 PM,失效率下降 δ,则失效率成本随 PM 次数的增加而减少,PM 成本则随着 PM 次数的增加而增加。若期望维护成本为 PM 次数的凸函数,则可利用迭代 N,求解 PM 次数的唯一最佳解 N^*。

二、求解维护模型的建立

演算步骤如下,其中目标函数随着上述不同的模型而变化。

步骤 1:令 $N=0,\theta_N=\lambda(L)$。

步骤 2:计算 $C_{min}=TC(N,\theta_N)$,C_{min} 为不做任何 PM 的成本,即 $C_{min}=C_{mr}\int_0^L\lambda(t)dt$。

步骤 3:令 $N=1$。

步骤 4:计算 $\theta_{min}=\delta,\theta_{max}=\lambda(L)$。

步骤 5:将期望维护成本 $TC(N,\theta)$,在 $\theta_{min}\leqslant\theta\leqslant\theta_{max}$ 时使用 Golden-section 搜索法,找出使 $TC(N,\theta)$最小的 N 值。令 $\theta_N=\theta,C_0=TC(N,\theta_N)$。

步骤 6:若 $C_0\geqslant C_{min}$,则结束,最佳解为 $N^*=N-1,\theta^*=\theta_N,TC^*=TC(N^*,\theta^*)$;否则,令 $C_{min}=C_0,N=N+1$,转步骤 4。

预防维护模型的算法流程图如图 4-3 所示。

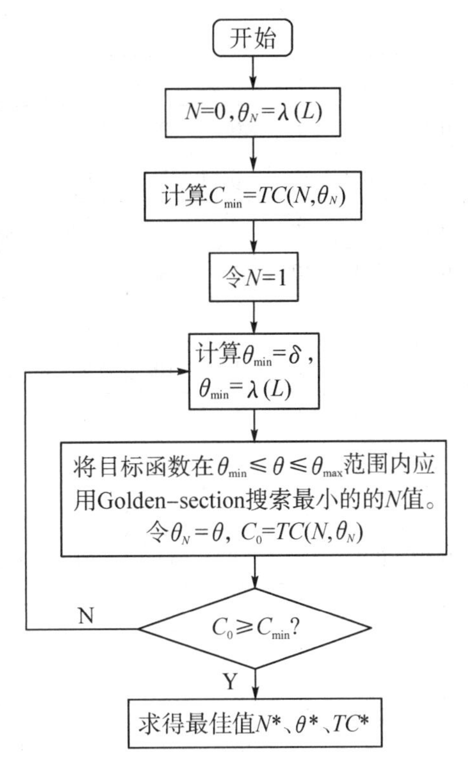

图 4-3　预防维护模型演算流程

三、算例分析

针对考虑设备保修期、转让价值以及同时考虑保修期和转让价值的预防维护模型进行算例分析。以期望维护成本最小化为目标,根据失效率门槛值寻找最佳预防维护次数,并对模型主要参数进行敏感性分析。

参数设定见表 4-5,计算结果见表 4-6。

表 4-5　参数设定

L	α	β	C_{mr}	W	δ	a	b	c	s	v	q
5	1	(2.5,3)	1	[0,2]	[1,1.2]	(0.3,0.9)	(0.3,0.9)	(0.3,0.9)	(0.1,0.3)	(30,100)	(1,1.5)

表 4-6　计算结果

$L=5,\alpha=1$								N^*		θ^*		TC	
W	δ	c	a	b	s	v	q	$\beta=2.5$	$\beta=3$	$\beta=2.5$	$\beta=3$	$\beta=2.5$	$\beta=3$
0	1	0.3	0.3	0.3	0	0	0	7	8	1	1	42.77	110.01

续表

$L=5,\alpha=1$								N^*		θ^*		TC	
0	1	0.9	0.9	0.9	0	0	0	2	2	1	1	45.26	119.07
0	1.2	0.3	0.3	0.3	0	0	0	7	9	1.2	1.2	39.48	105.09
0	1.2	0.9	0.9	0.9	0	0	0	2	3	1.2	1.2	52.46	121.48
0	1	0.3	0.3	0.3	0.1	30	1	8	9	1	1	32.94	106.43
0	1	0.3	0.3	0.3	0.3	30	1	8	8	1	1	38.64	108.59
0	1	0.9	0.9	0.9	0.1	100	1	10	9	1	1	8.933	96.88
0	1	0.9	0.9	0.9	0.3	100	1	8	9	1	1	28.62	105.23
0	1.2	0.3	0.3	0.3	0.1	30	1	8	10	1.2	1.2	28.9	101.04
0	1.2	0.3	0.3	0.3	0.3	30	1	8	9	1.2	1.2	34.87	103.61
0	1.2	0.9	0.9	0.9	0.1	100	1	11	10	1.2	1.2	2.29	91.45
0	1.2	0.9	0.9	0.9	0.3	100	1	9	10	1.2	1.2	23.75	100.12
2	1	0.3	0.3	0.3	0	0	0	7	7	1.071	6	41.84	108.6
2	1	0.9	0.9	0.9	0	0	0	1	1	7.071	12	49.94	116.7
2	1.2	0.3	0.3	0.3	0	0	0	7	9	1.2	2.4	38.38	104.04
2	1.2	0.9	0.9	0.9	0	0	0	1	1	7.071	12	49.52	116.28
2	1	0.3	0.3	0.3	0.1	30	1	8	8	1	5	32.00	104.94
2	1	0.3	0.3	0.3	0.3	30	1	8	8	1	5	37.72	107.17
2	1	0.3	0.3	0.3	0.1	100	1	10	8	1	5	8.008	95.61
2	1	0.3	0.3	0.3	0.3	100	1	8	8	1	5	27.70	103.86
2	1	0.3	0.3	0.3	0.1	30	1.5	8	8	1	5	33.43	104.94
2	1	0.3	0.3	0.3	0.3	30	1.5	7	8	1.071	5	37.99	107.21
2	1	0.3	0.3	0.3	0.1	100	1.5	9	8	1	5	13.21	96.40
2	1	0.3	0.3	0.3	0.3	100	1.5	8	8	1	5	28.65	103.97
2	1.2	0.3	0.3	0.3	0.1	30	1	8	10	1.2	1.2	27.80	99.99
2	1.2	0.3	0.3	0.3	0.3	30	1	8	9	1.2	2.4	33.77	102.55
2	1.2	0.3	0.3	0.3	0.1	100	1	11	10	1.2	1.2	1.202	90.40
2	1.2	0.3	0.3	0.3	0.3	100	1	9	10	1.2	1.2	22.65	99.07
2	1.2	0.3	0.3	0.3	0.1	30	1.5	8	9	1.2	2.4	29.39	100.25
2	1.2	0.3	0.3	0.3	0.3	30	1.5	8	9	1.2	2.4	34.10	102.59
2	1.2	0.3	0.3	0.3	0.1	100	1.5	10	10	1.2	1.2	7.69	91.27
2	1.2	0.3	0.3	0.3	0.3	100	1.5	9	10	1.2	1.2	23.88	99.18

从以上计算结果,可得出以下结论。

(1)最佳 PM 的次数 N^* 随着 PM 成本的增加而减少。

(2)考虑保修期的最佳 PM 次数比未考虑保修期的次数少。

(3)考虑转让价值的最佳 PM 次数比未考虑转让价值的次数多。

(4)同时考虑保修期与转让价值的 PM 次数介于只考虑保修期和只考虑转让价值之间。

(5)无论考虑转让价值与否,保修期内执行预防维护可以得到较佳的期望总维护成本。

通过敏感性分析可发现:

(1)参数 a、b、c 增加,N^* 减少且 TC 增加。

(2)参数 W 增加,N^* 减少且 TC 减少。

(3)参数 v 增加,N^* 减少且 TC 减少。

(4)参数 s、q 增加,N^* 减少且 TC 增加。

(5)参数 β 增加,TC 增加。

模型中参数的敏感程度排序见表 4-7。

表 4-7　敏感程度排序表

反应值	参数敏感性由大到小排序							
N^*	b	a	c	δ	v	W	s	β
TC	β	v	s	b	c	a	δ	W

四、结论

在以往的研究中,常假设维护为完全维护,这与实际情况不符。本研究假设维护为不完全维护,维护恢复程度为给定的常数,建立了设备维护的动态优化模型,并得出以下结论:恢复型为失效率缩减型的设备,在保修期内执行 PM,可获得较佳的期望总维护成本;在有限时间区间,失效率缩减型的设备及早执行 PM 可获得较佳的期望维护成本,考虑保修期比未考虑保修期的设备预防维护次数少,考虑转让价值比未考虑转让价值的预防维护次数多,同时考虑保修期和转让价值的 PM 次数介于前两者之间。参考敏感性排序,决策者可根据实际情况制订相应的维护策略。在进一步的研究中可综合考虑其他情况,如报废、第二租赁对象或设备更新等,还可引入工程经济的分析方法。

第五节 串并联系统配置的可靠度研究

1973年,Misra等[119]提出了两种提高串并联系统可靠度的方法:增加子系统中组成元件的可靠度和增加系统中冗余元件的数量。然而,增加冗余元件会导致系统成本和重量的增加。在系统设计中,需要在成本一定的情况下最大化系统可靠度,或者在系统可靠度一定的情况下最小化成本。因此,找到串并联系统元件的最佳配置至关重要。

Chern[120]指出,串并联系统可靠度配置问题是非线性规划问题,解决过程复杂。Jaturonnatee等[121]总结了动态规划、非线性规划、整数规划、混合整数规划等方法。Luus[122]提出,在假设元件可靠度为定值的情况下,通过每阶段元件的最大可靠度与最佳冗余数的条件,求解系统最大可靠度的解。为了解决这个问题,Misra等提出了一种结合IGA(improved genetic algorithm,免疫遗传算法)与SGA(simple genetic algorithm,简单遗传算法)的方法,利用IGA的结构和SGA的算法来解决模式问题。此外,Hajela等[124]提出了以遗传算法为基础的免疫系统来改善SGA早熟的性质。Tazawa[125]提出了以免疫系统为基础的遗传算法,这为串并联系统可靠度配置问题的求解提供了一种新的思路。本节将对基于免疫遗传算法的串并联系统配置的可靠度优化问题进行研究。

一、问题的提出

串并联系统的配置问题,关键在于通过最佳组合冗余件来提高系统可靠度,以实现系统可靠度的最大化。然而,过度增加冗余件数量会导致系统配置成本、体积和重量的增加,因此最优化取决于各子系统的冗余件配置。

1. 系统假设

为了更好地进行系统研究,先做如下假设。

(1)系统中每个元件仅有两种工作状态:正常工作状态和失效状态;

(2)系统配置中每个可供选择的元件的可靠度是已知的;

(3)各元件的失效状态相互独立;

(4)失效的元件不可修复;

(5)所有的备选元件都是有效的;

(6)任何一个子系统失效时则整个系统失效。

然后对涉及的符号进行说明。

n:系统中子系统的数目;

k_i:子系统 i 中可选择的元件种类,$1 \leqslant k \leqslant r, 1 \leqslant i \leqslant n$;

$x_{i,k}$:子系统 i 中 k 类元件的数量;

$a_{i,k}$:子系统 i 中 k 类元件所需的成本,$a_{i,k}>0$;

$\lambda_{i,k}$:子系统 i 中选择第 k 类元件的失效率;

c_i:子系统 i 的成本;

m_i:子系统 i 的重量;

C:系统的总成本;

W:系统的总重量。

2. 串并联系统模型的构建

在此讨论的串并联系统允许在同一子系统中混合配置不同类型的元件,以满足其正常工作要求,并允许多个元件同时工作,确保子系统不失效。

在满足一定成本、重量的条件下,以系统可靠度最大为目标构建系统模型:

$$\max R(X|\lambda) = \prod_{i=1}^{n}(1 - \lambda_{i,1}^{x_{i,1}}\lambda_{i,2}^{x_{i,2}}\cdots\lambda_{i,k_i}^{x_{i,k_i}})$$

$$\text{s.t.} \quad \sum_{i=1}^{n}\sum_{k=1}^{k_i} a_{i,k}x_{i,k} \leqslant c_i, \quad i = 1,2\cdots,n$$

$$\sum{}_{i=1}^{n} c_i \leqslant C, \quad i=1,2,\cdots,n \tag{4-44}$$

$$\sum{}_{i=1}^{n} w_i \leqslant W, \quad i=1,2,\cdots,n$$

二、应用免疫遗传算法求解串并联系统的可靠度

1. 免疫遗传算法

IGA 是一种结合了生物免疫系统特点和遗传算法的智能优化方法。它借鉴了生物免疫系统中自适应识别和排除异物的功能,将问题求解过程类比为免疫系统对抗原的识别和处理过程。在 IGA 中,问题被视为一种抗原,其特征信息被提取出来形成疫苗,而解决问题则相当于接种这些疫苗,找到最优的解决方案。

IGA 的核心思想包括合理提取疫苗、接种疫苗和免疫选择。首先，对问题特征进行提取，生成疫苗；其次，种群根据疫苗进行迭代优化；最后，通过免疫选择机制对种群进行筛选，以保留适应性强、具有更好优化效果的个体，防止种群过早陷入局部最优解，从而提高算法的全局搜索能力和收敛速度。

IGA 通过利用基本特征信息或先验知识来抑制优化过程中的退化现象，使种群进化更具针对性。这意味着在优化过程中，IGA 可以根据问题的特点和已知信息，有针对性地调整算法参数或运算方式，以避免陷入局部最优解，从而提高算法的全局搜索能力和解的质量。

基于免疫原理的遗传算法相较于 SGA 具有以下显著特点：首先，它具备免疫记忆功能，能够加速搜索速度，提高全局搜索能力；其次，遗传算法保持抗体的多样性，有助于提高全局搜索能力，避免陷入局部最优解而未成熟收敛；最后，它具备自我调节功能，能够提高局部搜索能力，使系统更有效地适应动态变化的环境。

2. 问题编码

在解决串并联系统可靠度问题时，IGA 采用将变量编码为二进制形式的方式。这种编码方式包含子串，用于表示子系统的构成和元件的限制，使得问题的求解更加符合串并联系统的特点。此外，采用二进制编码的方式也使得问题趋向于单一解的目标，从而更容易找到系统的最优解。

3. 实施方法

初始种群的随机生成是免疫遗传算法中的首要步骤之一。在此过程中，系统随机生成一定数量的个体，每个个体代表了问题的一个潜在解决方案。这些个体可以是由二进制编码的基因序列、实数编码的参数向量或者其他形式的表示方式。生成的种群通常具有一定的多样性，因为它们是随机生成的，从而覆盖了解空间的不同区域。

免疫遗传算法流程图如图 4-4 所示。

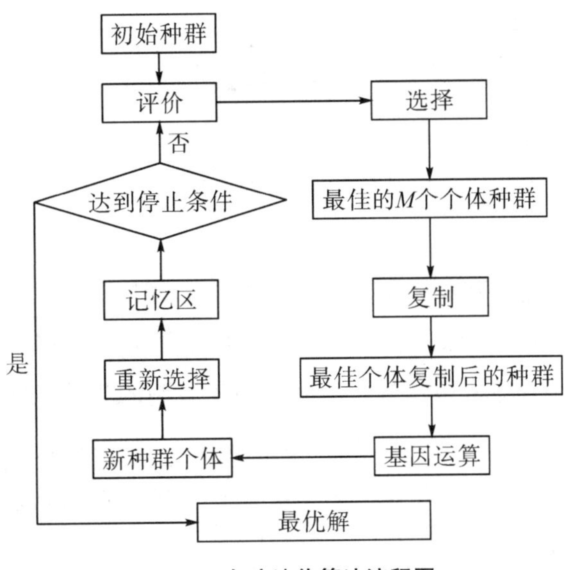

图 4-4　免疫遗传算法流程图

对每个个体进行评价是为了衡量其在问题空间中的表现。评价指标通常根据问题的具体性质而定,可以是目标函数值、适应度分数或者其他衡量指标。在评价完成后,免疫遗传算法会选择评价结果最好的 M 个个体作为优质个体,这些个体将被复制,形成新的种群。接着,对新种群进行基因运算,包括基因交换和突变。基因交换通过交换两个个体的部分基因序列来产生新的个体,以探索解空间中的不同组合。而突变则是对个体的基因序列进行随机变化,以引入新的遗传信息,增加种群的多样性。随后,对新种群进行再评价,并根据评价结果更新记忆区内的个体。在更新记忆区时,通常会去除相似性高的个体,以确保种群的多样性。在完成一轮进化操作后,系统会判断是否满足终止条件。这通常涉及达到预定的迭代次数、达到目标适应度值或者其他停止条件。如果满足终止条件,则算法停止迭代,返回最优解;否则,算法将回到第二步,重新进行评价、选择、进化等操作,直到满足终止条件为止。

免疫遗传算法的目标是使代表可行解的抗体适应演化,同时避免在违反限制条件下寻求最优解。为此,构造惩罚函数使不可行解远离可行解的区域,使免疫遗传算法减少运算时间。根据式(4-42)做如下定义。

$$V_j=\begin{cases}\sum_{i=1}^{n}\sum_{k=1}^{k_i}a_{i,k}x_{i,k}-c_i & \sum_{i=1}^{n}\sum_{k=1}^{k_i}a_{i,k}x_{i,k}-c_i>c_i\\0 & \text{其他}\end{cases}\tag{4-45}$$

所以对任何抗体和抗原满足如下函数:

$$Fitness=\frac{R(x|\lambda)}{1+\sum_{j=1}^{M}V_j} \tag{4-46}$$

三、算例仿真

假设系统由 14 个子系统串联而成，每个子系统皆有 3 ~ 4 个元件可被选择用来配置系统，且允许每个元件在可靠度、成本及重量上存在差异，以系统的总成本和重量为限制，并假设系统故障率服从指数分布。由于限制的条件不同，所以重量限制在 163 ~ 182，成本限制为 130。测试样本参考文献[126]所给样本，见表 4-8。免疫遗传算法参数设定：记忆区的大小为 120，突变率为 0.01，交叉率为 0.86，最大个体复制数为 10，最大进化代数为 3 000。

表 4-8　测试样本数据

子系统编号	组件选择											
	选择 1			选择 2			选择 3			选择 4		
	可靠度	成本	重量	可靠度	成本	重量	可靠度	成本	重量	可靠度	成本	重量
1	0.90	1	3	0.93	1	4	0.91	2	2	0.92	2	5
2	0.95	2	8	0.94	1	10	0.93	1	9			
3	0.85	2	7	0.90	3	5	0.87	1	6	0.92	4	4
4	0.83	3	5	0.87	4	6	0.85	5	4			
5	0.94	2	4	0.93	2	3	0.95	3	5			
6	0.99	3	5	0.98	3	4	0.97	2	5	0.96	2	4
7	0.91	4	7	0.92	4	8	0.94	5	9			
8	0.81	3	4	0.90	5	7	0.91	6	6			
9	0.97	2	8	0.99	3	9	0.96	4	7	0.91	3	8
10	0.83	4	6	0.85	4	5	0.90	5	6			
11	0.94	3	5	0.95	4	6	0.96	5	6			
12	0.79	2	4	0.82	3	5	0.85	4	6	0.90	5	7

续表

子系统编号	组件选择											
	选择 1			选择 2			选择 3			选择 4		
	可靠度	成本	重量	可靠度	成本	重量	可靠度	成本	重量	可靠度	成本	重量
13	0.98	4	6	0.92	4	7	0.97	2	6			
14	0.90	4	6	0.92	4	7	0.95	5	6	0.99	6	9

表 4-9 给出了应用本研究算法求解该问题的结果，表 4-10 为 Coit 和 Smith [127]、Hsieh [128] 对同一问题应用不同方法的求解结果。通过对结果的比较可知，免疫遗传算法得到了更佳的 13 组解和 20 组解。在相同的约束条件下，应用免疫遗传算法，其效率比文献[127][128]中的仿真结果好，其主要原因在于免疫遗传算法在计算过程中，会将多种较佳解或近似解置于记忆区中，因此免疫遗传算法可以提供的全局最优解会更多。

表 4-9　免疫算法优化结果

编号	重量限制	可靠度	最佳组合	计算成本	计算重量
1	182	0.985 2	333,11,4444,333,222,22,111,1111,33,333,33,1111,22,33	130	182
2	181	0.981 03	333,11,444,333,222,22,111,1111,33,233,33,1111,22,33	129	181
3	180	0.980 29	333,11,4444,333,222,22,111,1111,33,223,33,1111,22,33	128	180
4	179	0.985 92	333,11,4444,333,222,22,111,1111,33,223,13,1111,22,33	126	179
5	178	0.979 50	333,11,444,333,222,22,33,1111,33,233,33,1111,22,33	127	178
6	177	0.977 24	333,11,444,333,222,22,33,133,33,233,33,1111,22,33	129	177
7	176	0.976 69	333,11,444,333,222,22,33,1111,33,223,13,1111,22,33	124	176
8	175	0.975 71	333,11,444,333,222,22,13,1111,33,223,33,1111,22,33	125	175
9	174	0.974 69	333,11,444,333,222,22,33,113,33,223,13,1111,12,33	123	174
10	173	0.973 76	333,11,444,333,222,22,13,113,33,233,13,1111,22,33	124	173
11	172	0.973 02	333,11,444,333,222,22,13,113,33,223,13,1111,22,33	123	172
12	171	0.971 93	333,11,444,333,222,22,13,113,33,222,13,1111,22,33	122	171

续表

编号	重量限制	可靠度	最佳组合	计算成本	计算重量
13	170	0.970 76	333,11,444,333,222,22,13,113,33,222,11,1111,22,33	120	170
14	169	0.969 29	333,11,444,333,222,22,11,113,33,222,13,1111,22,33	121	169
15	168	0.968 13	333,11,444,333,222,22,11,113,33,222,11,1111,22,33	119	168
16	167	0.966 34	333,11,444,333,22,22,13,113,33,222,11,1111,22,33	118	167
17	166	0.965 04	333,11,44,333,22,22,13,113,33,222,11,1111,22,33	116	166
18	165	0.963 71	333,11,444,333,22,22,11,113,33,222,11,1111,22,33	117	165
19	164	0.962 42	333,11,44,333,22,22,11,113,33,222,11,1111,22,33	115	164
20	163	0.960 64	333,11,44,333,22,22,11,113,33,222,13,1111,22,33	114	163

表 4-10 Coit 和 Smith、Hsieh 优化结果对比

编号	Coit 和 Smith 的优化结果			Hsieh 的优化结果		
	可靠度	成本	重量	可靠度	成本	重量
1	0.981 02	126	182	0.979 69	126	182
2	0.980 06	128	181	0.979 28	125	181
3	0.979 42	129	180	0.978 32	124	180
4	0.979 60	125	179	0.978 06	123	179
5	0.978 10	127	178	0.976 88	121	178
6	0.977 15	125	177	0.975 41	122	177
7	0.976 42	124	176	0.974 98	121	176
8	0.975 52	122	175	0.973 50	122	175
9	0.974 35	123	174	0.972 32	120	174
10	0.973 62	122	173	0.970 53	119	173
11	0.972 66	120	172	0.969 23	117	172
12	0.971 86	121	171	0.967 90	118	171

续表

编号	Coit 和 Smith 的优化结果			Hsieh 的优化结果		
	可靠度	成本	重量	可靠度	成本	重量
13	0. 970 76	120	170	0. 966 78	119	170
14	0. 969 22	120	169	0. 965 61	117	169
15	0. 968 13	119	168	0. 964 15	118	168
16	0. 966 34	118	167	0. 962 99	116	167
17	0. 965 04	116	166	0. 961 21	115	166
18	0. 963 71	117	165	0. 959 92	113	165
19	0. 962 42	115	164	0. 958 60	114	164
20	0. 960 64	114	163	0. 957 32	112	163

四、结论

企业中串并联系统配置问题应用免疫遗传算法进行优化是一种有效的方案选择。该算法在实施过程中考虑了备件需求的分类,基于此建立了需求模型并对库存控制策略进行了设计。备件需求被细分和分类,以便更好地理解系统对备件的需求特征。在建立需求模型时,对系统的备件需求进行定量化和形式化描述,为后续的优化提供基础。本研究中设计了库存控制策略,以确保系统备件库存的合理配置和有效利用。

第五章　基于可靠性的备件优化模型设计

生产设备管理中优化备件资金占用量是企业降低成本、提高资金使用率的关键手段。备件管理涉及备件的计划、生产、订货、采购、储存、供应和合理使用等方面的业务工作，旨在按计划进行设备维修，缩短修理停机时间，降低修理费用。科学的备件管理不仅是维护工作的重要组成部分，而且有助于提高设备的可靠性。本章将对基于可靠性的备件优化模型进行设计。

第一节　备件库存模型与策略

一、单级备件库存模型与策略

在备件管理领域，Mann[129]、Mamer[130]以及 Seidel[131]等学者的研究提供了重要的理论基础。Mann 提出了计算最优订货点和订货批量的方法，然而，他未考虑到需求率的波动以及订货成本等因素，这在实际操作中可能会导致决策的不准确性。与此不同，Haneveld 等[132]学者提出了针对低需求、贵重备件库存成本的解决方案，充分考虑了备件故障可能带来的巨大缺货成本，从而使得备件库存管理更加科学和有效。在采购策略上，期初采购假设设备具有无限生命周期，这意味着企业可以一次性采购足够长时间的备件以应对未来可能的需求。相比之下，常规采购假设设备的生命周期有限，采购数量与预期使用时间相关联，以降低备件资金的占用成本，使资金更加流动和灵活地运用于其他方面，从而提高企业的经济效益。

张金隆[133]提出了基于泊松分布的随机库存模型和预留存货控制策略，以满足系统关键需求,并提供了备件服务水平计算方法。王强等[134]基于可靠性理论和设备维修决策理论,对设备寿命和维修时间进行建模,并提出了维修备件储备量的科学决策分析模型和计算方法,为系统维修提供了可靠的支持。王维娜等[135]研究一个周期性订货的多设备同备件库存系统,将备件库存策略与设备状态监控相结合,讨论了存在设备状态监控情形下的备件库存策略。刘琴等[136]针对石化类企业的备件需求往往是间断、离散、随机产生的特点,提出MARKOV过程的BOOTSTRAP方法取得备件需求的分布规律,在此基础上构建了备件库存优化模型。汪娅等[137]提出一种基于约束需求预测的消耗性航材备件需求预测方法。假设某消耗性航材备件的储备量分布密度满足泊松分布,计算该消耗性航材备件及时保障概率。依据航材的年周转量,求出不同周转件所需总储备量,以获取总及时保障率。给出需求约束调度条件,将约束调度和需求预测成本最小作为目标函数构造消耗性航材备件需求预测模型。袁园等[138]分析了实时送修策略下备件保障过程特点,构建以保障费用为约束,以系统平均备件保障概率为目标函数的模型,并利用边际效应方法对备件库存优化流程进行描述,修改备件初始库存量。杜文超等[139]针对高价值、需制订长期库存策略的一类服务备件,根据二维质保政策特点与使用率分布建立了产品在保数量计算方法,并分别针对可修与不可修部件建立了基于使用强度对可靠性影响的备件需求预测模型,并应用动态(Q,R)控制策略达到成本最优的目的。方忠民等[140]考虑到库存物料间存在着一定的关联性,在传统ABC分类法的基础上加入FSN分类法。同时,为降低因价值或消耗量波动对分类结果造成的影响,引入模糊理论建立价值和消耗量模糊因子,构建模糊ABC-FSN分类法对企业库存物料进行分类管理。逯程等[141]针对相同多部件系统,根据系统的退化状态和备件库存状态确定维修需求,建立了以系统检测周期、预防维修阈值和备件安全库存阈值为决策变量,以平均费用率最低为目标的联合维修决策模型。利用退化状态空间划分法,分析各决策点的维修需求最终确定维修组合概率和备件库存状态概率。李桃等[142]研究风力机系统维修和备件库存的联合决策与优化问题。通过周期性检测获取风力机的劣化状态和备件库存状态,采取不完全预防性维修和完全预防性更换两种维修方式,提出了一种视情维修与备件库存联合策略。杨建华等[143]针对传统视情维修策略下K/N(G)系统维修决策模型对备件可获取性考虑不足的问题,提出了(M,Q)维修策略及备件订购与生产的联合决策优化方法,建立了两种视情维修条件下K/N(G)系统备件供需联合优化模型。孔子庆等[144]提出了一种将需求预测与库存优化相结合的新方法,采用高斯过程回归(GPR)方法对需求发生间隔进行预测,结合BOOTSTRAP算法对需求量序列进行重采样,预测提前期内需求量的概率分布。基于此预测结果建立库存总成本最小的优化模型,使用粒子群算法寻优得到最优库存决策结果。

二、多级备件库存系统的库存模型与策略

多级备件库存系统的最早成果可追溯至 Sherbrooke 的 METRIC 模型[145]。该模型是基于多级库存系统备件需求规律和系统目标函数的理论研究建立的。METRIC 模型为多级库存系统提供了一种有效的管理框架,帮助管理者更好地理解备件需求和优化库存控制策略。随后,Muckstadt[146]对 METRIC 模型进行了扩展,提出了适用于多备件、多订单情况的 MOD 模型,并由 Sherbrooke[147]对该模型进行了改进。MOD 模型的提出使得多级库存系统的建模更加灵活,能够更好地适应复杂的库存管理需求。

戈洪宇等[148]针对在实际库存管理过程中,备件的冗余量大,导致管理费用较多、很难做到精确保障的问题,采用虚拟库存理论,提出了基于虚拟中心的库存集中控制策略,建立了两级库存模型,以库存管理费用最小为优化目标,给出了不可修备件库存控制策略。林杰等[149]针对多部件连续劣化系统,采用维纳过程描述部件的劣化路径,以最小化平均费用率为目标,将部件替换和备件订购的联合决策问题建模成马尔可夫决策过程,采用值迭代算法求解最优策略,并通过枚举法得到了最优检测间隔。徐常凯等[150]针对二级库存条件下航材供应的横向调配供应问题,提出了增强学习思想下使用马尔可夫决策过程对二级库存航材供应过程建模,利用增强学习中的策略评估和策略迭代方法求解,得到在任意库存状态下对应的最优横向供应策略。邵帅等[151]研究了在随机需求、随机提前期的条件下,以成本最小化为目标,构建了基于非中心化混合存储策略的供应链多级库存管理模型,应用遗传算法全局寻优、智能搜索的特性确立模型的订货点、订货批量、订货周期等库存管理参数,达到降低供应链库存成本目的。张守京等[152]建立了一个考虑备件重要度库存控制模型,以库存成本最小化为原则,根据考虑维修备件重要度的库存控制策略模型,运用提出的 BGA 算法查找最优库存控制策略。陈童等[153]以两级可修备件库存系统为研究对象,采用马尔可夫决策过程描述备件需求规律,考虑有限维修设施的情况,假设故障件维修时间、备件运输时间以及采购时间均服从 Phase-Type(PH)分布,建立了一种兼具描述能力和解析计算性的(S-1,S)库存优化模型。

第二节　备件库存决策模型

以可靠性为中心的维修理论(RCM)认为复杂设备故障的发生是随机的,又因为设备的寿命是服从随机分布的,因此备件的需求也是服从随机分布的。为了保证在这种随机性产生的时候保证生产顺利进行,需要预先尽量多地储备一些备件,而储备备件需要占用大量的资金,怎样才能在保证故障发生的情况下,既能及时更换备件,又能占用更少的资金呢?综合考虑以上因素,在满足系统一定可靠性的前提下,根据备件的最低库存量来决定备件的储备量,以达到备件存储费用最低的目标。

一、马尔可夫备件存储决策模型

在决策过程中,可用目标函数来衡量所实现过程的存储策略的优与劣。设 $w(i,a_k)$ 表示备件存储系统在第 i 个时段的初始状态为 x_k,在给定的策略下 a_k 经过 n 次转移的总期望费用。由于我们讨论的马氏链具有时齐性质,所以可以得到如下递推关系:

$$W(n,i)=\min_{\alpha_k}[w(i,\alpha_k)+\sum_{j}\boldsymbol{P}^{\alpha_k}W(n+1,j)]$$

式中,$W(n,i)$ 表示期望总费用的最优值。

在决策 α_k 下由状态 i 到状态 j 的转移概率矩阵为

$$\boldsymbol{P}^{\alpha_k}=[\boldsymbol{P}_{ij}^{\alpha_k}]_{m\times m}$$

本章研究的是选择使存储系统的总的存储费用达到最低的存储策略作为最优策略。与备件相关的费用一般由订货费、存储费、缺货损失费三部分组成,可以得到下面的目标函数表达式:

与设备相关的费用 = 订货费+存储费+缺货损失费

1. 订货费

对于生产单位,订货费是指组织一次生产所需做的必要的调整、安排应付出的装配费用。实际订货费用表示为

$$F_1=\sum_{i=1}^{M}[\beta x_i+\gamma f(x_i)] \tag{5-1}$$

式(5-1)由两部分组成:一部分是订购一次备件所需的订购费 γ(如手续费、派出

人员差旅费等,它是仅与订货次数有关的一种固定费用);二是单位备件的成本费 β(成本费是与订货数量有关的可变费用)。x_i 订货数量,$f(x_i)$ 为是否订货函数(与系统的可靠性有关)。当订货时,$f(x_i)$ 为 1;当不定货时,$f(x_i)$ 为 0。βx_i 表示订 x_i 个备件的成本费。

2. 存储费

存储费是指维持备件库存所需的费用,包括库存费、保险费、管理费等。对于大多数仓库而言,只对采购回的备件进行存放和供应,暂不考虑保险费、税金等相关的费用。存储费可表示为

$$\boldsymbol{F}_2=\sum_{i=1}^{M}\left[\sum_{j=1}^{i+x_i}\delta\boldsymbol{P}_{ij}^{x_i}(i+x_i-j)\right] \tag{5-2}$$

式中,δ 表示存储费用,$(i+x_i-j)$ 表示存储备件的数量,$\boldsymbol{P}_{ij}^{x_i}(i+x_i-j)$ 表示转移概率矩阵。

3. 缺货损失费

缺货损失费包括由于备件供应不足影响生产(停工待料或用代用品等)而造成的损失费,还包括由于不能生产而带来的影响利润、信誉的损失费等。缺货损失费可以与缺货的数量有关(即缺货的数量越多,则损失费越大),也可以与缺货时间有关(即缺货的时间越长,则损失费越大)。对于生产部门,为了保证生产,就不容许缺货,此时缺货损失费可估计得大一些。缺货损失费可表示为

$$\boldsymbol{F}_3=\sum_{i=1}^{M}\left[\sum_{j=i+x_i}^{N}\varphi\boldsymbol{P}_{ij}^{x_i}(j-i-x_i)\right] \tag{5-3}$$

式中,φ 表示单位缺货损失,$(j-i-x_i)$ 表示缺货备件的数量,$\boldsymbol{P}_{ij}^{x_i}$ 表示转移概率矩阵。

如设 $f_n(i)$ 表示系统的初始状态为 i,阶段数为 n 的决策过程所得期望总报酬最优值,则最优模型为

$$\begin{aligned}
&\min \boldsymbol{F}=\sum_{i=1}^{M}\sum_{j=s_i}^{N}\left[\varphi\boldsymbol{P}_{ij}^{x_i}(j-s_i)+\beta x_i+\gamma f(x_i)\right]\\
&\text{s. t.}\quad 0\leqslant s_i\leqslant M\\
&\qquad f(x_i)=\begin{cases}1, x_i>0\\0, x_i=0\end{cases}\\
&\qquad x_i=0,1,\cdots,M;i=1,2,\cdots,M;j=1,2,\cdots,N
\end{aligned} \tag{5-4}$$

当考虑存储费用时,模型为

$$\min \boldsymbol{F} = \sum_{i=1}^{M}\sum_{j=s_i+1}^{N}\left[\varphi \boldsymbol{P}_{ij}^{x_i}(j-s_i)+\beta x_i+\gamma f(x_i)+\sum_{j=1}^{s_i}\delta \boldsymbol{P}_{ij}^{x_i}(s_i-j)\right]$$

$$\text{s.t.}\quad 0 \leqslant s_i \leqslant M$$

$$f(x_i)=\begin{cases}1, x_i>0\\0, x_i=0\end{cases} \tag{5-5}$$

$$x_i=0,1,\cdots,M; i=1,2,\cdots,M; j=1,2,\cdots,N$$

式中，$s_i=i+x_i$ 表示订货 x_i 后的库存量；φ 表示单位缺货损失；β 表示订货单位成本费；γ 表示每次订货费用；δ 表示存储费用；x_i 表示库存量为 i 时的订货数量；$\boldsymbol{P}_{ij}^{x_i}$ 表示当库存量为 i、订货量为 x_i 时，需求量为 j 的概率矩阵；$f_n(i)$ 表示是否定货函数；M 表示最大库存量；N 表示最大需求量 。

模型特点：该模型适用于多阶段的备件储备问题，其中备件需求量是随机的。利用此模型可对存储费用意义下的目标函数进行求解，计算出在不同的订货费、存储费、缺货损失费影响下，以及在备件不同的存储状态下，应储备的备件数量。

二、备件存储量模型的求解

用马尔可夫决策过程解多阶段逐次折扣问题的步骤如下。

（1）输入状态和决策，给出一个初始方案 $x_i=[x_1,x_2,\cdots x_n]$，这里 x_i 表示状态 i 时采用的决策，$i=1,2,\cdots,n$。

（2）计算获得不同决策下状态转移概率，这里用 $\boldsymbol{P}_{ij}^{a}$ 表示采用决策 α，由状态 i 转移到状态 j 的概率。

（3）计算各状态采用各种决策的平均总费用，这里用 C_i^a 表示状态 i 采用决策 α 的平均总费用。

（4）将当前方案 x 代入 $f(i)=C_i^{x_i}+\varphi\sum_{j=1}^{n}\boldsymbol{P}_{ij}^{x_i}f(j)$ 中，获得一个 n 元一次方程组，并求解这个方程组，得到 $f(i)$。这里 $f(i)$ 表示当前阶段处于状态 i 的最小平均费用。

（5）利用公式 $f(i,\alpha)=C_i^{\alpha}+\varphi\sum_{j=1}^{n}\boldsymbol{P}_{ij}^{\alpha}f(j)$ 分别计算当前阶段不同状态采用不同决策时的平均费用。这里 $f(i,\alpha)$ 表示当前阶段状态为 i，采用决策 α 时的平均费用，并用不同状态下处于最小费用时的决策作为新的决策方案。

（6）若新方案与更新前的方案相同，则此方案即为最优方案，并输出结果，否则返回步骤(4)。

三、算例分析

某备件时间段 t 内平均领用量 λ 为 16 件，单价 β 为 115 元，单位存储费 δ 为 50 元，单位缺货费 φ 为 500 元，订货费 γ 为 450 元，领用量服从泊松分布。

1. 当不考虑存储费用时的策略分析

初始策略为

$\alpha_1=[0,0,0,0,0,0,0,0,0,0,0,0,0,0,0,0,0,0,0,0,0,0,0,0,0,0,0,0,0,0,0]$

第一次迭代结果为

$\alpha_2=[23,22,21,20,19,18,17,16,15,14,13,12,11,10,9,0,0,0,0,0,0,0,0,0,0,0,0,0,0,0,0]$

第二次迭代结果为

$\alpha_3=[16,15,14,13,12,11,10,9,8,7,6,0,0,0,0,0,0,0,0,0,0,0,0,0,0,0,0,0,0,0]$

第三次迭代结果为

$\alpha_4=[16,15,14,13,12,11,10,9,8,7,6,0,0,0,0,0,0,0,0,0,0,0,0,0,0,0,0,0,0,0]$

由上述计算得知，经过三次迭代，备件存储策略集合 $\alpha_3=\alpha_4$，因此 α_3 是最优储备策略。即当备件库存量小于库存下限（即 $n\leqslant 0$）时，进行备件的订货补充，补充量分别为 16，15，14，13，12，11，10，9，8，7，6；当备件储备量大于库存储备下限时，不必订货。所以最佳库存主为 16 件，最低库存为 10 件。应采取的策略是 16，15，14，13，12，11，10，9，8，7，6，0，0，0，0，0，0，0，0，0，0，0，0，0，0，0，0，0，0，0，0。

2. 当引入存储费用时的策略分析

当初始策略为

$\alpha_1=[0,0,0,0,0,0,0,0,0,0,0,0,0,0,0,0,0,0,0,0,0,0,0,0,0,0,0,0,0,0]$

第一次迭代结果为

$\alpha_2=[16,15,14,13,12,11,10,9,8,7,6,0,0,0,0,0,0,0,0,0,0,0,0,0,0,0,0,0,0,0]$

第二次迭代结果为

$\alpha_3=[14,13,12,11,10,9,8,7,6,5,0,0,0,0,0,0,0,0,0,0,0,0,0,0,0,0,0,0,0,0]$

第三次迭代结果为

α_4 = [14,13,12,11,10,9,8,7,6,5,0,0,0,0,0,0,0,0,0,0,0,0,0,0,0,0,0,0,0,0,0,0]

由上述计算得知,经过三次迭代,备件存储策略集合 $\alpha_3=\alpha_4$,因此 α_3 是最优储备策略。即当备件库存量小于库存下限(即 $n\leqslant9$)时,进行备件的订货补充,补充量分别为 14,13,12,11,10,9,8,7,6,5;当备件储备量大于库存储备下限时,不必订货。所以最佳库存为 14 件,最低库存为 9 件。应采取的策略是 14,13,12,11,10,9,8,7,6,5,0,0,0,0,0,0,0,0,0,0,0,0,0,0,0,0,0,0,0,0,0。

当考虑备件存储费用时的不同储备策略的比较见表 5-1。

表 5-1　不同储备策略比较

库存量/件	备件补充量/件	备件节约量/件	节约百分比/%
0	30	0	0
1	29	0	0
2	28	0	0
3	27	0	0
4	26	0	0
5	25	0	0
6	24	0	0
7	23	0	0
8	22	0	0
9	21	0	0
10	0	20	66.7
11	0	19	63.3
12	0	18	60.0
13	0	17	56.7
14	0	16	53.3
15	0	15	50.0
16	0	14	46.7
17	0	13	43.3
18	0	12	40.0
19	0	11	36.7
20	0	10	33.3

续表

库存量/件	备件补充量/件	备件节约量/件	节约百分比/%
21	0	9	30. 0
22	0	8	26. 6
23	0	7	23. 3
24	0	6	20. 0
25	0	5	16. 7
26	0	4	13. 3
27	0	3	10. 0
28	0	2	6. 7
29	0	1	3. 3
30	0	0	0

3. 分析小结

实例仿真结果表明,在一定可靠性条件下,采用特定备件订购策略可保证备件需求,降低存储费用。这一发现揭示了备件管理中的关键因素,即在保证备件供应的前提下,寻求存储费用的最小化。备件存储策略的制订可以根据不同备件的费用和需求率进行调整,或者连续调整某一变量,以获得最优策略。

(1)管理者可以根据实际情况对存储策略进行灵活的调整,从而更好地适应不断变化的需求和成本。马氏决策模型中的参数泊松强度 λ 综合考虑备件的各种需求情况,这一综合性的考量使得模型能够更准确地反映设备对备件的实际需求。这样的模型不仅可以帮助管理者更好地预测备件需求量,还能够提供决策支持,确保设备在所需备件的支持下正常运转。通过结合实例仿真结果和马氏决策模型,管理者可以制订更加有效的备件管理策略,既能够满足需求,又能够降低存储费用,从而提高设备的整体效率和经济性。

(2)备件订购决策受多种费用因素影响,其中包括订购费、存储费、缺货损失费以及备件需求率。随着订购费和存储费的增加,订购点呈下降趋势,需要逐步减少订购量以符合经济实际。而随着缺货损失费和备件需求率的增加,订购点呈上升趋势,需要逐步增加订购量。特别是在缺货损失费为无穷大或备件需求率达到一定程度时,需要满足全部订购,缺多少补多少。

第三节　备件优化模型设计

备件保障有三要素:数量、品种和成本。本节首先讨论备件品种的确定方法,其次研究在满足一定可靠性及成本条件下,系统备件的优化设计。确定备件品种的方法涉及逻辑决断法、价值工程法和可靠性方法。逻辑决断法要求逐一审查备件品种,确保选择过程有序且无遗漏,以确保系统维护的完整性。价值工程法通过功能分析和评价计算备件的功能价值,选定能够满足整体系统性能和经济效益的备件品种,确保维护成本最优。可靠性方法考虑零部件的维修策略和方式,旨在提高系统的可靠性和可维护性,以确保备件的可靠供应。而模糊综合评判方法则运用模糊数学法进行综合评判,用以决策备件品种,这种方法能够综合考虑各种因素,使备件选择更加全面和合理。

一、确定备件品种的一般可靠性方法

备件合理性的确定标准,主要涉及备件品种保障度 $R_s(k)$ 和备件的有用比例 u。备件品种保障度 $R_s(k)$ 是指在规定的维修级别和任务周期内,备件消耗的品种数与规定贮存品种数的概率之间的关系,其值越大,表示备件供应的可靠性越高,即

$$R_s(k)=p,X\leqslant k \tag{5-6}$$

备件的有用比例 u 则是衡量备件品种的保障程度,它体现了备件在实际维修过程中的有效性。u 用来衡量所备备件的有用程度,即在一批备件运行一个时期后,使用过的备件品种数 u_y 与总备件品种数 N 之比,即

$$u=\frac{u_y}{N} \tag{5-7}$$

备件管理在设备维护中扮演着至关重要的角色。备件的品种需经过详尽的论证和计算,以确保所选备件的合理性和有效性。然而,即便进行了充分的论证,仍有可能面临长期不使用备件的情况,这会导致资源的浪费。因此,统计数量成为有效管理备件的一种手段,通过提供经验数据的支持,帮助管理者更好地评估备件的需求量,避免过度储备和资源浪费的问题。影响备件保障度 $R_s(k)$ 和备件有用比例 u 的因素包括维修级别、备件在装备上的使用失效率以及备件的结构和工作条件。

(1)维修级别是影响备件品种选择的重要因素。不同的维修级别对应着不同的

维修任务和维修深度，因此需要根据具体情况选择合适的备件种类。

（2）备件在装备上的使用失效率也是决定备件保障度的关键因素之一。失效率高的零部件需要优先贮备，因为其失效的可能性更大。因此，备件的数量应当与其失效率成正比。通过对失效率进行评估和统计，可以合理地确定备件的贮备数量，从而提高备件的利用效率。

（3）备件的结构和工作条件也会对备件的保障度和有用比例产生影响。在不同的工作条件下，备件容易受到不同程度的损坏或磨损，因此需要根据实际情况选择适合的备件。特别是在连续工作和特殊环境条件下，备件的损坏率可能会显著增加，这就需要更加严格地进行备件的管理和贮备。

在备件的品种保障度 $R_s(k)$ 取值 $R_s^0(k)$ 时，满足式（5-7）的 k 值即为备件的品种数。

二、灰色理论确定法

灰色理论确定法又称灰色局势决策法，其假设前提是，影响备件品种的几个主要因素，如关键性、可靠性、维修性、经济性等，难以用确定的数量描述。在这种情况下，可采用灰色局势决策法加以探讨。具体方法如下。

1. 决策局势

设有事件集 $A=\{a_1,a_2,\cdots,a_m\}$，对策集 $B=\{b_1,b_2,\cdots,b_m\}$，目标集 $C=\{c_1,c_2,\cdots,c_m\}$。对于目标 $c_k=\{k=1,2,\cdots,l\}$，事件 a_i 和对策 b_j 的二元组合称为一个局势，记为 $s_{ij}=(a_i,b_j)$。全部局势的集合，称为局势集，记作

$$s=\{S_{ij}|S_{ij}=(a_i,b_j),i=1,2,\cdots,m;j=1,2,\cdots,n\}$$

在目标 c_k 下，每一个局势 S_{ij} 都有一个效果值，称为目标 c_k 下局势 S_{ij} 的效果样本，记作 $u_{ij}^{(k)}$。全体效果样本集合，称为效果样本集，记作

$$U=\{u_{ij}^{(k)}\geqslant 0|i=1,2,\cdots,m;j=1,2,\cdots,n;k=1,2,\cdots,l\}$$

2. 效果测度

不同目标、不同量纲、不同性质效果是无法进行比较的，所以需要统一一种计量方法。效果测度是对各个局势的效果样本进行比较的一种量度。根据效果的不同性质，采用不同的测度方法，通常采用的方法有以下三种。

(1)上限效果测度。设在目标 c_k 下,局势 s_{ij} 的上限效果测度为 $r_{ij}^{(k)}$,其计算式为

$$r_{ij}^{(k)}=\frac{u_{ij}^{(k)}}{\max_i \max_j u_{ij}^{(k)}} \tag{5-8}$$

容易看出,$0\leqslant r_{ij}^{(k)}\leqslant 1$。上限效果测度是表示效果样本偏离最大样本程度的测度,一般用于产值、效益等越大越优的指标值。

(2)下限效果测度。下限效果测度的计算式为

$$r_{ij}^{(k)}=\frac{\min_i \min_j u_{ij}^{(k)}}{u_{ij}^{(k)}} \tag{5-9}$$

同样,$0\leqslant r_{ij}^{(k)}\leqslant 1$。下限效果测度是表示效果样本偏离最小样本程度的测度,一般用于成本、投资等越小越优的指标值。

(3)中心效果测度。中心效果测度的计算式为

$$r_{ij}^{(k)}=\frac{\min\{u_{ij}^{(k)},u_0\}}{\max\{u_{ij}^{(k)},u_0\}} \tag{5-10}$$

式中,u_0 表示效果样本中的适中值。同样,$0\leqslant r_{ij}^{(k)}\leqslant 1$。中心效果测度表示偏离样本适中值程度,样本越接近适中值,测度就越大。

根据上述步骤(1)、(2)、(3),如果已知几种部件的关键性、可靠性、维修性和经济性指标,就可以确定备件的品种。

3. 决策准则

灰色局势决策可按两种方法选择最优局势:一种是在事件中选择最优对策,另一种是在匹配的对策中选择最佳事件。

4. 构建灰色模型

灰色模型的一阶微分方程为

$$\frac{\mathrm{d}x^{(1)}}{\mathrm{d}t}+ax^{(1)}=b \tag{5-11}$$

若原始数列为

$$x^{(0)}=\{x^{(0)}(1),x^{(0)}(2),\cdots,x^{(0)}(n)\} \tag{5-12}$$

原始数列一次累加生成 $x^{(1)}$,表示为

$$\begin{aligned}x^{(1)}&=\{x^{(1)}(1),x^{(1)}(2),\cdots,x^{(1)}(n)\}\\&=\left\{\sum_{k=1}^{1}x^{(0)}(k),\ \sum_{k=1}^{2}x^{(0)}(k),\cdots,\ \sum_{k=1}^{n}x^{(0)}(k)\right\}\end{aligned} \tag{5-13}$$

由式(5-11)、式(5-13)可得系数矩阵

$$\begin{bmatrix} a \\ b \end{bmatrix} = (\boldsymbol{B}^{\mathrm{T}}\boldsymbol{B})^{-1}\boldsymbol{B}^{\mathrm{T}}\boldsymbol{Y}_n \tag{5-14}$$

其中

$$\boldsymbol{B} = \begin{bmatrix} -\frac{1}{2}[x^{(1)}(1)+x^{(1)}(2)] & 1 \\ -\frac{1}{2}[x^{(1)}(2)+x^{(1)}(3)] & 1 \\ \vdots & \vdots \\ -\frac{1}{2}[x^{(1)}(n-1)+x^{(1)}(n)] & 1 \end{bmatrix}$$

$$\boldsymbol{Y}_n = [x^{(0)}(2), x^{(0)}(3), \cdots, x^{(0)}(n)]^{\mathrm{T}}$$

令

$$z^{(1)}(k) = \frac{x^{(1)}(k)+x^{(1)}(k-1)}{2} \tag{5-15}$$

求解式(5-11),得

$$a = \frac{\sum_{k=2}^{n} z^{(1)}(k) \sum_{k=2}^{n} x^{(0)}(k) - (n-1)\sum_{k=2}^{n} z^{(1)}(k)x^{(0)}(k)}{(n-1)\left[\sum_{k=2}^{n} z^{(1)}(k)\right]^2 - \left[\sum_{k=2}^{n} z^{(1)}(k)\right]^2} \tag{5-16}$$

$$b = \frac{\sum_{k=2}^{n} [z^{(1)}(k)]^2 \sum_{k=2}^{n} x^{(0)}(k) - \left[\sum_{k=2}^{n} z^{(1)}(k)\right]^2 x^{(0)}(k)}{(n-1)\left[\sum_{k=2}^{n} z^{(1)}(k)\right]^2 - \left[\sum_{k=2}^{n} z^{(1)}(k)\right]^2} \tag{5-17}$$

按照 $\hat{x}^{(0)}(k)=\hat{x}^{(1)}(k)-\hat{x}^{(1)}(k-1)$ 原则进行累减运算,可得预测模型为

$$\begin{cases} \hat{x}^{(0)}(k) = \left(x^{(0)}(1) - \frac{a}{b}\right)\mathrm{e}^{-a(k-1)}(1-\mathrm{e}^{a}) \\ x^{(1)}(1) = x^{(0)}(1) \end{cases} \tag{5-18}$$

三、优化模型设计

在系统备件优化中,常见的假设是同一类型的备件具有相同的函数、可靠性和成本关系,并且备件数量满足系统约束,备件的可靠性成本是连续的。然而,在实际情况中,资源限制和备件种类的增加导致了不同备件可靠性成本关系的差异,甚至系统备

件的可靠性成本可能呈现不连续的情况。这样的现象使得传统的备件优化方法在面对多样性备件和资源有限的情况下显得力不从心。为了解决这一问题,本章旨在深入探讨备件多样性和可靠性成本关系,并建立基于可靠性的备件优化混合整数非线性规划数学模型,以更好地应对实际系统的复杂性。

1. 模型的建立

在建立模型时,考虑系统包含 M 个子系统,并已知系统的大致配置情况,旨在建立目标函数和成本约束,以优化确定子系统备件数量和资源分配。这一模型的核心在于考虑备件的多样性,即不同备件类型可能具有不同的可靠性成本关系,如阶跃函数关系、连续函数关系、分段连续函数关系等,而这种差异性可能由于资源限制和备件种类的增加而加剧。因此,针对不同关系情况,需要建立相应的数学模型,以充分考虑备件的可靠性成本和系统的资源限制,从而实现最优的备件配置和资源分配方案,以下将分别进行讨论。目标函数和约束定义为

$$\begin{aligned} &\min\ p\left[p(F_1 | I_1), p(F_1 | I_1 F_2 | I_2), \cdots, p(F_M | I_M)\right] \\ &\text{s.t.} \quad \sum I_m = I \end{aligned} \tag{5-19}$$

2. 可靠性成本关系

组件备件的可靠性与成本之间存在着阶跃函数关系。这意味着在一定的成本范围内,组件备件的可靠性是一个确定的数值。这种关系使得在成本可控的情况下,可以通过合理的成本投入来提高备件的可靠性,从而增强设备的抗风险能力和维护效率。

(1)阶跃函数关系。

阶跃函数关系曲线如图 5-1 所示。

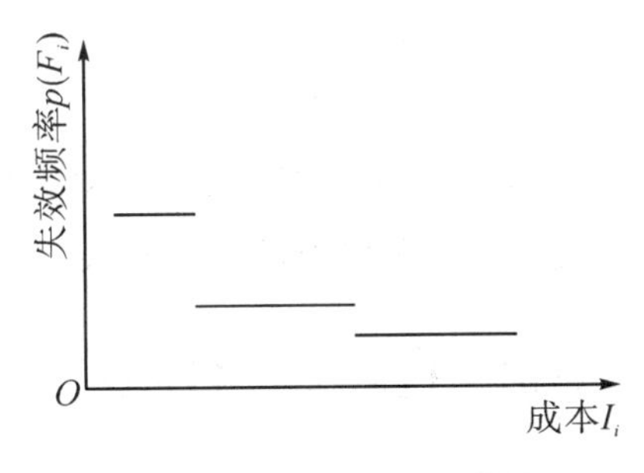

图 5-1　阶跃函数关系曲线

则有

$$p(F_i)=\sum_{l=1}^{n_i}[X_{i,l}p_F(X_{i,l})] \tag{5-20}$$

$$I_i=\sum_{l=1}^{n_i}(X_{i,l}C_{i,l}) \tag{5-21}$$

$$\sum_{l=1}^{n_i}X_{i,l}\leqslant 1,X_{i,l}\in\{0,1\} \tag{5-22}$$

式中，$p_F(X_{i,l})$表示备件的失效概率；$C_{i,l}$ 表示备件成本；$X_{i,l}$ 表示威布尔决策变量；I_i 表示成本；n_i 表示离散点数。

若系统存在冗余时，则该子系统的失效概率用式(5-23)表示，其对应成本用式(5-24)表示。

$$p(F_m)=\prod_{i=1}^{n_s}p(F_I)=\prod_{i=1}^{n_s}\sum_{l=1}^{n_i}[X_{i,l}p_F(X_{i,l})] \tag{5-23}$$

$$I_S=\sum_{i=1}^{n_s}\sum_{l=1}^{n_i}(X_{i,l}C_{i,l}) \tag{5-24}$$

式中，S 表示备件集合。

(2)连续函数关系。

连续函数关系曲线如图 5-2 所示。

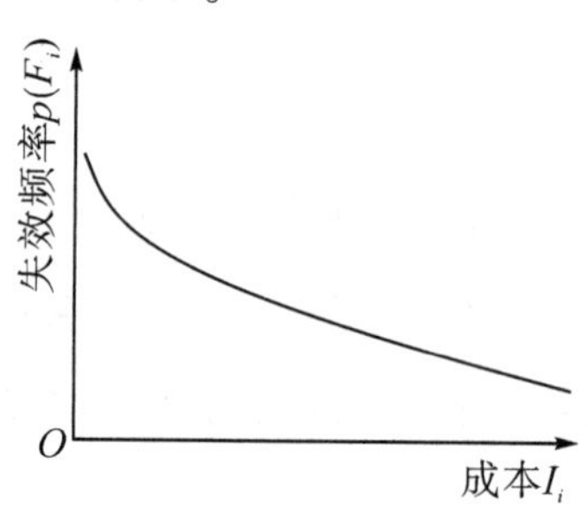

图 5-2　连续函数关系曲线

则有

$$p(F_k)=p_F(I_k) \tag{5-25}$$

$$I_k\leqslant I_{k\max} \tag{5-26}$$

式中，I_k 表示可靠性成本；$p_F(I_k)$表示失效概率；$I_{k\max}$ 表示约束上限。

n 个备件组成的 m 子系统的失效概率用式(5-27)表示，成本用式(5-28)表示。

$$p(F_m)=\prod_{k=1}^{n_c}p(F_k)=\prod_{k=1}^{n_c}p_F(I_k) \tag{5-27}$$

$$I_C=\sum_{k=1}^{n_c}I_k \tag{5-28}$$

(3)分段连续函数关系。

分段连续函数关系如图 5-3 所示。

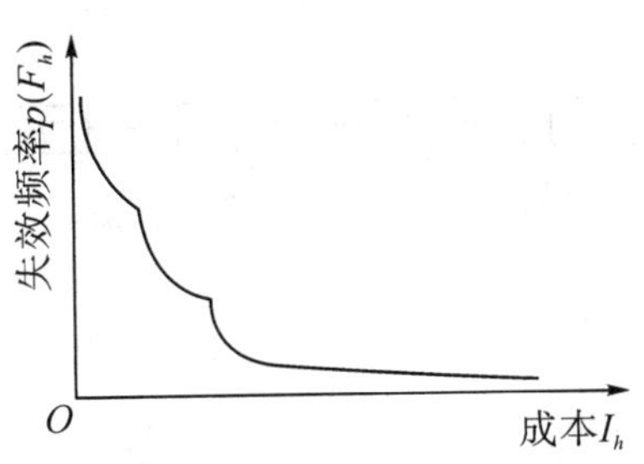

图 5-3　分段连续函数关系曲线

则有

$$p(F_h)=\sum_{l=1}^{n_h}[X_{h,l}p_F(C_{h,l})] \tag{5-29}$$

$$I_h=\sum_{l=1}^{n_h}(X_{h,l}\cdot C_{h,l}) \tag{5-30}$$

$$\sum_{l=1}^{n_h}X_{h,l}\leqslant 1, X_{h,l}\in\{0,1\} \tag{5-31}$$

$$C_{h,l-1\max}X_{h,l}\leqslant C_{h,l}\leqslant C_{h,l\max}X_{i,l} \tag{5-32}$$

式中，$p_F(C_{h,l})$表示失效概率；I_h 表示成本；$C_{h,l\max}$ 表示成本上限。

系统存在冗余时，该子系统的失效概率用式(5-33)表示，成本用式(5-34)表示。

$$p(F_m)=\prod_{h=1}^{n_d}pF(h)=\prod_{h=1}^{n_d}\sum_{l=1}^{n_h}[X_{h,l}p_F(C_{h,l})] \tag{5-33}$$

$$I_D=\sum_{h=1}^{n_d}\sum_{l=1}^{n_h}(X_{h,l}C_{h,l}) \tag{5-34}$$

若系统中存在以上三种函数关系时，则总成本为

$$\sum_{\forall i\in S}I_i+\sum_{\forall k\in C}I_k+\sum_{\forall h\in D}I_h\leqslant 1 \tag{5-35}$$

在建立模型时，假设系统配置已知，然而实际情况却是只能大致确定可能的系统组成，关键在于确定每级子系统中各类元件的最大备件数。通过模型的求解，可以准确确定系统的组成、可靠性及成本。进一步考虑到子系统中不同种类可靠性与成本之间的备件关系，需要适度“夸大”实际系统可能的组成情况，然后进行优化求解。

四、算例分析

针对某系统的四个子系统(R、A、S、P)，在初步设计后，系统的可靠性框图如图

5-4 所示,备件成本约束为 1000 元,各子系统备件的可靠性和成本关系分别如图 5-5 ~图 5-8 所示。

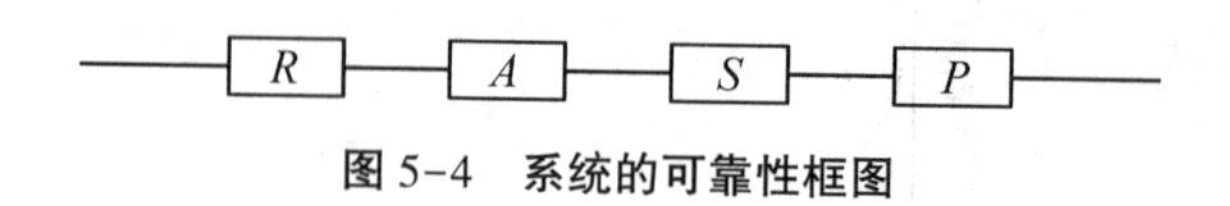

图 5-4　系统的可靠性框图

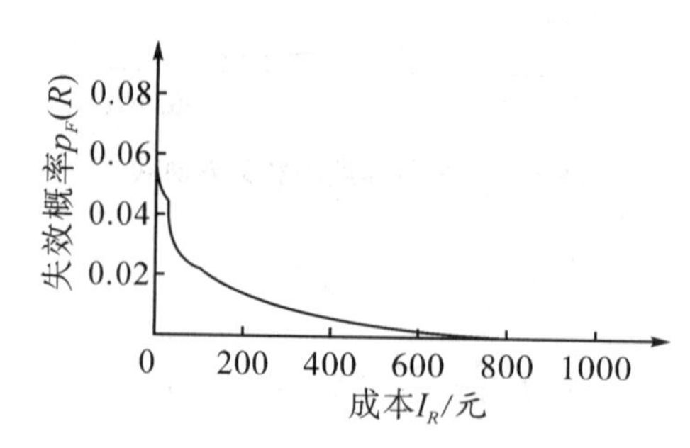

图 5-5　子系统 R 的备件可靠性成本曲线

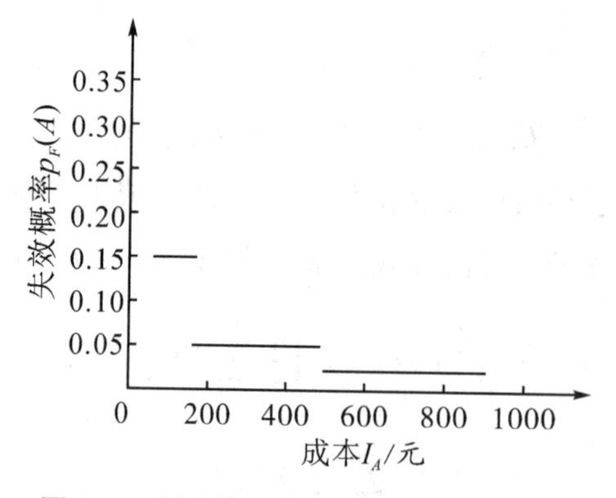

图 5-6　子系统 A 的备件可靠性成本曲线

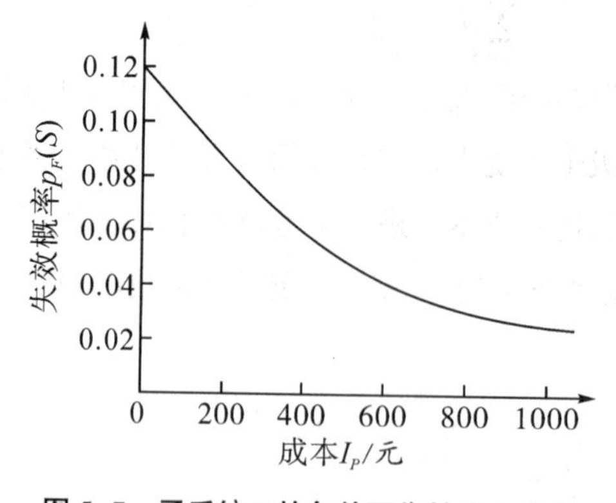

图 5-7　子系统 S 的备件可靠性成本曲线

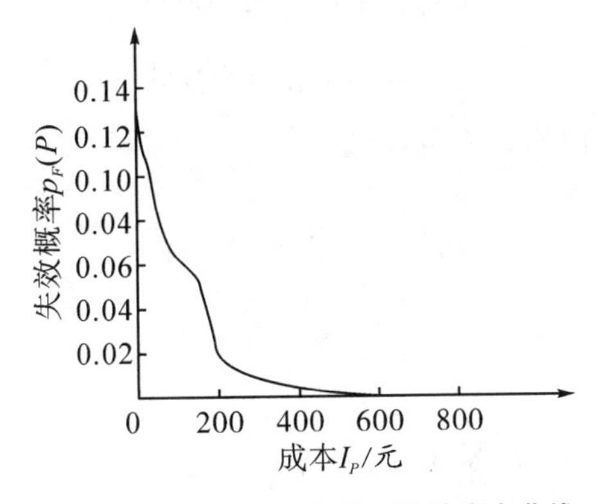

图 5-8 子系统 P 的备件可靠性成本曲线

由系统可靠性框图建立目标函数:

$$\min p(F)=1-[1-p_F(A)][1-p_F(S)][1-P_F(R)][1-p_F(P)]$$

下面分别讨论各子系统备件的约束情况。

(1)对子系统 R,由图 5-5 有

$$p_F(R)=\sum_{j=1}^{4}\left[X_{R,j}\alpha_j\exp\left(-\frac{C_{R,j}}{v_{k,j}}\right)\right]$$

$$I(R)=\sum_{j=1}^{4}(X_{R,j}C_{R,j})$$

$$\sum_{j=1}^{4}X_{R,j}=1$$

$$X_{R,j}\in\{0,1\}\quad\forall j$$

$$C_{R,l-\max}X_{R,l}\leqslant C_{R,l}\leqslant C_{R,l\max}X_{R,l}$$

对应的约束条件为

$$p_F(R)=0.07X_{R,1}\exp\left(-\frac{C_{R,1}}{80}\right)+0.045X_{R,2}\exp\left(-\frac{C_{R,2}}{170}\right)+$$

$$0.025X_{R,3}\exp\left(-\frac{C_{R,3}}{860}\right)+0.005X_{R,4}\exp\left(-\frac{C_{R,4}}{1000}\right)$$

$$I(R)=X_{R,1}C_{R,1}+X_{R,2}C_{R,2}+X_{R,3}C_{R,3}+X_{R,4}C_{R,4}$$

$$X_{R,1}+X_{R,2}+X_{R,3}+X_{R,4}=1$$

$$0\leqslant C_{R,1}\leqslant 30X_{R,1}$$

$$30X_{R,2}\leqslant C_{R,2}\leqslant 100X_{R,2}$$

$$100X_{R,3}\leqslant C_{R,3}\leqslant 500X_{R,3}$$

$$500X_{R,4} \leqslant C_{R,4} \leqslant 1000X_{R,4}$$

$$X_{R,1}, \cdots, X_{R,4} \in \{0,1\}$$

(2)对于子系统 A,由图 5-6 有

$$p_F(A) = \sum_{j=1}^{5} p_j(F) X_{A,j}$$

$$I_A = \sum_{j=1}^{5} C_j X_{A,j}$$

$$\sum_{j=1}^{5} X_{A,j} = 1, X_{A,j} \in \{0,1\}$$

对应的约束条件为

$$p_F(A) = 0.035X_{A,1} + 0.15X_{A,2} + 0.05X_{A,3} + 0.002X_{A,4} + 0.001X_{A,5}$$

$$I_A = 20X_{A,1} + 50X_{A,2} + 120X_{A,3} + 500X_{A,4} + 900X_{A,5}$$

$$X_{A,1}, X_{A,2}, X_{A,3}, X_{A,4}, X_{A,5} \in \{0,1\}$$

(3)对子系统 S,由图 5-7 有

$$p_F(S) = 0.12\exp\left(-\frac{I_S}{800}\right), I_S \leqslant 1000$$

(4)对子系统 P,由图 5-8 有

$$p_F(P) = \sum_{j=1}^{4} \left[X_{p,j} b_j \exp\left(-\frac{C_{P,j}}{m_j}\right) \right]$$

$$I_P = \sum_{j=1}^{4} X_{p,j} C_{P,j}$$

$$\sum_{j=1}^{4} X_{p,j} = 1$$

$$X_{p,j} \in \{0,1\} \qquad \forall j$$

$$C_{P,l-\max} X_{p,j} \leqslant C_{p,j} \leqslant C_{P,l-\max} X_{p,j}, L = 1,2,\cdots,4$$

对应的约束条件为

$$p_F(P) = 0.15X_{P,1}\exp\left(-\frac{C_{P,1}}{60}\right) + 0.09\exp\left(-\frac{C_{P,2}}{170}\right) +$$

$$0.055\exp\left(-\frac{C_{P,3}}{230}\right) + 0.015\exp\left(-\frac{C_{P,4}}{1000}\right)$$

$$I(P) = X_{P,1}C_{P,1} + X_{P,2}C_{P,2} + X_{P,3}C_{P,3} + X_{P,4}C_{P,4}$$

$$X_{P,1} + X_{P,2} + X_{P,3} + X_{P,4} = 1$$

$$X_{P,1},X_{P,2},X_{P,3},X_{P,4}\in\{0,1\}$$

系统备件总成本约束为

$$I_R+I_A+I_S+I_P\leqslant 1000$$

利用 Matlab 7.1 对其进行求解,可得 $I_R=60$ 元,$I_A=180$ 元,$I_P=195$ 元,$I_S=565$ 元,系统的失效概率为 $p(F)=0.095$,则系统可靠度为 0.905。

由此可见,为了优化分配系统组件备件资源,提高系统可靠性,并在一定资源约束下保持灵活性,需要考虑备件可靠性与成本之间的关系。

第四节 求解串并联系统备件配置问题的蚂蚁算法

串并联系统备件配置问题的复杂性高,因为它是一个 NP-hard 问题,即非确定性多项式时间难题。这意味着在一般情况下,没有有效的解决方案可以在多项式时间内找到最优解。针对这一问题,人们通常采用确切求解法和启发式求解法两种方法。

确切求解法旨在通过精确的计算来找到最优解,其中包括动态规划法和整数规划法等。动态规划法通过将问题分解为子问题,并存储已解决的子问题的解决方案来有效地解决复杂问题。而整数规划法则将问题形式化为一个整数规划模型,通过线性规划方法来求解。这些确切求解法在理论上可以提供最优解,但在实际应用中,由于问题规模的增大,计算复杂度呈指数级增长,因此通常不太适用于大规模的串并联系统备件配置问题。

相比之下,启发式求解法则通过启发式算法来寻找接近最优解的解决方案。这些启发式方法包括基因算法、神经网络等。基因算法模拟了生物进化过程中的自然选择机制,通过基因的变异和交叉来搜索解空间。而神经网络则利用人工神经元之间的连接和权重来建模问题,并通过反向传播等方法来训练网络以优化解。这些启发式方法通常在解决大规模问题时具有较好的效率和鲁棒性。

在考虑备件配置时,启发式方法通常还会综合考虑成本、风险系数和元件混合使用等因素。这些因素的综合考虑可以帮助系统更好地平衡性能和成本之间的关系,从而提高系统的可靠性和可维护性。

此外,部分研究还考虑到系统的多个失效模式,这进一步增加了备件配置问题的复杂性。这些失效模式可能具有不同的概率和影响程度,因此在备件配置过程中需要考虑如何有效地应对这些多样化的失效情况,以确保系统的稳定性和可靠性[154]。

一、算例分析

以可靠度为约束条件，系统目标为成本 C 最小，构建如下模型：

$$\min C_{\min} - \sum_{i=1}^{s} \sum_{j=1}^{j_i} c_i(x_{ij})$$

$$\text{s.t.} \quad \prod_{i=1}^{n} R_I(X_{ij} \mid k_i) \geqslant R \tag{5-36}$$

$$k_i \leqslant \sum_{j=1}^{m_i} x_{ij} \leqslant n_{i\max} \qquad \forall_i = 1, 2, \cdots, s$$

蚂蚁算法的流程图如图 5-9 所示。

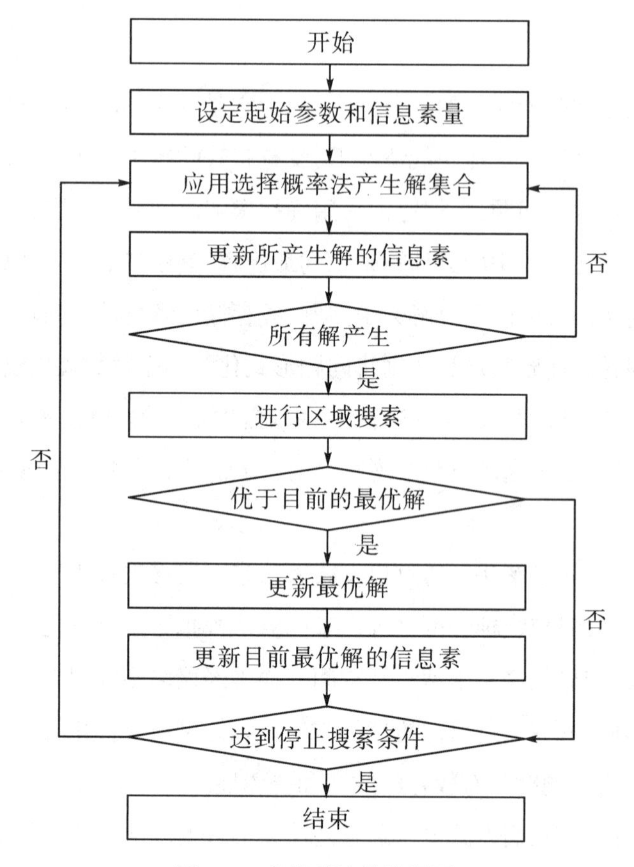

图 5-9　蚂蚁算法的流程图

对于串并联系统元件配置问题，考虑子系统 i 中 j 类元件，应用蚂蚁算法如下。信息素 τ_{ij} 用式（5-37）表示，τ_{ij}^{b} 为其初始浓度，区域搜索值 η_{ij} 用式（5-38）表示。

$$\tau_{ij} = \frac{-1\tau_{ij}^{b}}{m_i} \qquad 0 \leqslant \tau_{ij}^{b} < 1 \tag{5-37}$$

$$\eta_{ij}=\frac{R_{ij}}{c_{ij}} \tag{5-38}$$

状态转移规则参照式(5-39)。

$$p(k)\begin{cases}\operatorname{argmax}[(\tau_{id})^{\alpha}(\eta_{id})^{\beta}] & q\leqslant q_0\\ \dfrac{(\tau_{iv})^{\alpha}(\eta_{iv})^{\beta}}{\sum\limits_{d\in U}(\tau_{id})^{\alpha}(\eta_{id})^{\beta}} & q>q_0\end{cases} \tag{5-39}$$

式中,q 为概率函数的选择值;q_0 为概率函数的选择标准;α 和 β 为两个参数,分别反映了蚂蚁在运动过程中所积累的信息和启发信息在选择路径中的相对重要性,即信息素轨迹的重要性与能见度的重要性;ρ 为信息量的挥发系数;T_{length} 为数组长度。

非可行解区域信息素更新规则参照式(5-40),可行解区域参照式(5-41),全局信息素更新参照式(5-42)。

$$\tau_{ij}^{\text{new}}=\rho\times\tau_{ij}^{\text{old}}+0.5(1-\rho)\tau_{i0} \tag{5-40}$$

$$\tau_{ij}^{\text{new}}=\rho\times\tau_{ij}^{\text{old}}+1.5(1-\rho)\tau_{i0} \tag{5-41}$$

$$\tau_{ij}^{\text{new}}=\rho\times\tau_{ij}^{\text{old}}+1.5(1-\rho)\Delta\tau_{ij}^{\text{e}} \tag{5-42}$$

$$\Delta\tau_{ij}^{\text{e}}=\frac{1}{C_{\text{best}}}$$

设串并联系统由六个子系统组成,其中各子系统正常运行最少的需要备件数分别为:$k_1=4,k_2=2,k_3=1,k_4=1,k_5=2,k_6=3$。六个子系统的元件配置上限均设定为 8。动态因子设定见表 5-2。应用 Genichi Taguchi 博士提出的参数实验设计方法对参数进行设计,此设计为一种品质工程的理论与方法[154]。经计算得到的可控因子最佳组合为 A4-B1-C4-D2-E2,即 ρ 为 0.9～1.0,q_0 为 0.1～0.2,α 和 β 分别为 4 和 1,数组长度为 2。串并联系统采用 Coit 所提出的系统作为测试的依据。备件的参数见表 5-3 和表 5-4。应用 Visual C++ 6.0 进行仿真。仿真结果及不同算法的运算结果见表 5-5。

表 5-2　动态因子与设定

代号	因子	标准 1	标准 2	标准 3	标准 4
A	ρ	0.1～0.2	0.3～0.5	0.6～0.8	0.9～1.0
B	q_0	0.1～0.2	0.3～0.5	0.6～0.8	0.9～1.0
C	α	1	2	3	4
D	β	0	1	2	3

续表

代号	因子	标准 1	标准 2	标准 3	标准 4
E	T_{length}	1	2	4	8

表 5-3　10 个备件的可靠度

子系统	k	可靠度									
		1	2	3	4	5	6	7	8	9	10
1	4	0. 98	0. 93	0. 73	0. 72	0. 71	0. 70	0. 66	0. 62	0. 60	0. 35
2	2	0. 93	0. 92	0. 89	0. 86	0. 84	0. 81	0. 61	0. 43	0. 39	0. 34
3	1	0. 94	0. 88	0. 85	0. 76	0. 73	0. 62	0. 60	0. 59	0. 34	0. 31
4	1	0. 93	0. 67	0. 63	0. 62	0. 62	0. 48	0. 41	0. 41	0. 39	0. 32
5	2	0. 95	0. 95	0. 90	0. 86	0. 67	0. 66	0. 64	0. 54	0. 38	0. 38
6	3	0. 96	0. 85	0. 84	0. 76	0. 75	0. 66	0. 65	0. 61	0. 50	0. 48

表 5-4　10 个备件的成本

子系统	k	成本									
		1	2	3	4	5	6	7	8	9	10
1	4	95	86	80	75	61	45	40	36	31	26
2	2	137	132	127	122	100	59	54	41	36	30
3	1	118	113	108	59	54	49	45	35	30	25
4	1	149	84	74	69	64	58	38	31	26	21
5	2	131	120	103	93	60	43	36	31	26	21
6	3	149	104	96	79	45	40	35	30	25	20

表 5-5　不同算法最优解比较

算法	进化代	种群数	交换/突变	最佳值	平均值	标准差
遗传算法	500	100	50/50	1 318	1 348. 634	25. 46
	1 000	50	50/50	1 308	1 337. 50	21. 76
	1 000	50	75/25	1 308	1 375. 75	40. 72
	1 000	50	25/75	1 318	1 374. 34	32. 22
蚂蚁算法	1 000	50		1 308	1376. 5	39. 817
改进的蚂蚁算法	1 000	50		1 308	1 329. 75	19. 91

由表 5-5 得到的实验结果可以看出,蚂蚁算法、改进的蚂蚁算法、遗传算法皆可搜索到一样的近似最优解 1 308。改进的蚂蚁算法的搜索解品质和标准差优于遗传算法,并且明显优于普通蚂蚁算法。这意味着改进的蚂蚁算法能够更有效地搜索到系统的最优配置方案,同时保证系统的稳定性和可靠性。

二、结论

蚁蚂算法是一种基于生物进化的算法,被广泛应用于解决各种优化组合问题,其独特之处在于具备启发式搜索的特性。尽管蚂蚁算法在解的质量和收敛速度方面有其优势,但也存在一些问题,如搜索时间长、易陷入局部最优和过早收敛等。为了克服这些缺陷,本研究进行了一系列改进,其中包括修改更新规则和引入自适应挥发系数等方法。通过这些改进,仿真结果显示改进后的算法具有更快的收敛速度和更强的全局最优解搜索能力。具体而言,改进后的算法能够更有效地避免陷入局部最优解,并且在求解优化组合问题时表现出更好的性能。例如,在解决串并联系统备件配置问题时,改进的蚂蚁算法能够更快速地找到最佳解决方案,从而提高问题求解的效率和准确性。

第六章 生产物流协同优化研究

第一节 人工智能与设备维护

一、人工智能

1. 人工智能简介

1956年,达特茅斯会议上提出了“人工智能”的概念,这标志着人工智能作为一个新兴领域的诞生。同时,机器学习、自然语言处理、图像识别等分支领域也开始形成和发展。从1970年至今,人工智能得到了快速发展和应用。随着计算机技术的不断进步和数据的不断积累,人工智能逐渐成为一门独立的学科,并形成了多个分支领域。人工智能在设备维护上的应用历史可以追溯到20世纪80年代。当时,人工智能技术开始被应用于预测设备故障和进行设备维护。这个阶段的设备维护主要是基于规则的专家系统,通过专家知识来对设备进行故障诊断和维护。

随着人工智能技术的发展,到了20世纪90年代,机器学习技术开始被应用于设备维护。机器学习技术可以通过对大量数据的学习和分析,自动识别出设备的故障模式和规律,提高设备维护的准确性和效率。进入21世纪后,深度学习技术得到了快速发展,并在设备维护中得到了广泛应用。深度学习技术可以处理更复杂、更细致的数据,从而更准确地识别出设备的故障和问题。同时,深度学习技术还可以通过对设备运行数据的分析,预测设备的寿命和维护周期,提前进行维护和更换部件,降低设备的故障率。

近年来,随着物联网技术的普及,人工智能在设备维护中的应用也得到了更广泛的推广和应用。通过对大量设备的实时监测和数据分析,企业可以更加精准地掌握设备的运行状态和维护需求,及时维护和更换部件,提高设备的运行效率和生产效益。

2. 人工智能在设备维护中的应用

(1)智能预测与预防性维护。

智能预测与预防性维护在设备维护中至关重要。通过智能监测和分析,可以提前预测可能的故障,并采取预防性维护措施,从而避免停机或故障。借助人工智能技术,对设备运行数据进行实时监测和分析,可以实现智能预测和预防性维护。通过分析设备的历史数据,可以了解设备的寿命和故障模式,预测故障发生的时间,从而提前维修和更换设备,提高设备的可靠性和安全性,降低维修成本。

设备状态监测,通过安装传感器,实时监测设备的运行状态和参数,如温度、压力、振动等。通过对这些数据的分析,可以了解设备的健康状况和性能表现,及时发现异常情况。故障预测,基于设备的历史运行数据和实时监测数据,利用人工智能算法和模型,预测设备的故障概率和时间。通过分析设备的关键性能指标和故障模式,可以提前发现潜在的故障和安全隐患。预防性维护计划:根据设备预测的故障时间和关键性能指标的预测结果,制订相应的预防性维护计划,包括定期检修、更换零部件、调整参数等措施,预防设备故障的发生。维护策略优化:通过对设备历史维护数据的分析和学习,优化设备的维护策略,包括维护周期、维护内容、维护方式等,提高设备的维护效果和效率。智能报警与通知:当设备出现异常情况或预测的故障时间到达时,系统可以自动发出报警通知,通知相关人员及时进行维护和检修,避免设备出现停机或故障。维护效果评估与反馈:通过对设备维护过程和结果的数据收集和分析,评估维护计划的执行效果。根据评估结果,及时调整和维护计划,提高设备的可靠性和稳定性。智能预测与预防性维护能够提高设备的可靠性和使用寿命,降低企业的维护成本和停机时间。同时,这种维护方式能够提高企业的生产效率和产品质量,增强企业的市场竞争力。

(2)智能诊断与故障排除。

人工智能技术可以实现智能诊断和故障排除。通过对设备运行数据的分析,可以快速定位设备的故障部位和原因,提高维修效率和质量。同时,人工智能技术也可以帮助企业优化维修流程和决策,提高企业的运营效率和质量。这种技术可以帮助企业实现更高效、更智能的设备维护和管理。

人工智能可以通过对设备运行数据的分析,识别出不同的故障模式,包括常见的故障类型、故障原因、故障严重程度等。人工智能还可以对识别出的故障进行分类和归纳。通过对大量故障数据的分析和学习,形成故障知识库,为后续的维修工作提供参考。这种分类和归纳方法可以提高维修工作的针对性和效率。应用人工智能开发智能诊断系统,通过学习和分析大量的数据,系统能够自动识别和判断故障原因。智能诊断系统可以更快速、更准确地定位问题,提高故障诊断的效率。

机器学习算法是人工智能在故障诊断领域的重要应用之一。通过对大量故障数据的分析和学习,机器学习算法可以自动发现故障模式和规律,提高故障诊断的准确性和效率。常见的机器学习算法包括深度学习、支持向量机、决策树等。

专家系统是一种基于知识的智能诊断系统,它可以通过对大量专家知识的总结和整理,模拟专家的思维过程进行故障诊断。专家系统通常包括知识库、推理机、知识获取子系统等组成部分,可以快速定位故障原因,并提供相应的解决方案。

(3)智能传感器与数据采集。

智能传感器是一种可以感知周围环境并做出响应的装置,可以用于监测设备的运行状态和参数。通过智能传感器和人工智能技术,可以实现对设备运行数据的实时监测和采集,提高数据的准确性和可靠性。同时,智能传感器也可以根据设备的运行状态和参数自动调整设备的运行状态和参数,提高设备的运行效率和质量。这种技术可以帮助企业实现更高效、更智能的设备维护和管理。

智能传感器是一种能够感知环境信息,并对其进行处理和响应的传感器。与传统的传感器相比,智能传感器具有更高的精度、稳定性和可靠性,同时能够与计算机、网络等进行连接,实现数据的远程传输和处理。随着人工智能技术的不断发展,智能传感器在设备维护中得到了广泛应用。

通过智能传感器,可以对设备运行状态进行实时监测和数据采集。采集的数据包括设备的温度、压力、振动、电流等参数,以及设备的运行状态和故障信息等。通过对这些数据的处理和分析,可以获得设备的运行状态和性能表现,为设备的维护和管理提供依据。信号监测系统的构成如图 6-1 所示。

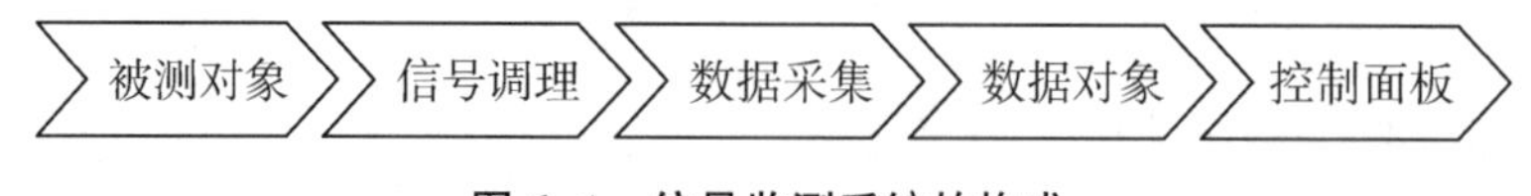

图 6-1　信号监测系统的构成

智能传感器和人工智能技术的结合为设备的预测性维护和故障预警提供了强大的工具。通过对设备运行数据的深度分析和学习,系统能够预测潜在的故障和异常情况,并在事故发生之前采取相应的维护措施,从而有效地避免停机或故障的发生。同时,当设备出现异常情况时,系统可以自动发出报警通知,通知相关人员及时进行维护和检修。

通过对设备运行数据的详细分析，可以深入了解设备的能耗和排放情况，从而优化控制策略，减少环境影响。这种数据驱动的优化手段不仅有助于降低能源消耗和减少排放，也为企业节约成本、提升可持续发展水平提供了重要支持。

智能传感器和人工智能技术还能通过实时监测和故障预警来提高设备的可靠性和安全性。系统可以不断监测设备状态和参数，并在发现异常情况时及时发出警报，以防止潜在事故的发生。此外，通过对设备数据的持续监测和分析，还可以及早发现潜在的故障和安全隐患，并采取相应的维修和更换措施，避免停机或故障对生产造成影响。

智能传感器与数据采集系统的集成应用使设备的全面监测和管理成为可能。智能传感器实时监测设备状态和参数，而数据采集系统则负责处理这些数据并输出相应的控制信号和报警信息。这种集成应用可以提高设备的维护和管理效率和质量，降低企业的维护成本和停机时间。通过对设备运行数据的分析，还可以了解设备的能耗情况和排放情况，采取相应的措施进行优化和控制，减少对环境的影响，帮助企业实现可持续发展目标，提高企业的社会责任感和竞争力。

(4)智能监控。

通过人工智能技术，可以实现设备的智能调度与安排。根据维护计划、人员配备、设备状况等因素，系统可以自动生成维护任务清单，并指定相应的维修人员和时间等。通过对设备运行数据的分析和处理，可以了解设备的维护需求和规律，优化维护任务清单。通过对历史维护记录的学习和分析，可以发现维护任务的瓶颈和不足之处，并采取相应的优化措施。通过人工智能技术，可以实现设备的智能监控与报警。系统可以实时监测设备的运行状态和参数，当出现异常情况或预测的故障时间到达时，可以自动发出报警通知。通知相关人员及时进行维护和检修，避免设备出现停机或故障。通过对设备维护过程和结果的数据收集和分析，可以评估维护计划的执行效果。根据评估结果，可以及时调整维护计划。这种智能监控与报警方法可以提高设备的可靠性和安全性，降低企业的维护成本和停机时间。

远程维护是指利用互联网技术，实现对设备的远程监控和维护。通过远程维护，可以在第一时间发现设备的故障和问题，减少维修时间和成本。同时，远程维护还可以提高维护的灵活性和效率，方便企业进行全球化管理和布局。一般智能系统应用流程图如图 6-2 所示。

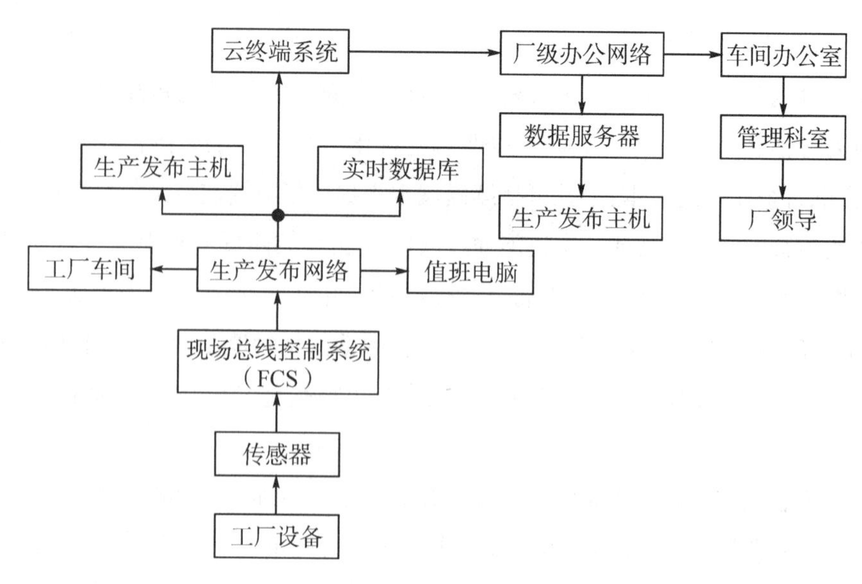

图 6-2　智能系统应用流程图

总之，智能维护系统可以与企业的生产管理系统、设备管理系统等其他系统进行集成应用。通过集成应用可以实现数据的共享和交互，提高设备的维护和管理效率和质量。例如，企业可以通过生产管理系统制订维护计划和任务清单，并通过智能维护系统实施和监控。同时，智能维护系统也可以将设备的运行状态和维护记录等数据反馈给其他系统，为企业的决策和管理提供数据支持。

二、数字孪生技术

1. 数字孪生技术简介

数字孪生（digital twin，DT）技术是一种基于物理模型、传感器更新、历史和实时数据的集成，将物理世界与虚拟世界紧密连接起来的技术。它通过收集各种数据，构建实体的虚拟模型，使得人们可以更好地理解和分析现实世界中的各种复杂系统和问题。

数字孪生技术主要有以下特点。

（1）高度仿真。数字孪生技术可以模拟物理世界的各种现象和过程，包括物体的形状、尺寸、材料属性、运动轨迹等，使得人们可以更加直观地了解和预测现实世界中的各种情况。

（2）数据驱动。数字孪生技术依赖于大量的数据，包括传感器数据、历史数据、实时数据等，通过数据分析和处理，实现对现实世界的准确描述和预测。

(3)实时交互。数字孪生技术可以实现与现实世界的实时交互,通过数据采集和反馈,使得人们可以更加及时地了解和调整现实世界中的各种情况。

(4)可扩展性。数字孪生技术可以随着数据量的增加和技术的进步不断扩展和完善,使得人们可以更加精细地描述和预测现实世界中的各种细节。

在工业制造领域,数字孪生技术可被用于产品的设计和制造过程中,通过模拟产品的性能和使用寿命,提高产品的质量和生产效率。

2. 数字孪生技术在设备维护领域的应用

数字孪生技术是一种通过实时监测和分析设备运行数据来实现设备状态监测和故障预测的先进技术。其核心原理在于利用数字模型与实际设备的数据进行对比分析,以发现异常状态并预测可能的故障,从而提前采取维护措施,避免停机或故障,降低维护成本,并提高设备的可靠性和使用寿命。

数字孪生技术在设备维护中的应用,主要体现在以下几个方面。

(1)在预防性维护和预测性维护方面,数字孪生技术发挥了重要作用。通过持续分析设备的运行数据,该技术能够准确预测可能的故障发生时间,从而使企业能够提前进行维护和检修,提高了设备维护的效率和质量,避免了生产中断的风险,进而保障了生产的连续性和稳定性。

(2)在优化设备运行效率方面,数字孪生技术可以通过对设备运行数据的分析,优化设备的运行效率。通过对设备运行数据的监测和分析,可以了解设备的运行状况、能耗情况等,从而采取相应的措施进行优化,提高设备的运行效率和质量,帮助企业降低能源消耗和运营成本。

(3)在提高设备可靠性和安全性方面,数字孪生技术可以通过对设备运行数据进行实时监测和分析,及时发现设备的故障和安全隐患,从而采取相应的措施进行维修和更换,提高设备的可靠性和安全性,减少事故发生的概率。

(4)在实现远程监控和管理方面,数字孪生技术可以通过互联网实现对设备运行数据的远程监控和管理。管理人员可以通过远程访问数字孪生系统,了解设备的运行状况、能耗情况等,及时发现设备的故障和安全隐患,从而采取相应的措施进行维修和更换。这种技术可以帮助企业实现更高效、更智能的设备维护和管理。

(5)在降低管理成本和提高效率方面,通过数字孪生系统,管理人员可以快速定位问题和采取措施,减少管理的人力成本和交通成本。同时,数字孪生系统可以实现自动化管理,提高管理效率和质量。

(6)在实现可持续发展目标方面,通过数字孪生技术对设备运行数据的监测和分析,可以了解设备的能耗情况、排放情况等,从而采取相应的措施进行优化和控制,减少对环境的影响,帮助企业实现可持续发展目标,为环境保护作出贡献。

数字孪生技术在设备维护中的运用示意图如图 6-3 所示。

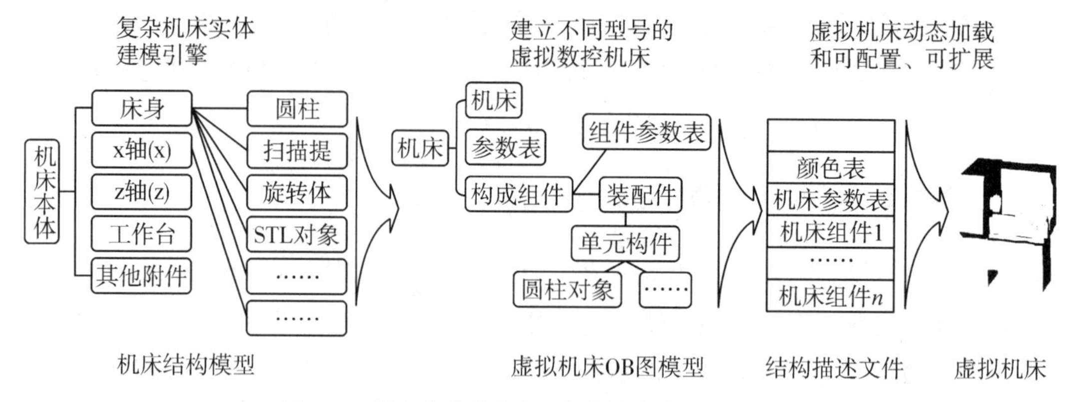

图 6-3　数字孪生技术在设备维护中的运用示意图

设备维护的最新发展体现在智能化、预测性、自主维护、远程维护和绿色维护等方面。这些新发展提高了设备维护的效率和准确性,降低了企业的维护成本和停机时间,增强了企业的市场竞争力。同时,这些新技术和新方法也将推动制造业的可持续发展和提高企业的核心竞争力,为中国的制造业走向世界奠定基础。

三、基于 AAS 框架的智能仓库设计

1. 研究背景

由于客户需求高度多样化和充满不确定性,提高工业过程的灵活性、最优性和透明度的需求日益增加。信息物理融合系统(cyber-physical system,CPS)技术正是为了满足这些需求而发展起来的。它可以通过数字孪生技术来实现。然而数字孪生技术在实际生产中的应用仍然受到限制,没有标准的方式来实现集成。

互联网是实现数字孪生的基础技术。随着互联网的发展,工业 4.0 应运而生,旨在通过工业物联网(Industrial Internet of Things,IIoT)将传统工业转变为智能工业。工业 4.0 中的中心技术不是计算机,而是互联网。互联网对保证工业中连接的部件、设备和产品的互操作性具有重要作用。它还支持工业中的所有数字化活动,使智能工厂成为现实。

欧洲首先启动了未来计划(2008—2020 年)的工厂投资,2012 年德国投资 2 亿欧

元推出了工业 4.0 平台。工业 4.0 平台提出的资产管理壳(asset administration shell,AAS),是在工业 4.0 (I 4.0)背景下实现数字孪生的最有前途的方法之一。这一标准化的参考模型被称为工业 4.0 参考架构模型(RAMI 4.0)。

AAS 基本上由 asset(资产)和 administration shell(管理壳)两个术语组成。资产是指机器设备、材料等实物,管理壳是指存储资产全生命周期信息的数字事物。在智能制造中,每个物理事物或资产都会有自己的管理壳,每个管理壳都可以与其他管理壳进行通信。然而,迄今为止,AAS 的粒度仍然是未定义的,仍在发展中,很少有人了解如何在实践中使用 AAS。因此,AAS 是一个非常具有挑战性的课题,有很大的研究空间。因此,本研究拟通过遵循基于 AAS 框架的参考架构模型工业 4.0 (RAMI 4.0),提出动态数字孪生的三维计算机模拟技术,所提出的概念使数字孪生能够进行动态监测、优化和直接控制。

先前的研究[155]已经尝试实施 AAS。Tantik 等[156]和 Ye 等[157]提出了机器臂和传送带作为资产 AAS,并提出了 Web 用户界面(UI)作为其静态数字孪生。Marcon 等[158]和 Assadi 等[159]为工人设计了 AAS,即所谓的人事管理壳(HAS),并使用人机界面(HMI)作为其静态数字孪生。Muralidharan 等[160]尝试在基于物联网描述(TD)的空气质量传感器中实现数字孪生,并提出了 Docker Image 作为其静态数字孪生。Ye 等[161]试图在更广泛的领域实现 AAS,即装配过程,并创建 HMI 作为其静态数字孪生体。

从以往的研究来看,AAS 在实现 DT 方面的应用还局限在可视化方面,只展示了静态模型而没有展示动态模型。

下面介绍基于 AAS 框架,利用 Flexsim 软件开发的基于仿真的数字孪生体,以创建动态 DT。除此之外,以往的研究只考虑了少数的专用性资产和动产,然而,实际中会有大量的资产需要考虑和连接。

2. 问题的提出与研究方法

传统上,关于一项资产的信息通常分散在多个信息源中,由不同的管理者维护。这将导致信息的重复、不一致和缺失。通过数字孪生,它可以为每个实体集中收集数据,然后通过集成接口,如应用程序接口(application programming interface,API),将这些信息提供给不同业务领域的特定应用。通过数据共享提高决策,并降低运行和维护工厂的整个生命周期成本。

制造业实现数字孪生的途径之一是 AAS,可以理解为通过标准化的 API 向外部提供资产信息的软件实体。在智能制造中,每个物理事物或资产都有自己的管理壳,每个管理壳都可以与另一个管理壳相连接。

基于AAS框架的智能仓库限定：智能仓库考虑的主要资产只有五项，即自动导引车辆(AGV)、操作员、传送带、叉车、储物架。

本研究遵循的步骤：第一，从识别包括物联网设备在内的需要通过AAS交换的资产和数据开始，定义AAS变量，并定义AAS能力和AAS结构。第二，建立基于Flexsim软件的AAS仿真模型。第三，AAS系统整合。

AAS变量定义阶段定义了要创建管理壳的资产。选择智能仓库作为研究对象。通过使用智能仓库，将考虑一些新的资产。由于先前的研究只考虑了专用性资产和不可移动资产，如机械臂、传送带等，因此本研究将考虑更全面的智能仓库中可用的主要资产。对某智能仓库进行直接观测，以识别智能仓库运营中的主要资产。

在确定了所有资产之后，对AAS能力进行设计。它决定了将收集哪些数据，给出哪些反馈，包括将使用的物联网设备。为了定义每个资产的AAS结构，Ye等[161]提出的AAS模板给出了综合范围。本研究将使用该模板，因为它定义了从DF Header到DF Body的AAS结构，并易于识别AAS的子模型。

由于仓储过程可以用离散事件仿真来表示，因此可选择Flexsim仿真软件。在数字孪生中，不仅功能是重要的，视觉也是至关重要的。Flexsim使用三维可视化，可以模仿非常相似的操作。本研究采用Flexsim 2021版本。由于通信限制，并非所有版本都能用于数字孪生目的，特别是Flexsim 2020版本，它不支持OPC UA，但支持OPC数据访问(DA)和Modbus协议。

仿真建模将遵循五个主要阶段。第一，概念建模。它将产生与智能仓库操作的过程顺序相关的流程图。第二，智能仓库布局设计。第三，创建一些需要的对象/资产。这应该与前面定义的AAS变量相同。第四，明确各资产的逻辑。在建模过程中采用了两种方法，即定义资产通用行为的标准对象建模和模拟资产特定行为的流程建模。第五，验证过程。模拟的逻辑必须与概念模型相似，不能有任何错误。

AAS系统集成包括基于AAS框架的通信系统网络设计和信息建模。AAS框架将决定开发资产如何与其他AAS通信，以及使用哪些通信设备。另外，信息建模将通过顺序图来表示AAS系统中的控制流和数据流。一般是基于RAMI 4.0层创建的。通信协议和数据交换类型根据在工业4.0中使用的仿真软件的版本来确定。

研究使用的Metaheurisitic算法是继OptQuest优化器之后的遗传算法(genetic algorithm，GA)。由于Flexsim中嵌入了优化器，种群规模、交叉率、变异率等所有参数都已固定。

本研究中基于仿真优化的场景是AGV容量规划，即每个AGV应该带多少货物，使其在不确定的条件下同时最大化吞吐量和最小化能量使用。

在该AGV容量规划问题中，权衡的问题：一次运送的货物尽可能多，但重量越大，AGV需要消耗的能量越多，需要的装卸时间也越多。由于有两个目标，因此采用帕累托最优方法进行多目标优化。该方法将基于非支配排序遗传算法（NSGA-Ⅱ）给出一组最优解，用户可以根据自己的偏好进行选择。

由于各目标具有不同的单位（吞吐量单位为吨，能量单位为安培），因此在采用加权求和法选择最优解之前，需要先进行归一化处理。通过使用min-max方法进行归一化，以统一每个目标的尺度。

使用仿真软件的主要优点之一是能够准确地计算出系统中各个对象的性能参数。它可以通过仪表盘实时记录和执行。这支持了数字孪生的目的，可以方便地监控过程。在仪表盘中创建的一些参数是AGV的利用率（%）、每种类型产品的总吞吐量（吨）、叉车状态（%）和操作员状态（%）。

3. 智能仓库AAS仿真建模

智能仓库拥有大量的资产来支持智能仓库的业务流程。通过直接观察和访谈，AAS框架将考虑的主要资产有五个，分别是AGV、操作员、传送带、叉车和储物架。为了记录这些资产的数据并通过数据反馈这些资产的信息，还需要一些传感器和控制器作为支撑资产。

AGV将位置数据、速度数据、容量数据发送给数字孪生。位置数据将以二维坐标的形式呈现，这样数字孪生就可以捕获AGV的运动，并且可以实时可视化。这一概念也将适用于叉车和运营商资产这两种可移动资产。对于操作员来说，位置数据可以通过嵌入在智能单元中的高级标签来实现。速度数据将以米每秒（m/s）为单位记录AGV的速度运动，这应该相当于数字模型。容量数据取决于转向控制系统程序是什么。容量数据反映了AGV每次配送可以带多少包裹或货物。该转向控制系统还具有AGV的其他控制功能，如路径和取货策略等。在控制能力方面，数字孪生能够控制AGV的速度和容量。这与Flexsim软件控制实物资产的能力是相适应的。

传送带上除了速度传感器之外，还会有另一个传感器，即基于语义产品记忆（Sem Pro M）的传送路径。由于仓库中会有一些产品种类，因此采用Sem Pro M的概念来区分不同的产品种类，目标检测器会对其进行识别。物体检测器将应用于输送机的每个交叉路口。这些信息非常重要，因为数字孪生需要识别每种产品类型将要经过的传送带中的路径。由于数字孪生需要识别产品类型在哪个单元进出，因此该概念也将应用在基于单元的位置储物架中。在机架的每个单元中应用对象检测器，当产品进入时，将数据发送给数字模型。这个概念也应该应用在过程的每一个起点和终点，以便数字模型能够识别进入和出去的产品。

在定义了 AAS 功能之后,需要根据 AAS 的结构定义每个资产的 AAS。根据国际电工委员会(IEC)标准 62832 中提出的数字工厂(DF)框架的概念,AAS 的结构可以分为 DF 头和 DF 主体。DF 头描述了一个符合 I 4.0 规范的属性列表或声明,DF 主体包含一个组件管理器。

DF 头由资产标识符组成,以区别每种类型的资产。AAS ID 用于区别即使在同一资产族中的不同 AAS,例如 AGV 1 和 AGV 2。即使是相同的资产,也会有不同的 AAS ID。每个 ID 必须是唯一的,以确保子模型中的信息能够被适当地定位,并以共同的语义方式在 AAS 之间进行通信,从而实现互操作性。

DF 主体中的通用子模型是指适用于各种资产的标准化子模型。每个 AAS 必须包含通用的子模型来表示资产的强制性信息。索引数据项(index data item,IDI)子模型是所有其他子模型的入口点,这意味着它本质上是一个内容表,可以高效地搜索所有子模型。属性值声明(property value statement,PVS)子模型包含元数据,允许用户发现资产的属性,如名称、版本和文档。其中一些属性可能会随着资产生命周期的变化而变化,因此必须定期对该子模型进行升级。通信(communication,CM)子模型存储了资产的通信能力或通信协议等信息。

当通用子模型告知静态数据时,资产专用子模型告知动态数据包含关于资产函数的特定信息。不同的资产需要不同的子模型来反映专门的功能。在这种方式下,考虑到每个资产函数的多样性和复杂性,资产特定的子模型的数量是不同的。例如,AGV 有具有真实值的速度子模型,但操作者没有该子模型。由于数字模型不需要感知操作者的速度,但需要感知操作者的位置,因此操作者会有具有真实价值的位置子模型。这种决定取决于实物资产如何在数字孪生中体现。

在创建仿真模型之前,首先应该清楚地描述智能仓库过程的概念模型,可将仓库作业的流程描述如下。当货物由卡车到达时,叉车将收到到达的货物,并将货物发送到质量控制(QC)过程。QC 过程不会产生废品,只检查产品的数量和质量。然后进行存储规划,以确定货物是长期存储还是短期存储。短期存储只存储当天发送的货物,长期存储只存储另一天发送的货物。在确定了仓储计划后,置放过程将由叉车完成,从 QC 过程到短期仓储,或从长期仓储到短期仓储。当取货时间到时,订单的取货过程由 AGV 完成。AGV 在其运行轨迹中会直接对短期存储的货物进行拣选。货物将被送至装运阶段,装运阶段包括分拣和包装过程。在制品(work in process,WIP)来自分拣过程,如果包装完毕将暂时存储在货架中。

4. 数字孪生系统的集成

本研究要实现的概念基本上是系统集成，以整合工业 4.0 技术，如物联网、模拟、云计算、大数据分析和其他技术，并强调数字孪生。智能仓库的数据将被物联网记录，并通过云端以数字孪生的形式实时发送给仿真模型。随后，仿真可以扩展到增强现实(augmented reality，AR)或虚拟现实(virtual reality，VR)。通过仿真，也可以将命令或控制策略通过云端发送到智能仓库。传输的数据可以存储为云中的大数据，以便应用数据分析，从而可以通过机器学习(ML)、深度学习(DL)或人工智能(AI)来加强仓储过程。

与来自资产的数据感知有关，特别是位置数据，它将从顶部的发射器中感知，并将记录嵌入在可移动资产中的标签，以便在数字孪生中识别移动。可以通过现在已经存在的一些方法来实现，例如 Wi-Fi 定位系统、RFID 远距离识别等。这些数据将与 Flexsim 在位置属性上相对应，从而实现实时连接。对于存储货架中的 Sem Pro M，为了识别每个产品将去往货架中的哪个单元格，将其与每个单元格中嵌入的目标检测器对应。这些数据将与 Flexsim 中的机架属性对应，即水平(行)或间隔(列)，以便实时连接。对于传送带中的 Sem Pro M，为了识别每个产品在传送带中走哪条路径，将其与嵌入在传送带每个交叉点中的目标检测器相对应。这些数据将与 Flexsim 在决策点属性上相对应，以便实时连接。

数字孪生不仅要实现物理资产到数字资产的单向流动(数据流)，而且要实现数字资产到物理资产的双向流动(控制流)。例如允许数字孪生来控制 AGV 的速度、AGV 的容量和传送带的速度。此外，最重要的一点是仿真软件的需求部分，尤其是在互联互通问题上。Flexsim 允许基于仿真工具的 OPC UA 连接，以完成控制流。

在仿真工具中，有两种模式可以用于更改，分别是 Active 和 Inactive。直接更改用 Active 模式，以便实时更改。这一特点使得用户可以直接从数字孪生中控制实物资产。否则，如果直接更改模式是 Inactive，就不会实时发生变更。当需要进行试错分析或优化时，可以使用 Inactive 模式。在最佳参数已知后，就可以应用 Active 模式。传感器和控制器的配置也应该在基于 AAS 能力的 Flexsim 中明确定义。如果要执行阶段，Tag ID 必须与相关 AAS ID 对应，并与 Flexsim 中的对象关联。

AAS 需要系统通信网络来实现数字孪生。因此，智能仓库的 AAS 网络结构包括资产和数据交换路径。一般 OPC UA 和 AML 被用作 AAS 之间的骨干通信。简而言之，AML 将回答交换什么数据，OPC UA 将回答如何通信数据。

在AAS系统中,每个资产都有唯一的AAS ID。然而,就表示的简单性而言,几个相同的资产数量,如智能仓库中的五台AGV,它只会显示一个AGV 4.12,因为它具有与其他AGV相似的AAS,不同的ID。

AGV子系统有速度传感器和速度控制器,通过通用异步收发器(universal asynchronous receiver-transmitter,UART)与AGV相连;还有位置传感器,用于感知通过无线电波连接的AGV的位置。AGV自身通过Wi-Fi与转向控制系统连接。转向控制系统具有控制速度、AGV容量等拣选策略和路径的能力。

转向控制系统通过OPC UA与网关相连。LM Gateway201-OPC UA协议是可用的网关之一,它支持有线和无线协议。该网关具有AML数据存储和OPC UA数据交换两大功能。从网关出发,通过OPC UA与Flexsim的AAS连接,Flexsim通过外部接口显示实时状态。

AAS之间的相互作用:首先,初始化AML相关的OPC UA服务器。其次,使用不同的客户端创建OPC UA会话,分别是Flexsim的AAS提供的OPC UA客户端和现场设备的AAS提供的OPC UA接口。最后,用户从AAS Flexsim生成控制流,并将其传递给现场设备的AAS。在此,根据控制策略执行仓储任务,然后将参数反馈给Flexsim的AAS。以上就是数字孪生系统在循环中的运行过程。

监测和控制是运营中做出良好决策的关键,这也是工业4.0技术的主要目的,可以通过数字孪生技术来实现。因此,仪表盘是可以使用的工具之一。这对于使用可视化而不是数字来检测问题是有用的。通过仿真技术,仪表盘也可以非常精确和实时。因此,利用Flexsim仿真软件功能,针对总吞吐量、叉车状态、操作员状态、AGV利用率等重要参数,创建智能仓库仪表盘。

总吞吐量将告知用户每种类型产品准备交付多少打包商品。叉车状态和操作员状态将告知用户叉车和操作员的状态百分比,如他们被闲置和使用的时间。AGV利用率告知用户AGV有多长时间在携带货物或带空、装卸货物。仪表盘将实时更新。这将从监测方面受益。这些数据还可以根据用户偏好进行定制。之后,还可以将来自仪表盘的数据导到数据库中,并进行预测分析。

5. 总结

以上以智能仓库为应用案例,利用Flexsim软件,提出了基于AAS框架的仿真数字孪生新概念,还提出了自动导引车(AGV)、操作员、传送带、叉车和储物架的特定资产子模型。简述了AAS的功能设计,数字孪生能够对实际系统进行监视和控制,并提供优化。

智能仓库中不仅有大量的资产,还有需要仔细分析的可移动资产。这是因为仓库是物流中的重要实体。为了增强智能仓库的运营能力,基于 AAS 框架建立数字孪生进行系统集成是非常合适的。现实中,工业 4.0 的场景应用还存在很多不足,尤其是在系统集成方面,将仿真模型特别是 Flexsim 软件作为动态数字孪生体提出,将是一个有效的方法,并尝试将资产考虑到更广泛的领域。此外,实施数字孪生还需要进行经济分析,以实现成本最小化。此外,通过使用相同的 AAS 框架和一些额外的子模型与数据分析集成,其中一部分数据将被发送到仿真中,用于基于优化决策的监控,另一部分数据将作为大数据存储在云中,用于建立预测维护,并自动对物理资产进行控制。模拟产生的数字孪生也可以扩展到 AR 或 VR 中,以增强其能力。由此,工业 4.0 场景可以被系统、全面地整合。

第二节　基于多维物联驱动的智能车间生产物流协同优化关键技术

《“十四五”智能制造发展规划》明确了数字孪生技术在智能制造中的重要地位与应用方向。该规划以工艺、装备为核心,以数据为基础,旨在构建虚实融合、知识驱动、动态优化、安全高效、绿色低碳的智能制造系统。这一系统将推动制造业实现数字化转型、网络化协同、智能化变革,促进企业生产方式的全面升级与转型。从智能制造工程技术及企业实际应用的刚性需求出发,针对下一代智能车间在生产、物流系统的集成、联动与协同方面自适应优化问题,探索和揭示一种融合工业物联网底层设备和物联大数据的智能建模、集成联动和协同优化机制,并构建一种具有主动感知、事件识别、敏捷响应、自适应协同优化能力的智能管控系统,为智能工厂模式下的车间生产和制造服务过程提供重要的理论依据与技术方案支持。

一、国内外现状和技术发展趋势

随着人工智能、大数据、工业物联网等新一代技术蓬勃发展,国家工业化和信息化进程得以不断推进,工业化和信息化的深度融合为智能制造业的创新发展创造了契机,我国将智能制造确定为国家重大发展战略并出台了《“十四五”智能制造发展规划》。全球市场竞争的激烈程度不断加剧,这使传统企业不得不面对全新的挑战,从而被迫加速向智能制造方向转型。这种转型要求企业必须实现资源的互联化、业务流程的协同化、参与主体的自主化以及制造模式的服务化。为了实现这一目标，新型智能制造模式应运而生。这种模式融合了工业物联网、工业大数据和人工智能技术，具备物联化、协同化、智能化的特征。学术界和工业领域的专家们广泛研究和推动了这一模式的发展和推广，为智能制造的实现提供了理论支持和技术保障。

1. 基于 RFID 工业物联的生产物流感知监控技术

工业物联网是物联网技术在工业领域的进一步拓展和应用，主要基于 RFID 射频识别技术及各种无线通信技术，把工业生产过程的各个环节的资源终端进行智能化连接，实现物-物、物-人泛在信息交互与通信，以达到对制造过程智能化识别、跟踪、监控与管理目的，进而提高生产效率，改善产品质量，降低资源消耗[162,163]。

在工业物联网驱动的生产过程感知监控方面，目前工业物联网技术在生产制造车间的信息感知和过程监控等方面具有广泛应用。香港大学 Huang 等利用 RFID 技术实现了智能制造车间的实时监控与自适应控制，使生产过程更加精准和高效。天津大学高杨[164]等构建了工业物联网制造闭环信息感知监控服务系统以实现对制造流程的闭环信息化、自动化、智能化管理。华侨大学曹伟等[165]基于 RFID 射频感知技术在对生产节点数据实时采集基础上构建了基于 RFID 的协调控制模型。合肥工业大学刘明周等提出了基于工业物联网技术的智能装配系统，通过实现设备间的信息互通和智能化控制，提升了装配效率和质量。西北工业大学张映锋等利用 RFID 技术提高了装配系统的实时性能和透明性，有效解决了生产过程中的信息滞后和不透明的问题。希腊帕特雷大学 Mourtzis 等基于 RFID 技术实现了生产系统的高效、自适应计划与控制，为企业提供了更加灵活和智能的生产管理方案。

在工业物联网驱动的车间物流仓储优化配置方面在充足物料供给条件下智能车间生产与物流单元实时优化配置是保证生产稳步推进的重要前提。香港理工大学的 Poon 等[166-168]利用工业物联网技术对车间生产和物流仓储的实时状态进行可视化管理基础上，设计实现了一种实时决策管理系统，用于解决车间生产物料需求、仓储物料补给、配送装置分配等问题。西安交通大学周光辉等提出了一项基于 RFID 射频识别数据的制造车间物料物流实时优化配送路径优化算法，该算法致力于实现车间物料资源的优化配送管理，通过 RFID 技术，可以实时追踪物料位置和状态，从而在制造车间内实现物流路径的实时优化。南京航空航天大学蒋磊等利用 RFID 工业物联网技术对传统制造车间进行了改造升级，通过实时获取的车间物流信息完成了仓储物料的优化管理，从而提高了物料的使用效率。合肥工业大学刘明周等构建了一种基于 RFID

的动态准时制造物料配送控制系统,实现了混流装配线物料配送的优化管理和一体化控制,并实现了管理过程的可视化。北京理工大学伍伟民等开发了工业物联网复杂产品装配物料精细管控系统,通过实现车间物料的智能标识和精细化管控,为质量追溯提供了有效、准确的数据支撑。广东工业大学屈挺等设计了一种物联网驱动的“生产-物流”动态联动机制,并成功应用于某化工产品制造企业,实现了成品入库效率和仓库使用效率的提高。

在工业物联网智能车间生产中,RFID 感知和监控技术被广泛应用,然而,研究重点通常局限于此,缺乏对整体协同优化控制的探讨。其中,一个被忽视的研究方向是多维立体全局实时数据获取方案与监控融合技术。为了实现整个制造车间的实时生产有效监控与优化控制,有必要研究全局实时制造数据获取处理方案和实时信息集成架构。这一研究内容涵盖了从系统层、车间层到设备层的无缝对接,以及实时制造信息的交互使用。

2. 基于大数据分析的人工智能生产物流协同控制策略

智能化主动感知监控是智能制造车间生产物流优化配置系统构建的基础,物联生产物流智能化集成联动与协同优化则是先进智能制造系统高效运转的关键,也是衡量一个先进智能制造系统智能化水平的重要体现。

在基于大数据的生产物流系统集成分析方面,智能制造生产物流运维一体化协同是在系统集成分析的基础上实现的。基于 RFID 感知技术所采集的大数据为系统集成分析提供了基本条件,但数据多具备高度复杂性,通常需要大数据分析和数据挖掘技术来进行分析处理,以揭示生产物流系统所存在问题产生的本质、规律和内在关联。同时,各生产阶段数据与知识集成可形成一种反馈机制,为生产物流系统协同优化控制提供决策依据,相关问题是当前智能制造车间生产过程所面临的共同挑战和研究重点[169]。柴天佑[170]针对复杂工业流程提出了一种数据驱动的混合智能优化运行优化控制方法,用于提高生产过程的质量与效率指标;任杉等[171]采用大数据驱动策略对复杂产品智能制造服务新模式进行了研究。Zhao 等[172]提出了一种多目标优化模型,通过大数据分析确定了模型参数,以最大限度地降低绿色供应链管理的固有风险。

在基于人工智能的生产物流协同优化控制方面,神经网络、遗传算法、进化策略等人工智能技术不仅可以提供对实时数据的分析和预测能力,还能够支持生产物流协同优化控制决策的制订。这些技术的应用范围十分广泛,包括车间调度、生产物流系统自组织优化配置、自适应协同优化控制以及故障诊断和预测等方面。

为加强智能制造车间生产环境下各资源终端之间的协作,通常将智能制造车间生产物流系统假设为一种多智能体分布协作系统，每个参与生产的物理实体都视为一个智能体，以实现感知数据的主动收集、与其他智能体协作通信和任务协同执行等。多个 Agent 共同协作可完成制造车间生产物流各环节状态更新和优化管控[173]。Van 等[174]首次提出基于 Agent 的制造系统应用。Rocha 等[175]提出一种基于 Agent 的智能制造系统框架以提高制造系统的快速适应性和重新配置能力。基于多智能体的分布式智能制造管理系统可解决智能车间生产物流系统感知分布协同执行问题，但无法保证车间生产物流协同最优化[176]。车间生产物流协同优化调度是解决车间生产规划和物流配置最优化的关键途径。

车间生产物流系统的优化调度和协同决策问题建模与求解非常复杂，是一个 NP 难题[177]。传统基于模型的方法很难用来求解，而以启发式人工智能近似求解方法已经成为目前研究的主流，主要包括启发式搜索方法和计算智能方法[178]。Abdelmaguid 等[179]利用基于禁忌搜索算法的启发式搜索，Woo 等[180]基于遗传启发式搜索算法，Wang 等[181]基于蚁群启发式搜索算法，Zandieh 等[182]基于模拟退火启发式搜索算法，对不同车间生产物流系统的优化调度和协同决策问题进行了研究，改进了相应系统性能。此外，还有大量研究者针对上述方法进行了改进和融合研究[183]。

综上所述，国内外学者在智能制造领域中的车间生产物流系统智能化感知监控、系统集成和协同优化等方面做了大量研究，并取得了一定研究成果，但还存在一些问题和挑战。同时，相关研究成果多集中在理论层次，缺乏对智能车间生产物流系统主动感知、优化配置、协同优化等核心关键应用技术和系统开发的实践探索，限制了新型智能制造模式的应用。

通过对研究现状进行分析，笔者发现，制造系统产业领域智能化车间生产管理与物流配置协同管控正呈现出新的转变。过去，生产与物流往往是独立运作的，但如今它们向集成联动的趋势发展。随着信息技术的发展，生产和物流系统越来越依赖数据和信息来实现协同工作。同时，响应方式也由被动转向主动。智能化系统能够根据实时数据主动调整生产和物流流程，以应对变化的需求和环境。在这一转变中，过程控制也从粗放型向精确型转变。传感器技术的进步使得生产过程的监测和控制更加精细化和精确化。决策方式也随之发生了改变，从以前的指派式管理转向协商式管理。智能制造系统能够基于数据和算法做出更加灵活和智能的决策，提高了管理的效率和质量。因此，迫切需要智能制造系统的集成、联动与协同。这需要提升底层制造资源在物理空间和信息空间的融合和实时感知能力。

在当今工业领域，利用先进技术和理念构建智能化感知与监控模型已成为一项重要任务，旨在实现车间制造资源的智能化。同时，探索智能制造系统自适应协同优化机制，使其能够主动感知、响应、协调和优化，也成为学术界和工业界亟须解决的挑战之一。面对这一挑战，研究者正在寻找突破口，其中以“基于过程感知的底层制造资源智能化建模及其自适应协同优化方法”为核心，结合了CPS、物联技术与制造服务理念，聚焦于智能生产系统的自适应协同优化。

在这一研究框架下，本研究的内容主要包括加工设备与搬运设备的智能化建模方法和基于控制论的自适应协同优化机制。首先，通过运用先进的技术手段，对车间内的加工设备和搬运设备进行智能化建模，实现其对生产过程的主动感知和智能管理。其次，基于控制论的自适应协同优化机制，使制造系统能够根据实时数据对生产过程进行动态调整，从而提升生产效率和资源利用率。这一研究的最终目标是提升制造系统的透明性、智能性、主动响应性和高效协同性，为智能化管控和高效低碳运行提供理论与技术支持。通过实现制造资源的智能化和自适应协同优化，可以有效地降低生产过程中的能耗和资源浪费，提高产品质量和生产效率。

基于多维物联驱动的智能车间生产物流协同优化关键技术研究对“智能制造”工厂级技术的应用实施，企业多维物联数据智能化建模和生产物流系统的自适应协同优化关键问题的解决具有重要的现实意义，相关成果可为智能制造系统从现有数字化、网络化向智能化发展提供重要的理论依据，并为智能工厂模式下的智能车间生产物流流程主动感知、异常识别、敏捷响应、自适应协同优化的智能管控体系的落地应用提供重要的方法与技术支持，为企业更有效地生产、经营、管理提供一条新途径。

二、生产物流协同优化的实现

1. 实现目标

针对物联制造智能车间生产-物流自适应协同优化难题，从模型、机制、方法等深层次科学问题的角度出发，研究面向工业物联网环境下的智能车间多维大数据处理、生产-物流协同模型构建及自适应动态优化等关键问题；并从工程技术及企业实际应用的刚性需求出发，基于多维物联大数据挖掘获取实际制造场景下的经验信息和可行参数，探索工业物联网驱动下的协同决策响应机制，构建具有主动感知、动态识别、敏捷响应、自适应协同优化能力的智能管控系统；通过企业实际车间数据验证所提出的基于多维物联驱动的智能车间物流协同优化关键技术的科学性和可用性，以达到提质增效、降低成本、智能决策的目的。

(1)物联大数据智能车间多维知识视图形成机理。基于工业物联网和云技术的智能制造车间制造状态感知和智能化建模方法，提高制造资源在生产物流集成系统中的透明性、自身的感知交互和主动发现能力，主要包括：①采用多维向量矩阵及嵌套方法，建立物联网制造车间 RFID 大数据向量模型，揭示制造智能体产生大数据的逻辑关联性和规律；②基于时空性理论，结合多维 RFID 数据集成方法，结合超高维快速降维技术和分类算法，实现多维 RFID 数据向量矩阵的有效集成，建立生产活动行为和逻辑相结合的大数据时空性知识多维视图表示模型。

（2）智能制造知识驱动的车间物流优化配置模型。以智能车间级生产任务（工序流）为对象，探索智能生产物流集成系统全局联动协同与主动响应优化方法，建立以智能生产规则知识和车间物流逻辑参数为特征的智能制造知识驱动多维优化配置模型，主要包括：①基于时空频繁集与 Agent 行为模型相结合的方法，从时间和空间上揭示由 RFID 高维大数据表示制造行为与制造逻辑的对应关系及其相互影响规律，揭示超高维 RFID 数据集成及其各单元相互作用的机理；②基于智能车间资源的知识化描述，结合生产周期、制造成本、物料配送效率、能耗等目标和约束条件，主动发现能够提供相应服务的智能制造服务群，构建任务驱动的智能制造服务链主动响应与自组织优化配置模型。

（3）智能生产物流系统集成自适应协同优化机制。面向智能车间生产执行过程，基于大数据生产物流系统集成实时性能分析与异常诊断方法，探索面向异常事件的自适应冲突消解与协同优化策略，形成生产物流集成系统自适应协同优化机制，主要包括：①基于大数据的系统性能分析与诊断方法，通过多层次事件模型，结合复杂事件处理技术，建立事件之间的时序、聚合、层次、依赖和因果关系与模型，从多源异构制造数据中获得制造系统的关键性能信息，实现关键生产性能的异常动态识别与精确诊断；②基于控制论变粒度多级自适应协同优化策略，将智能车间生产物流总体优化目标按照模型粒度自上而下分解，实现智能制造复杂网络系统运行过程的自适应协同控制和优化。

（4）面向工程实际和企业实际需求驱动的案例研究。在上述研究结果的基础上，采用云计算构架研发“基于多维物联驱动的智能车间生产物流协同优化”的原型系统，并结合工程实际和企业实际需求构建运行案例进行仿真，进一步探索研究结果的正确性。

2. 实现方法和技术路线

结合上述研究内容与方案，为解决智能车间在生产物流系统的主动感知、优化配置、集成联动与协同优化方面的关键问题，提出了如图 6-4 所示的研究方法和技术路线图。

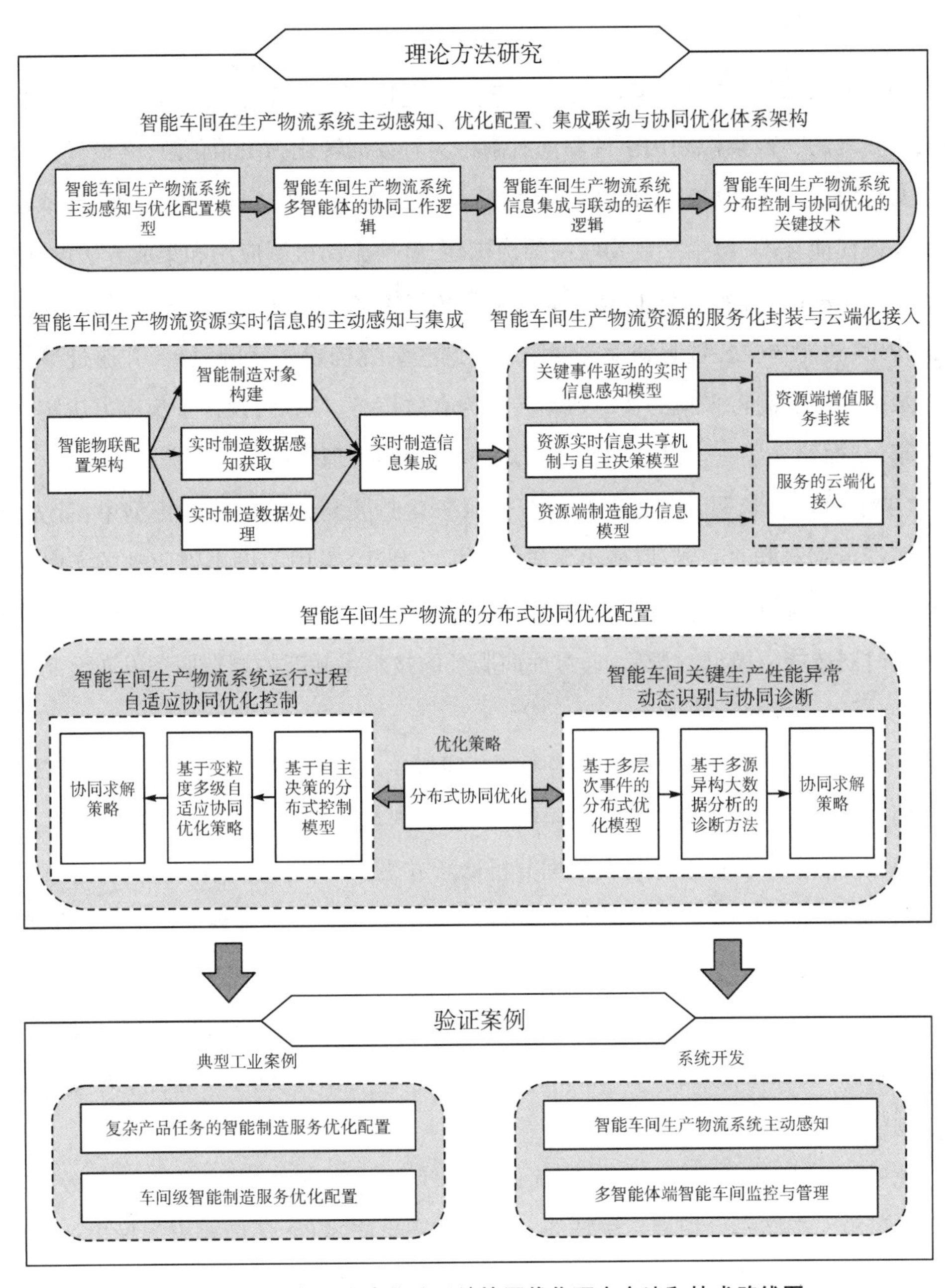

图 6-4　智能车间生产物流系统协同优化研究方法和技术路线图

3. 具体实现方法

（1）智能车间生产物流系统的主动感知与优化配置模型是通过基于工业物联网的架构实现的。该架构利用事件驱动机制将实时数据转化为决策信息，并设计集成方法来实现信息共享，以搭建智能感知环境管理生产物流资源。这一模型的实现依赖于三个关键使能技术，包括工业物联网架构构建、事件驱动机制应用和集成方法设计。

（2）在基于工业物联网的智能车间生产物流资源实时信息主动感知与集成的体系架构中，智能物联装置起到了关键作用。这些装置构建了资源对象，并通过事件驱动的数据处理机制将采集的实时数据转化为有效信息。随后，设计了集成方法实现信息共享，从而建立了一个完整的智能感知环境，用于管理生产物流资源。

（3）在实时信息驱动的生产物流资源服务化封装与云端化接入模型中，首先，实现资源端传感器群的配置，以最小化成本目标。其次，采用关键事件驱动的实时信息主动感知模型，设计了资源端实时信息共享机制与自主决策模型，以构建生产物流资源的实时制造能力模型。最后，通过面向服务的技术将封装的制造服务发布至制造云平台，实现了资源的云端化接入。

（4）建立分布式协同策略驱动的智能车间级生产物流系统优化配置的逻辑流程。一方面，关于智能车间关键生产性能异常动态识别与协同诊断问题，构建基于多层次事件模型和复杂事件多源异构大数据分析诊断方法，实现对该类型问题的异常事件诊断；另一方面，关于智能车间智能生产物流系统复杂网络运行过程的自适应协同优化控制问题，用基于变粒度多级自适应协同优化策略实现。最后，根据车间制造系统、单元、设备等智能化服务的自主化能力，构建基于层级架构的分布式优化模型，设计基于目标层解法（analytical target cascading，ATC）的求解过程、协同求解策略，实现对该类型问题的分布式协同优化求解。

此外，企业需结合实际建立生产优化平台，用以降低运营成本，提高运行效率，防范运行风险。产品研发根据系统特征、产品特征、生产条件、环境要求等做出调整，以维持甚至提高企业的整体效能，以最少的投入获得尽可能多的利润。生产策略的制订直接关系着生产系统能否正常运转，生产过程能否畅通，影响产品的品质、企业的经营成本，更主要的是影响企业的竞争力，乃至影响企业的永续经营。下面以某电子生产企业为例构建生产平台，其项目管理如图 6-5 所示，生产管理如图 6-6 所示。

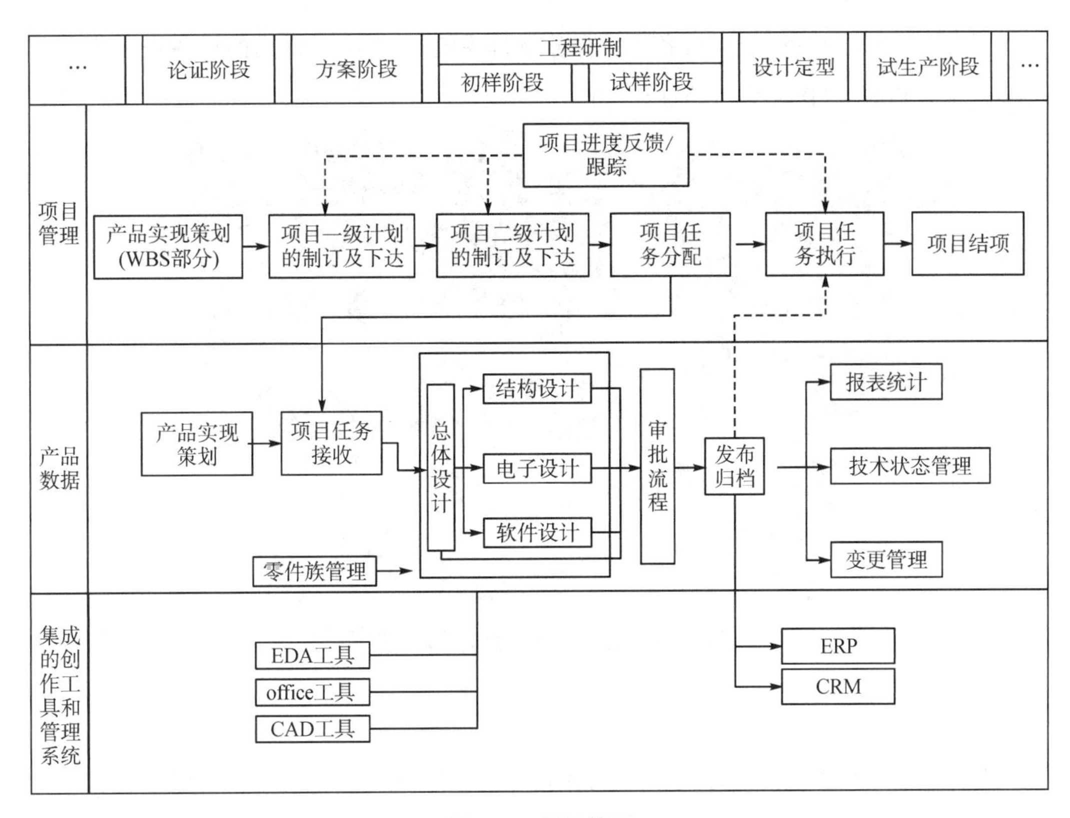

图 6-5　项目管理

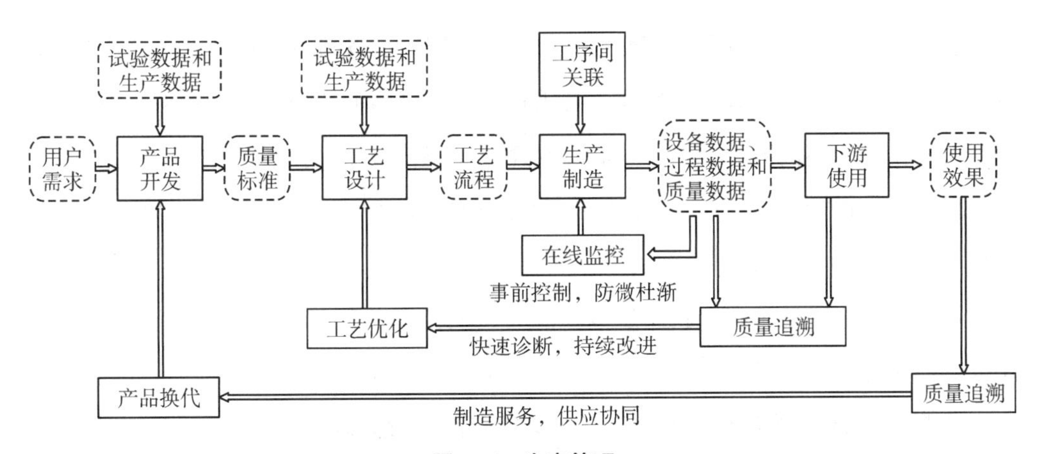

图 6-6　生产管理

如图 6-7 所示为某企业设备维护保养管理系统,应对生产常用的设备进行管理、保养、定时检测,以保障生产的顺利进行。

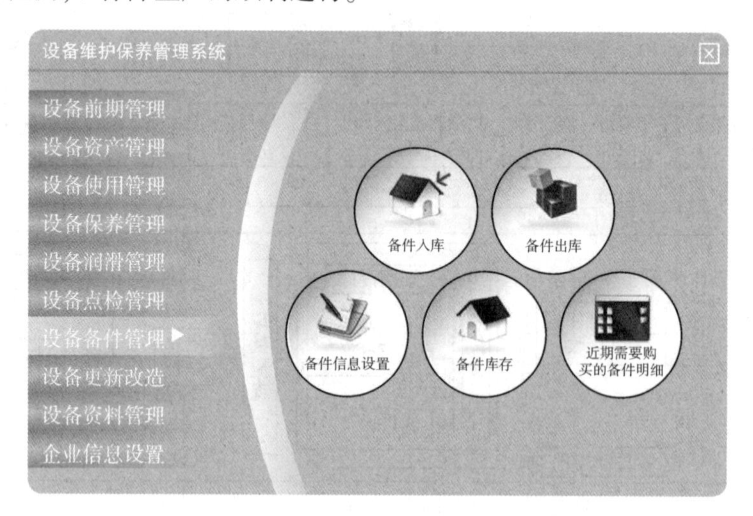

图 6-7　企业的设备维护保养管理系统

第三节　自适应速度粒子群优化法用于解决仓库指派问题

一、问题的提出

仓库具有许多功能,可以帮助公司方便地运输货物,既可以与供应商整合产品,又可以将产品分发给消费者。市场竞争要求提高配送网络的选址和运营水平,这对仓库的性能提出了更高的要求[184]。企业物流因其在降低成本、提高生产效率、改善客户服务质量等方面的重要作用,已在许多产业链和行业中发挥着重要作用,如避免利润损失,提高客户的满意度等。

本节以在中心城市建立仓库的甲物流公司的位置分配问题为例进行研究。甲公司的产品服务于全国各地的客户。对于所有企业而言,效率是使总成本最小化从而提高企业利润的最重要因素。市场竞争要求配送网在选址和运行方面进行改进。因此,需要决定的是仓库的位置及其体积分配。目标函数是最小化运输成本和仓库开放成本的总成本。要建设仓库,公司需要遵守相关规定,即严格限制特定领域的工业和仓库活动。这一规定的原因是中心城市人口稠密,交通流量大。在城市区域,交通密度大,拥堵普遍存在。在这种情况下,政府对规划区域进行区分是合理的。公司需要计划将仓库定位在工业和仓库区域内。

自 Weber[185] 提出选址理论以来,许多学者对选址问题进行了大量的建模研究。在每一个位置决策过程中,建立符合实际的位置分配模型都是关键。在现实世界中,一个仓库必须位于一定的区域内,其他区域的定位受其限制。设施选址过程中存在多种约束条件,如禁区和屏障区。禁区内(如国家公园或其他保护区),禁止建立设施,但允许通过该区域。障碍区域最早由 Katz 和 Cooper 引入位置建模中,他们研究了带一个圆形障碍的 Weber 问题,并给出了一个启发式的解决方案,其中距离是由欧氏距离函数测量的[186]。

本研究考虑了甲物流公司仓库选址的禁用区域和高密度区域。工业区和仓库区以外的区域被认为是禁用区域。允许定位仓库的区域被认为是高密度区域,因为公司试图将仓库定位在特定的工业或仓储区域内。然而,要解决此问题,需要运用更为有效的方法。与精确方法不同,元启发式方法可以通过在合理的时间内提供令人满意的解决方案来处理大规模问题。元启发式的代表方法之一是粒子群优化(partice swarm optimization,PSO)。PSO 对于求解大规模连续问题具有良好的性能。为了解决这一复杂问题,本研究提出了混合自适应速度 PSO 与 Cooper 启发式算法相结合的混合元启发式优化算法来解决禁区选址与分配问题。

针对本研究范围做如下限定。

(1)距离为欧氏距离。使用欧氏距离是因为该中心城市地区航线的复杂性在于密度。

(2)每两个节点之间的距离为直线。直线距离是指距离节点 A 到节点 B 类似于节点 B 到节点 A ($AB = BA$)。

(3)解空间是连续的。连续选址问题通常在欧氏空间中考虑,或者更一般地在 n 维空间中考虑。

(4)一个设施的容量是无限的(无容量限制),也就是说一个设施可以供给无限需求。

(5)所考虑的所有参数都是确定的。

二、模型假设

本研究提出了一种将自适应速度 PSO 和 Cooper 启发式算法相结合的混合元启发式优化算法。该算法被用于解决现实世界中的位置分配问题。为了服务客户,甲公司计划在不同区域设立仓库。

中心城市是物流企业竞争最激烈的市场之一。其庞大的人口数量使得企业之间的竞争相当激烈。为了在激烈的市场竞争中立于不败之地,甲物流公司需要提高对客户的服务水平。实现这一改进的努力方向之一是找到合适的仓库位置,分配需求以实现最小化运输成本和设置成本。地方政府在城市规划中规定,所有的工业活动都要位于工业和仓储区域内。仓库位置分配是解决此问题的有效方案。

本研究先从甲公司的数据识别入手,通过这些数据,确定了区域约束,以定位公司的仓库位置。本研究是开发一种混合元启发式方法。为了了解所提出方法的输出解,本研究将结果与分支定界法、GA 和自适应速度 PSO 进行了比较。最后,应用提出的方法解决甲公司的问题。

在连续选址分配问题中,称为多源韦伯问题,其目标是在二维中生成 m 个新的设施点,以满足 n 个客户或固定点的需求,使总运输成本最小。计算式如式(6-1)、式(6-2)所示。

目标函数:

$$\min \sum_{i=1}^{n} \sum_{j=1}^{m} w_{ij} d(X_j, P_i) \tag{6-1}$$

约束条件:

$$\begin{gathered} \sum_{j=1}^{m} w_{ij} = w_i \quad \forall i \\ w_{ij} \geqslant 0 \quad \forall i,j \end{gathered} \tag{6-2}$$

式中,$X_j = (x_j, y_j)$,是新仓库的坐标;w_{ij} 是设施 j 分配给固定点 i 的数量;$P_i = (a_i, b_i)$,是客户在固定点 i 的坐标;$d(X_j, P_i)$ 是客户点 i 到仓库 j 的位置(坐标)的距离。

该部分的第一步是确定覆盖区域。覆盖区域由最多数量的客户决定。公司的现状是,有一个仓库服务于所有客户。

本研究用通用横墨卡托投影(universal transverse mercaton projection, UTM)坐标标记客户的坐标位置,这是因为本研究的空间解是一个城市,与地球相比太小,不受地球曲线的影响。禁止区域的极值点见表 6-1。

表 6-1　客户位置坐标

区域	坐标点
S_1	(689 945,9 325 699),(688 956,9 324 758),(695 469,9 318 830),(696 458,9 320 738)
S_2	(695 469,9 318 830),(686 827,9 319 517),(686 929,9 317 863),(695 426,9318 470)
S_3	(712 353,9 325 443),(717 809,9 326 125),(717 602,9 314 442),(710 925,9 315 316)
S_4	(710 925,9 315 316),(712 675,9 315 017),(710 394,9 312 841),(712 400,9 312 646)
S_5	(707 107,9 321 890),(707 522,9 318 495),(708 093,9 318 306),(709 517,9 321 938)
S_6	(712 257,9 324 494),(707 328,9 324 022),(707 932,9 326 207),(712 353,9 325 443)

其他可用的历史数据是新仓库的固定成本和可变成本,即运输成本和建设成本,见表 6-2。本研究中新仓库的开设(固定成本)考虑了新仓库所在的区域,因此本研究构建了带有依赖成本的选址分配模型。所有这些成本因素也应用于计算新开仓库的总成本,计算式如式(6-3)、式(6-4)所示。区域 S_1 ～ S_6 的表达式如式(6-5)～式(6-10)所示。

表 6-2　成本数据

运输费用/元		建设成本/元/平方米	
燃料/km	6. 65	S_1、S_2 区域的地价	10 000
停车成本/出入口	60	S_3、S_4、S_5、S_6 区域的地价	15 000
人工/小时	220. 74		

目标函数:

$$\min \ total\ cost \sum_{i=1}^{n} \sum_{j=1}^{m} w_{ij} T d(X_j, P_i) + \sum_{j=1}^{m} K_j f(X_i) \tag{6-3}$$

约束条件:

$$\sum_{j=1}^{m} w_{ij} =_{wi} \forall i \tag{6-4}$$

$$w_{ij} \geqslant 0 \quad \forall i,j$$

则有

$$S_1 = \begin{cases} 941x_1 - 989y_1 \geqslant -8\ 573\ 878\ 066 \\ 4\ 961x_1 + 6513y_1 \leqslant 64\ 161\ 094\ 732 \\ -1\ 908x_1 + 989y_1 \geqslant 7\ 889\ 368\ 018 \\ 5\ 928x_1 + 6\ 513y_1 \geqslant 6\ 816\ 280\ 022 \end{cases} \tag{6-5}$$

$$S_2=\begin{cases}1654x_2+102y_2\geqslant 2\,086\,602\,592\\360x_2-43y_2\leqslant -150\,340\,850\\-687x_2-8642y_2\geqslant -81\,011\,116\,063\\-607x_2+8497y_2\geqslant 78\,756\,916\,008\end{cases}\tag{6-6}$$

$$S_3=\begin{cases}-682x_3+5456y_3\leqslant 50\,393\,792\,262\\11683x_3-207y_3\leqslant 6\,455\,654\,672\\-874x_3-6677y_3\leqslant -62\,819\,713\,382\\10127x_3-1428y_3\geqslant -6\,102\,733\,773\end{cases}\tag{6-7}$$

$$S_4=\begin{cases}299x_4+1750y_4\leqslant 50\,393\,792\,262\\2371x_4-275y_4\leqslant -871\,877\,250\\195x_4+2006y_4\geqslant 18\,820\,085\,876\\2475x_4-531y_4\geqslant -3\,186\,893\,421\end{cases}\tag{6-8}$$

$$S_5=\begin{cases}3395x_5+415y_5\geqslant 6\,269\,212\,615\\189x_5+571y_5\geqslant 5\,454\,582\,303\\-3632x_5+1424y_5\geqslant 10\,697\,473\,968\\-48x_5+2410y_5\leqslant 22\,431\,813\,764\end{cases}\tag{6-9}$$

$$S_6=\begin{cases}949x_6-96y_6\leqslant -219\,219\,531\\427x_6-4929y_6\leqslant -4\,562\,445\,622\\-2185x_6+604y_6\leqslant 4\,086\,197\,608\\-764x_6-4421y_6\geqslant -41\,772\,021\,195\end{cases}\tag{6-10}$$

三、混合自适应速度 PSO 算法在选址与分配中的应用

工业和仓库区域被认为是解空间,而该区域之外的区域被认为是禁区。将解空间转化为线性不等式方程,其作用为有界区域。PSO 的初始解是在包含粒子运动的解空间内产生的。因此,生成的解必须在工业领域和仓储领域之间的解空间范围内。在其最一般的形式下,选址与分配问题可能涉及以下参数的确定:m 为新增设施数量,$\boldsymbol{W}$ 为分配矩阵,X_j 为新建设施的位置。设施不存在容量约束,一个最优解将包含距离它最近的设施所服务的每个客户的需求。

本研究将 PSO 与启发式搜索相结合。自适应速度将被纳入 PSO 算法中，Cooper 启发式算法将被用作局部搜索，以便做出更好的解决方案。

1. 第一阶段（自适应速度 PSO）

（1）算法的第一步是设置 PSO 算法中惯性等参数，权重、c_1、c_2 均为搜索空间中用于控制群体探索和利用的参数。

（2）在可行域（工业仓储区）内随机寻找初始解。

（3）设定将要开启的仓库数量，然后计算初始方案的总成本。

（4）设定初始速度矢量。

（5）令 p_{best} 为总成本，g_{best} 为最小总成本。

（6）更新粒子位置。

（7）计算总成本（目标函数）。

（8）利用自适应公式计算速度。

2. 第二阶段（Cooper 启发式算法）

（1）在速度计算的基础上使用自适应公式更新 p_{best} 和 g_{best}。

（2）计算粒子的下一个位置。

（3）从当前位置选择 m 个设施作为初始解。

（4）在当前客户分配固定的情况下，利用 Weiszfeld 算法求解 m 个单设施选址问题，对设施进行重新选址。

（5）分配每个客户，重复 Weiszfeld 算法，直到没有进一步改进为止，当前解即为局部最优解。

（6）通过考虑 Weiszfeld 的结果来更新 g_{best}。

（7）检查粒子的可行性，即所有粒子均位于工业区和仓储区域内部。

四、算例仿真

1. 参数设定

参数的选择可能是复杂的，而且它们的设置严重依赖于目标函数的性质。在本研究中，参数个数为因子个数。本研究采用的算法是元启发式混合自适应速度 PSO 算法，GA 作为比较算法。首先，在 GA 中，有四个不同的因子数（种群规模、迭代次数、交叉率和变异率）。初始 GA 参数采用 Dejong、Spears 和 Grefenstette 提出的一些准则，见表 6-3。为了得到更精确的结果，每个设计被复制为三次尝试。试验设计用于确定合适的参数值。因子的每一个变化都能获得最优的响应。为了合理地分析实验所得因素的影响，可以采用方差分析测试。GA 中参数的方差分析输出见表 6-4。数据 U1、U2、U3 的总成本主效应图如图 6-8 ～图 6-10 所示。

表 6-3　初始 GA 参数设置

问题	迭代次数	种群规模	交叉概率 P_c	变异概率 P_m
高种群规模	100	100	0. 6	0. 001
小种群规模	50	30	0. 9	0. 01

表 6-4　GA 中参数的方差分析输出

数据 U1 响应变量的方差分析						
来源	自由度	顺序平方和	调整后的平方和	调整后的均方	F 统计量	P 值
主效应	4	6. 672 06E+22	6. 672 06E+22	1. 668 02E+22	9. 50	0. 000
双向交互作用	6	3. 863 88E+21	3. 863 88E+21	6. 439 80E+20	0. 37	0. 895
三向交互作用	4	4. 930 21E+21	4. 930 21E+21	1. 232 55E+21	0. 70	0. 596
四向交互作用	1	1. 296 87E+20	1. 296 87E+20	1. 296 87E+20	0. 07	0. 788
残差误差	32	5. 620 00E+22	5. 620 00E+22	1. 756 25E+21		
纯误差	32	5. 620 00E+22	5. 620 00E+22	1. 756 25E+21		
总变异	47	1. 318 44E+23				
数据 U2 响应变量的方差分析						
来源	自由度	顺序平方和	调整后的平方和	调整后的均方	F 统计量	P 值
主效应	4	1. 922 06E+22	1. 922 06E+22	4. 805 15E+21	12. 49	0. 000
双向交互作用	6	2. 126 24E+21	2. 126 24E+21	3. 543 73E+20	0. 92	0. 493
三向交互作用	4	4. 673 04E+20	4. 673 04E+20	1. 168 26E+20	0. 30	0. 873
四向交互作用	1	8. 941 14E+20	8. 941 14E+20	8. 941 14E+20	2. 32	0. 137
残差误差	32	1. 231 21E+22	1. 231 21E+22	3. 847 53E+20		
纯误差	32	1. 231 21E+22	1. 231 21E+22	3. 847 53E+20		
总变异	47	3. 502 04E+22				
数据 U3 响应变量的方差分析						
来源	自由度	顺序平方和	调整后的平方和	调整后的均方	F 统计量	P 值
主效应	4	1. 742 76E+23	1. 742 76E+23	4. 356 90E+22	7. 92	0. 000
双向交互作用	6	2. 541 60E+22	2. 541 60E+22	4. 236 00E+21	0. 77	0. 599

续表

数据 U3 响应变量的方差分析						
来源	自由度	顺序平方和	调整后的平方和	调整后的均方	F 统计量	P 值
三向交互作用	4	4. 351 80E+22	4. 351 80E+22	1. 087 95E+22	1. 98	0. 122
四向交互作用	1	1. 214 41E+22	1. 214 41E+22	1. 214 41E+22	2. 21	0. 147
残差误差	32	1. 759 34E+23	1. 759 34E+23	5. 497 95E+21		
纯误差	32	1. 759 34E+23	1. 759 34E+23	5. 497 95E+21		
总变异	47	4. 312 88E+23				

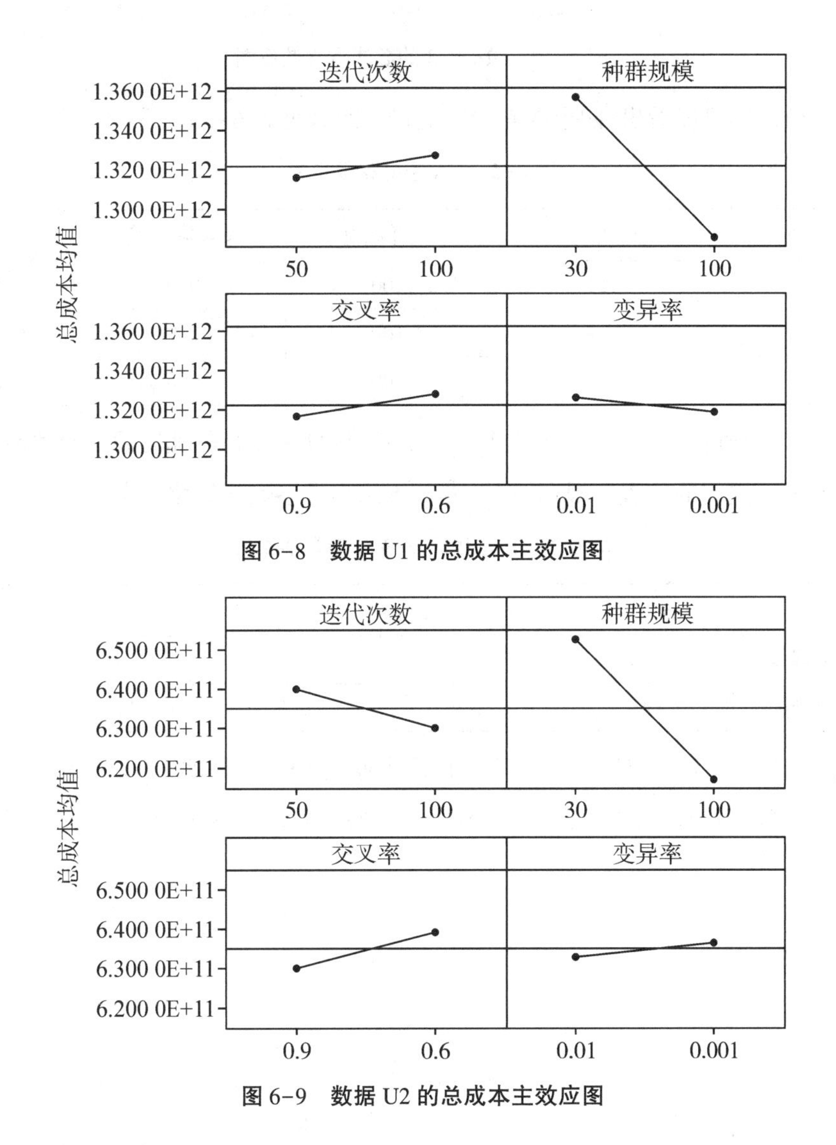

图 6-8　数据 U1 的总成本主效应图

图 6-9　数据 U2 的总成本主效应图

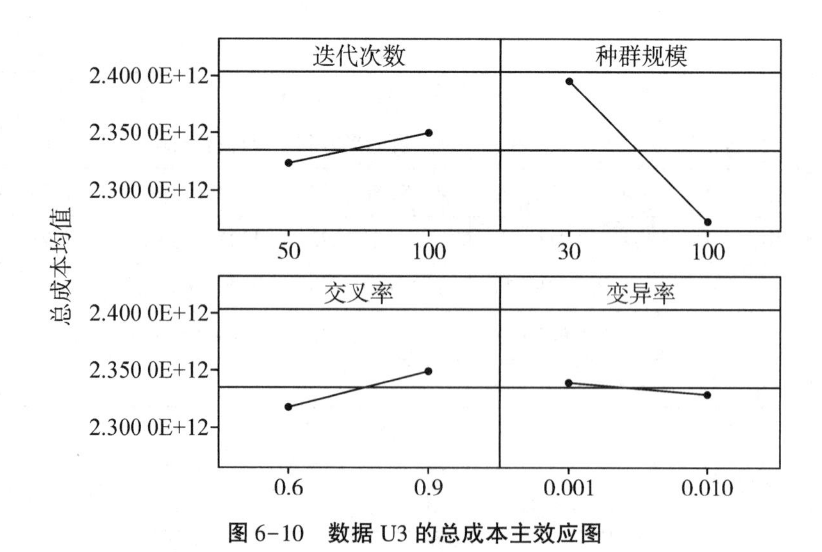

图 6-10 数据 U3 的总成本主效应图

从主效应图可以看出,四个因素之间的最佳组合见表 6-5。

表 6-5 GA 中的参数设置

实例	迭代次数	种群规模	交叉概率 P_c	变异概率 P_m
U1	50	100	0.9	0.001
U2	100	100	0.9	0.01
U3	50	100	0.6	0.01

基于上述分析,设定 $c_1 = c_2 = 1$ 和 $r_1 = 1-r_2$,因此新获得的速度项将导致粒子 i 飞向 g_{best} 和 p_{best} 之间的位置。根据说明,表 6-6 给出了参数初始化方案。

表 6-6 自适应速度 PSO 参数初始化

问题	迭代次数	种群规模	认知学习因子 c_1	社会学习因子 c_2	权重
高种群规模	100	100	1	1	1
小种群规模	50	30	0.5	0.5	0.5

实验采用 2^5 因子设计,三次重复。自适应速度 PSO 参数实验的方差分析结果见表 6-7。数据总成本 U1、U2、U3 的主效应图(自适应速度 PSO)如图 6-11 ~图 6-13 所示。

表 6-7　自适应速度 PSO 设置参数的方差分析输出

数据 U1 目标变量的方差分析						
来源	自由度	顺序平方和	调整后的平方和	调整后的均方	F 统计量	P 值
主效应	5	2. 896 66E+20	2. 896 66E+20	5. 793 31E+19	12. 10	0. 000
双向交互作用	10	6. 355 37E+19	6. 355 37E+19	6. 355 37E+18	1. 33	0. 258
三向交互作用	10	4. 030 87E+19	4. 030 87E+19	4. 030 87E+18	0. 84	0. 593
四向交互作用	5	3. 941 81E+18	3. 941 81E+18	7. 883 62E+17	0. 16	0. 974
五向交互作用	1	3. 768 41E+18	3. 768 41E+18	3. 768 41E+18	0. 79	0. 382
残差误差	32	1. 531 64E+20	1. 531 64E+20	4. 786 38E+18		
纯误差	32	1. 531 64E+20	1. 531 64E+20	4. 786 38E+18		
总变异	63	5. 544 02E+20				
数据 U2 目标变量的方差分析						
来源	自由度	顺序平方和	调整后的平方和	调整后的均方	F 统计量	P 值
主效应	5	7. 049 41E+19	7. 049 41E+19	1. 409 88E+19	14. 19	0. 000
双向交互作用	10	1. 084 78E+19	1. 084 78E+19	1. 084 78E+18	1. 09	0. 397
三向交互作用	10	6. 369 00E+18	6. 369 00E+18	6. 369 00E+17	0. 64	0. 768
四向交互作用	5	3. 528 40E+18	3. 528 40E+18	7. 056 79E+17	0. 71	0. 620
五向交互作用	1	2. 280 43E+16	2. 280 43E+16	2. 280 43E+16	0. 02	0. 881
残差误差	32	3. 178 90E+19	3. 178 90E+19	9. 934 05E+17		
纯误差	32	3. 178 90E+19	3. 178 90E+19	9. 934 05E+17		
总变异	63	1. 230 51E+20				
数据 U3 目标变量的方差分析						
来源	自由度	顺序平方和	调整后的平方和	调整后的均方	F 统计量	P 值
主效应	5	3. 924 58E+22	3. 924 58E+22	7. 849 15E+21	19. 33	0. 000
双向交互作用	10	1. 123 42E+22	1. 123 42E+22	1. 123 42E+21	2. 77	0. 014
三向交互作用	10	3. 402 31E+21	3. 402 31E+21	3. 402 31E+20	0. 84	0. 597
四向交互作用	5	2. 352 32E+21	2. 352 32E+21	4. 704 64E+20	1. 16	0. 351
五向交互作用	1	7. 886 14E+19	7. 886 14E+19	7. 886 14E+19	0. 19	0. 662
残差误差	32	1. 299 45E+22	1. 299 45E+22	4. 060 79E+20		
纯误差	32	1. 299 45E+22	1. 299 45E+22	4. 060 79E+20		
总变异	63	6. 930 80E+22				

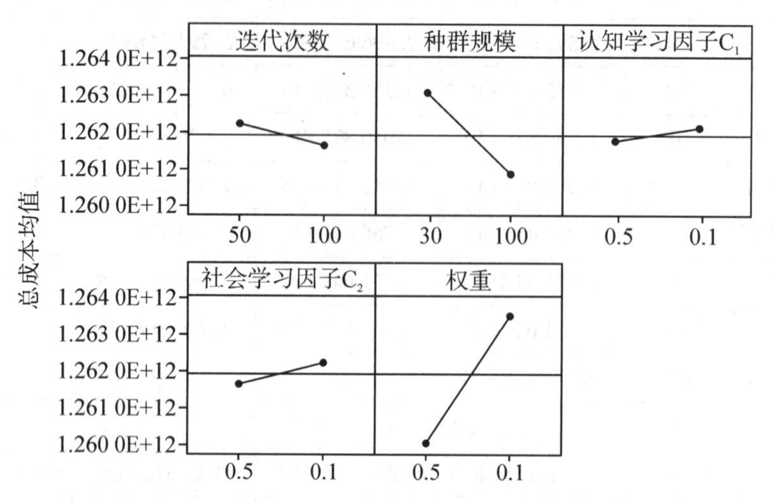

图 6-11　数据总成本 U1 的主效应图(自适应速度 PSO)

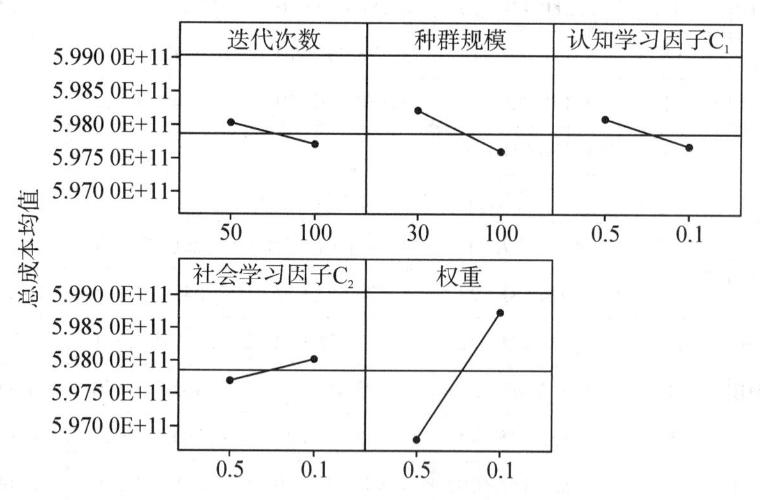

图 6-12　数据总成本 U2 的主效应图(自适应速度 PSO)

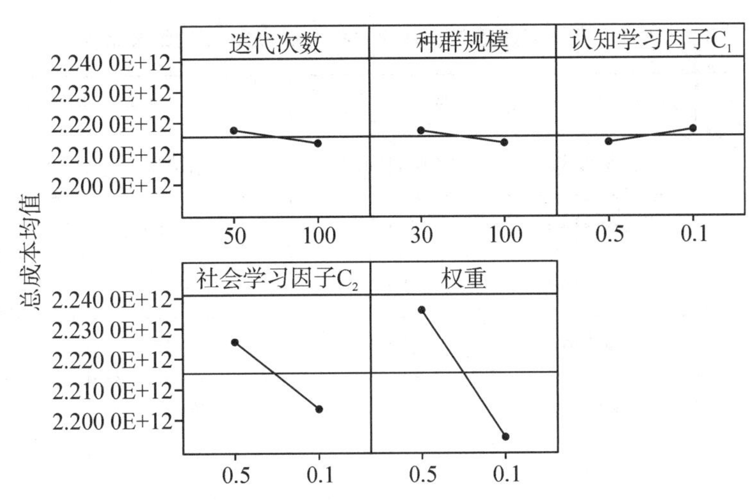

图 6-13　数据总成本 U3 的主效应图(自适应速度 PSO)

在自适应速度 PSO 中,粒子需要在搜索空间中具有较强的探索能力,以避免搜索结果陷入局部最优;并需要具有良好的开发能力,以获得可行域内的全局最优。最佳参数设置见表 6-8。

表 6-8　自适应速度 PSO 的参数设置

数据	迭代次数	种群规模	c_1	c_2	权重
U1	100	100	0. 5	0. 5	0. 5
U2	100	100	1	0. 5	0. 5
U3	100	100	0. 5	1	1

2. 计算试验

数学表述的目标函数是最小化运输成本和固定成本的总成本。上一小节得到的参数设置将用于元启发式算法。用于计算测试的实例的需求从均匀分布中随机产生,分别是 U1 ~ U(1231),U2 ~ U(1100)和 U3 ~ U (1400)。为了得到一致的结果,每种算法都运行了 10 次。本研究的目标函数包含在有许多有界约束的非线性规划中。非线性规划的求解比较困难,本研究试图通过以下步骤将目标值松弛为线性规划。

(1)将约束从六个约束区域减少为一个约束区域。

(2)通过松弛目标函数,将非线性规划转化为线性规划。使用城市街区距离作为设施与客户之间的距离,将欧氏距离公式中的非线性转化为城市街区公式中的线性。

自适应速度 PSO 与松弛模型中 LINGO 的分支定界法结果比较见表 6-9;GA、自适应速度 PSO 和混合自适应速度 PSO 的结果比较见表 6-10。

表 6-9　自适应速度 PSO 和松弛模型中 LINGO 的结果比较

数据	仓库数	分支定界法		自适应速度 PSO	
		目标结果	CPU 时间/秒	目标结果	CPU 时间/秒
U1	1	3 279 914 *	0. 03	1 259 785	2. 29
	2	2 462 858 *	0. 67	1 033 289	4. 50
	3	1 778 036 *	288. 2	884 135	6. 71
	4	1 724 515 * *	* * *	848 743	9. 03
	5	1 666 964 * *	* * *	843 035	11. 38
	6	1 630 200 * *	* * *	833 332	14. 36
U2	1	1 504 702 *	0. 03	596 717	2. 37
	2	1 461 660 *	1. 27	510 782	4. 63
	3	866 681 *	135. 18	456 693	6. 80
	4	841 986 * *	* * *	441 576	8. 97
	5	823 284 * *	* * *	450 386	11. 31
	6	838 960 * *	* * *	450 154	13. 62
U3	1	5 414 971 *	0. 03	2 193 756	2. 25
	2	3 858 530 *	1. 62	1 794 901	4. 38
	3	3 129 773 *	198. 5	1 526 772	6. 45
	4	3 023 151 * *	* * *	1 409 104	8. 71
	5	2 923 777 * *	* * *	1 371 914	10. 84
	6	2 907 624 * *	* * *	1 364 794	12. 94

注：* 表示只获得局部最优解，* * 表示仅获得可行解，* * * 表示 CPU 时间超过 24 小时。

表 6-10　GA、自适应速度 PSO 和混合自适应速度 PSO 的结果比较

实例	仓库数	GA		自适应速度 PSO		混合自适应速度 PSO	
		平均结果	CPU 时间/秒	平均结果	CPU 时间/秒	平均结果	平均 CPU 时间/秒
U1	1	1 284 520	1. 10	1 261 172	1. 15	1 259 785	1. 17
	2	1 132 165	2. 13	1 073 253	2. 21	1 048 105	2. 27
	3	1 103 981	3. 27	938 463	3. 23	896 124	3. 41
	4	1 169 418	4. 24	943 154	4. 46	882 272	4. 53
	5	1 068 322	5. 37	937 966	5. 45	858 594	5. 85
	6	1 111 031	6. 51	937 549	6. 51	870 812	7. 38
U2	1	614 440	2. 40	603 578	2. 41	596 717	2. 40
	2	741 421	4. 71	545 371	4. 71	512 666	4. 71
	3	530 967	6. 97	504 519	6. 99	462 581	6. 97
	4	539 649	9. 08	529 463	9. 27	450 662	9. 08
	5	546 610	11. 38	533 408	11. 77	467 744	11. 38
	6	662 709	13. 68	527 722	13. 02	468 820	13. 68
U3	1	2 272 966	1. 17	2 193 756	1. 22	2 208 370	1. 17
	2	2 005 864	2. 35	1 801 541	2. 27	1 818 633	2. 35
	3	1 898 238	3. 43	1 566 945	3. 29	1 537 181	3. 43
	4	1 880 017	4. 85	1 553 552	4. 75	1 479 547	4. 85
	5	1 829 325	5. 89	1 617 072	5. 62	1 404 799	5. 89
	6	1 858 291	7. 14	1 661 816	6. 53	1 406 592	7. 14

五、结论

将混合自适应速度 PSO 和 Cooper 启发式算法应用于实际案例和仿真数据集，需要采用序列步长算法来获得最佳的目标值。首先，从计算客户坐标开始，将经纬度坐标转换为平面直角坐标，并将数据输入使用 Matlab 和 LINGO 软件运行的方法中。本研究在文献研究和试错的基础上确定了参数，并通过灵敏度分析得到了每个可用仓库的数量，仓库的数量也表明了将要服务的客户。比较结果的问题是在相似的执行条件下进行的，仿真结果表明应用混合自适应速度 PSO 和 Cooper 启发式算法的计算结果更具优势。

第七章　图像处理技术在异常检测中的应用

第一节　基于无监督式学习模型的异常检测

过去传统印制电路板(printed circuit board,PCB)的异常检测都是通过人工进行的,这种方法的效率较低且需要耗费大量人力。为了克服传统 PCB 异常检测上的问题,近年来已有研究通过自动化光学的方式来检测,通过高分辨率的摄影机来拍摄,利用先进的光学技术与图像处理技术来对图像的外观进行解析。以前对在生产的、在线导入的瑕疵检测都是通过搭配演算法来进行的。传统的方法为数学形态学以及纹理分析的处理,目前也将人工智能相关模型导入自动化光学检测。由于在监督式的模型训练上需要人工标注,要耗费大量人力成本,所以这方面的模型慢慢地往非监督式的方向发展,训练的数据集不再需要进行标注,减少了人力浪费。

然而,对于 PCB 的商品维修,有许多不可控的因素。由于商品已被顾客使用,PCB 上会有顾客的使用痕迹,维修部门较难直接面对顾客,也较难了解顾客所使用的情境,所以难以掌握 PCB 上的全部瑕疵。由于这是进行返修的商品,必须确保其功能完善、没有任何异常才能返给顾客,所以检修模型要具有较高的准确度。我们需要建立可以对非定义的异常进行检测的模型。在非监督式模型中,重建式的模型具有检测非定义异常的能力,且有较高的准确度。在重建式的异常检测模型中常看到变分自编码器(variational autoencoder,VAE)与生成对抗网络(generative adversarial network,GAN)。由于电子元器件的瑕疵种类较多,在模型的建立以及在模型训练时间上,VAE 相较于 GAN 更具有优势,其模型架构较为简单,但是其重建的图像质量较不稳定。本研究采用 VEA 模型并针对图像质量不稳定问题进行研究。

一、研究范围与限制

本研究通过建立高准确度异常检测模型来减少维修检测人员的工作时间与人力成本,通过将自注意力机制嵌入 VAE 模型,以改善压缩后图像的重建的质量跟异常检测的准确率。在已有文献中,VAE 具有较好的推论能力与训练能力,在模型的训练上也较为简单,但其缺点是重建图像的质量较不稳定。所以本研究将自注意力机制嵌入 VAE[187]。自注意力机制以往都是使用在自然语言处理,能够动态地获取到不同位置的讯息并进行关注,通过查询(query)、键(key)、值(value)计算出每一个位置相对应的权重,以表达每一个位置的重要性,使 VAE 在编码器通过反卷积层后可以接收到全局的信息。通过卷积核小范围地进行卷积运算获取局部信息来改善重建图像的质量,使生成的图像更接近于正常样本,更符合正常样本的分布特征,还让异常样本与正常样本有更明显的差异,提高异常检测的准确度。通过假设来比较原始的 VAE 与嵌入自注意力机制的 VAE 这两个模型重建图像的质量提升的结果显著不显著,以及是否具有相关证据能提高异常检测的准确性。

1. 研究过程

本研究的数据源是以电子产品的制造商为研究对象,通过实际的 PCB 维修图像数据,经过整理以及图像的边缘检测切割后的图像建立非监督式异常检测模型。由于以往异常的样本都集中在几种特定的元器件上,本研究的限制在于部分电子元器件的异常样本较少,所以只针对异常样本较多的电子元器件建立异常检测模型,通过利用公开的数据集来验证本研究改进的效果与利用假设检定来判断效果的显著性。

本研究分以下三个阶段进行讨论。

第一阶段:重点为数据的整理与图像的裁切,以及在最后进入模型的图像前处理。

(1)资料收集与整理。研究资料由个案公司提供,包括表面黏着技术(surface mount technology,SMT)维修的数据,共计 222 张 PCB 的图像数据,其中包含瑕疵与非瑕疵的 PCB。

(2)图像的裁切。由于图像原本的尺寸为 2 448×2 048 像素,通过坐标做粗略切割,再通过边缘检测剔除不相关的信息。通过图像中亮度的变化来反映图像中的电子元器件位置,最后保留图像中重要的电子元器件。

(3)图像前处理。图像矩阵正规化后的数据被缩放到 0 ~ 1,使图像在模型中的训练收敛效果较好，进而获得较好的结果。而且进入模型时统一将图像大小调整为64×64像素，使图像符合模型的输入要求，以便模型可以正确地识别与处理图像资料。

第二阶段：建立本研究所使用的方法。通过上一步处理好的正常样本的图像，建立嵌入自注意力机制的VAE的异常检测模型，且通过过往经验以及网格搜寻调整模型所使用的参数，最终训练出一个异常检测模型。

(1)通过网格搜寻来优化参数。选取几个参数，如潜在向量、优化器、学习率等，通过这些参数进行网格搜寻，找出最佳的参数组合。

(2)建立异常检测模型。通过前一步所找寻到的最佳参数，建立异常检测模型，以及在VAE的译码器上加上自注意力机制来强化最终生成图像的质量。

第三阶段：说明如何与其他的异常检测模型进行评估与比较，再利用与个案相似的数据集验证该方法的泛用性。

(1)评估各模型生成图像的差异。比较与其他的异常检测模型的生成图像的差异，利用输入的图像与输出的图像来计算结构相似性(structual similarity index，SSIM)并进行比较，同时比较在其他数据集上的效果。

(2)计算各模型异常检测的阈值。找出其他的异常检测模型的阈值，通过计算验证数据集中的照片，找出正常样本的SSIM并设为阈值。由于模型都是通过正常的样本进行训练的，所以对于正常照片，其输出会与正常的样本较为相似。若模型的输入落差较大，会产生较小的SSIM，由此来判断此样本为异常样本。

(3)结果分析与讨论。通过先前建立的异常检测模型找出个别的阈值用于测试集中的样本，测试集样本中包含了正常或异常的样本，并分别计算VAE嵌入自注意层以及原始的VAE的异常检测的准确度、召回率等指标，并讨论自注意力机制对VAE的准确度以及成像质量的影响，最终利用统计的假设来判断这个效果是否显著。

2. 资料收集

本研究所使用的数据来自某公司提供的SMT维修的222张PCB，其中PCB的大小为2 448×2 048像素，包含许多电子元器件与插槽，例如电源接头、高画质多媒体接口(HDMI)输出接口、无线网络(Wi-Fi)接口、风扇接口等。在以往，对这些电子元器件进行检测过于耗费人力，所以通过建立异常检测模型来协助维修人员进行检测。

每一张PCB可分为局部图像与全局图像，局部图像与全局图像又有正面、反面及侧面。如图7-1和图7-2所示分别为PCB全局图像的正面与背面。在每一张PCB的局部图像的大小与全局图像的大小相同，均为2 448×2 048像素。通过边缘检测将局部图像进行裁切,可以减少模型的参数以及提高模型对异常检测的准确度。

图 7-1　PCB 全局图像的正面

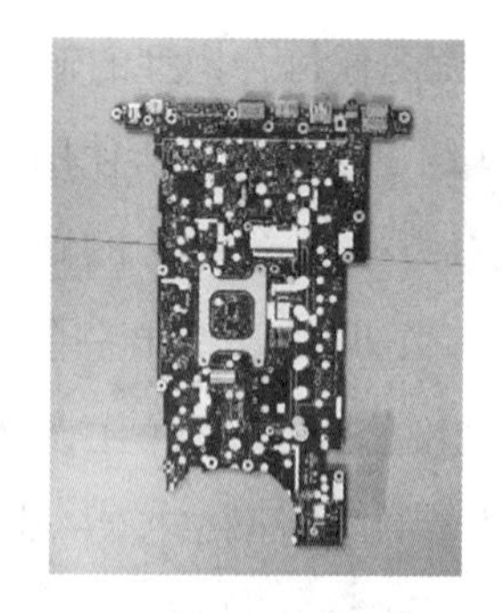

图 7-2　PCB 全局图像的背面

二、图像分割

全局图像过大会导致参数量过多,且待测的电子元器件较小,这会造成异常检测的准确度不高。因此,首先对局部图像先通过坐标的方式进行裁切,粗略地将所需的电子元器件图像切割出来,然后通过边缘检测将需要的图像再次裁切以获得较为详细的电子元器件图像。以以太网络端口为例,其裁切过程如图 7-3 所示。

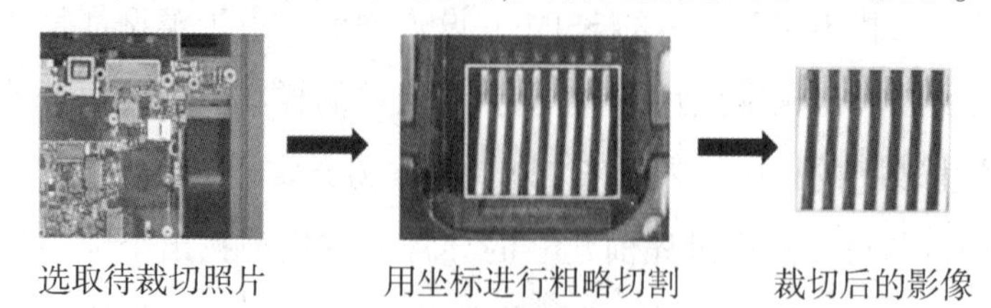

图 7-3　以太网络端口的图像切割流程

边缘检测技术被广泛应用于图像识别、图像切割与目标跟踪,其算法为:先通过图像基于亮度进行微分,然后通过一阶导数找到亮度的峰值,或者通过二阶导数找出亮度的变化率,计算出导数后找出阈值,最终找到物体的边缘[188]。本研究所使用的方法为索伯算子(Sobel operator),属于运用一阶导数的方法,将待进行边缘检测的照片进行灰阶,对图像进行横向及纵向的卷积计算,计算式如式(7-1)、式(7-2)所示,最终结果如图 7-4、图 7-5 所示。

$$G_x=\begin{bmatrix}-1 & -2 & -1\\ 0 & 0 & 0\\ 1 & 2 & 1\end{bmatrix}*A \tag{7-1}$$

$$G_y=\begin{bmatrix}-1 & -2 & -1\\ 0 & 0 & 0\\ 1 & 2 & 3\end{bmatrix}*A \tag{7-2}$$

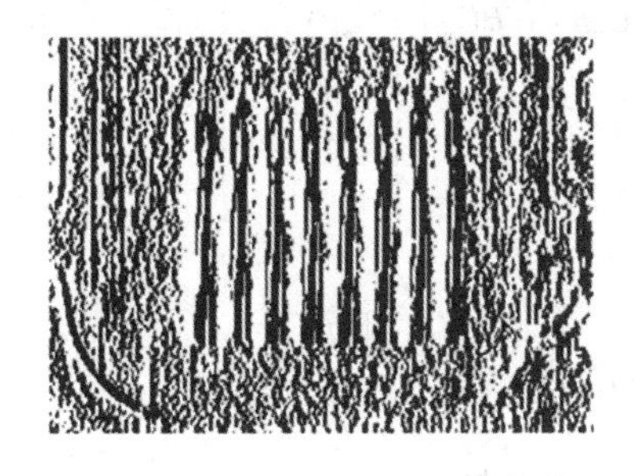

图 7-4　横轴方向梯度结果

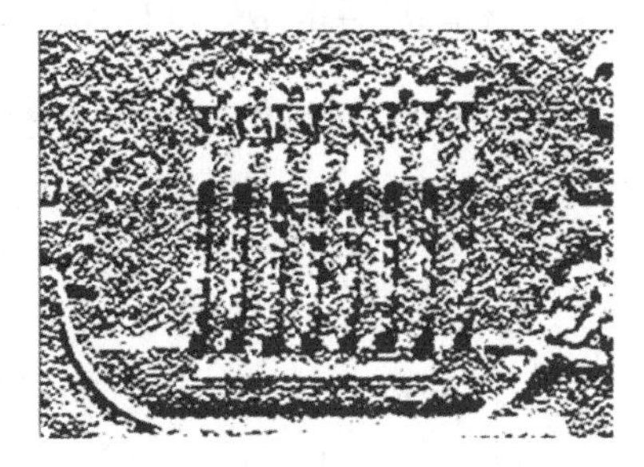

图 7-5　纵轴方向梯度结果

通过平面卷积的运算可以分别求出不同方向的边缘检测图像，进而将这两个边缘检测的结果结合，获得边缘强化后的图像。再将图像乘上比例因子，加上偏移量后通过高斯滤波器，模糊核大小为 9×9，利用模糊核在区域范围内取平均值来模糊图像进行去噪以及模糊化。最后再通过二值化设定，如式(7-3)，其中 I 为通过去噪以及模糊化后的图像；i,j 为图像中像素的坐标。以此电子元器件为例，设定的阈值为 90，其效果如图 7-6 所示，黑色部分代表 0，白色部分代表 255。通过二值化后可以明显找出想要找的物体位置。

$$I_{i,j}\begin{cases}255\\0\end{cases}\quad f(x)=\begin{cases}255, & \text{如果 } I_{i,j}>\text{阈值}\\0, & \text{否则}\end{cases} \tag{7-3}$$

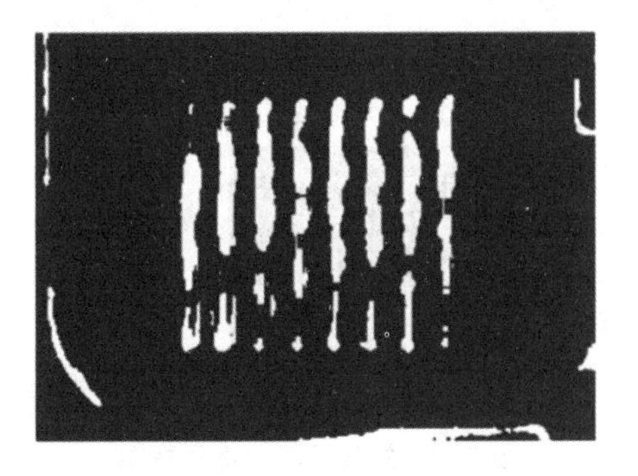

图 7-6　二值化的结果

在二值化后的图像中找出最大轮廓。通常最大轮廓为图像中最突出的物体，通过轮廓搜索与逼近法找出最大轮廓后，可得外接矩形的中心点为(C_x，C_y)，其中，W 与 L 分别为外接矩形的宽度与长度；θ 为旋转角度。通过外接矩阵可以计算旋转矩阵，计算式如式(7-4)～式(7-7)。(x_1，y_1)，(x_2，y_2)，(x_3，y_3)，(x_4，y_4)为旋转矩阵的四个顶点坐标,通过这四个顶点坐标可以得到物体的确切位置,再通过坐标进行物体的裁切,最后可以得到所需的图像。旋转矩阵的计算示意图如图 7-7 所示。

$$\begin{bmatrix} \cos\theta & -\sin\theta & [(1-\cos\theta)C_x+\sin\theta C_y] \\ \sin\theta & \cos\theta & [(1-\cos\theta)C_y-\sin\theta C_x] \\ 0 & 0 & 1 \end{bmatrix} \begin{bmatrix} -\dfrac{L}{2} \\ \dfrac{W}{2} \\ 1 \end{bmatrix} = \begin{bmatrix} x_1 \\ y_1 \\ 1 \end{bmatrix} \tag{7-4}$$

$$\begin{bmatrix} \cos\theta & -\sin\theta & [(1-\cos\theta)C_x+\sin\theta C_y] \\ \sin\theta & \cos\theta & [(1-\cos\theta)C_y-\sin\theta C_x] \\ 0 & 0 & 1 \end{bmatrix} \begin{bmatrix} \dfrac{L}{2} \\ \dfrac{W}{2} \\ 1 \end{bmatrix} = \begin{bmatrix} x_2 \\ y_2 \\ 1 \end{bmatrix} \tag{7-5}$$

$$\begin{bmatrix} \cos\theta & -\sin\theta & [(1-\cos\theta)C_x+\sin\theta C_y] \\ \sin\theta & \cos\theta & [(1-\cos\theta)C_y-\sin\theta C_x] \\ 0 & 0 & 1 \end{bmatrix} \begin{bmatrix} -\dfrac{L}{2} \\ -\dfrac{W}{2} \\ 1 \end{bmatrix} = \begin{bmatrix} x_3 \\ y_3 \\ 1 \end{bmatrix} \tag{7-6}$$

$$\begin{bmatrix} \cos\theta & -\sin\theta & [(1-\cos\theta)C_x+\sin\theta C_y] \\ \sin\theta & \cos\theta & [(1-\cos\theta)C_y-\sin\theta C_x] \\ 0 & 0 & 1 \end{bmatrix} \begin{bmatrix} \dfrac{L}{2} \\ -\dfrac{W}{2} \\ 1 \end{bmatrix} = \begin{bmatrix} x_4 \\ y_4 \\ 1 \end{bmatrix} \tag{7-7}$$

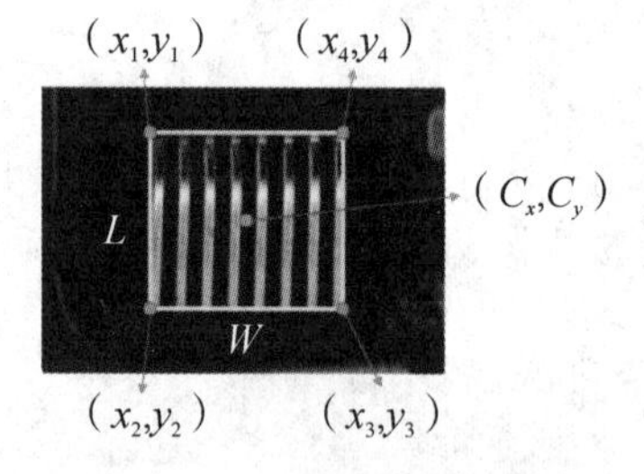

图 7-7　旋转矩阵计算示意图

整体流程为:在图像二值化后,找到最大轮廓;然后通过轮廓搜索找出最大的外接矩形的相关参数,如宽度与长度;再通过计算旋转矩阵获得物体的确切位置。以一张以太网络端口图片为例,其中外接矩形参数及最终转换后得到的顶点坐标见表 7-1,通过这四个顶点坐标可以找到物体的具体位置。最后可以通过式(7-4)~式(7-7)计算出来的坐标将需要的物体标注出来,减少图片的其他噪声,只保留重要的部分。

裁切后的图片大小为 144×102 像素。这样一来,在模型的训练上也可以减少许多训练时间。

表 7-1　外接矩形参数与顶点坐标

中心(C_x,C_y)	宽度(W)	外接矩形长度(L)	旋转角度(θ)
(151.9,96.9)	143.9	129.9	0.0
(x_1,y_1)	(x_2,y_2)	(x_3,y_3)	(x_4,y_4)
(80.4,161.9)	(80.4,32.9)	(223.4,32.9)	(223.4,161.9)

此例在图像进入模型前对其进行前处理的技术有图像的正规化与图像大小的调整等,在其他的许多模型进行训练之前大多也会采用这些图像处理技术。

三、异常检测模型的建立

本研究主要是利用非监督式建立异常检测模型,无须通过事前标注,所用方法为基于重构式的方法。由于 VAE 的训练与推理的效率较高以及生成的鲁棒性较佳,但 VAE 生成的图像的画质不稳定,所以本研究将自注意力机制嵌入 VAE 来建立异常检测模型,将输入与输出的误差当作异常分数,用来判断图像是否异常。异常检测模型的整体架构如图 7-8 所示。本研究在译码器当中新增了自注意力机制的网络层,以提高译码器图像的重构质量。

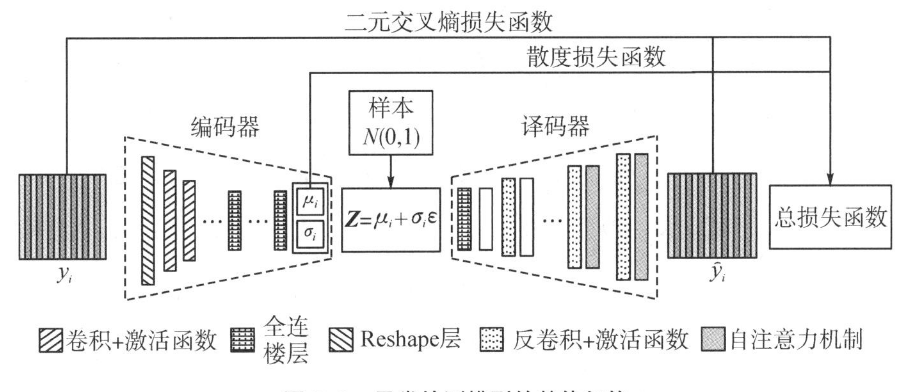

图 7-8　异常检测模型的整体架构

VAE 是一种基于编码器(AE)的生成模型,其架构与 AE 相同,都是由一个编码器、一个译码器组成。本研究所使用的编码器的网络架构为四层的卷积层与激活函数 ReLU,用来提取图像特征;在译码器部分,本研究是通过四层的反卷积层与激活函数 ReLU 加上自注意力网络层,将编码器压缩的 **Z** 向量进行图像的还原,形成最终的图像。

1. 嵌入自注意力机制的编码器

编码器的主要目的是压缩以及撷取特征。将训练的照片(x_i)输入模型中,利用2D的卷积神经网络(convolutional neural networks,CNN)将输入的图像通过卷积核进行卷积操作。卷积核是一个二维矩阵,会与局部图像进行矩阵的计算来撷取图像的局部特征。通过步长在整张图像进行滑动,最终可以获得一组新的特征图。以图像大小为3×3,卷积核为2×2为例,通过双区Toeplitz矩阵转换成稀疏矩阵的过程如式(7-8)~式(7-11)所示。通过填补0,使卷积核(kernel)与输入(Input)有一样的大小,之后通过调转行的方向建立Toeplitz矩阵并组成稀疏矩阵的卷积核($kernel_s$),输入(x_i)展开后与稀疏矩阵的卷积核($kernel_s$)进行计算,可以获得完整的输出(Output),计算过程如式(7-12)所示,最后通过ReLU激励函数进行非线性的转换以提高模型的表达能力。

$$Input = \begin{bmatrix} I_{11} & I_{12} & I_{13} \\ I_{21} & I_{22} & I_{23} \\ I_{31} & I_{32} & I_{33} \end{bmatrix} \quad kernel = \begin{bmatrix} K_{11} & K_{12} \\ K_{21} & K_{22} \end{bmatrix} \tag{7-8}$$

$$h = \begin{bmatrix} K_{11} & K_{12} & 0 \\ K_{21} & K_{22} & 0 \\ 0 & 0 & 0 \end{bmatrix} \tag{7-9}$$

$$H_1 = \begin{bmatrix} K_{11} & K_{12} & 0 \\ 0 & K_{11} & K_{12} \end{bmatrix} \quad H_2 = \begin{bmatrix} K_{21} & K_{22} & 0 \\ 0 & K_{21} & K_{22} \end{bmatrix} \quad H_3 = \begin{bmatrix} 0 & 0 & 0 \\ 0 & 0 & 0 \end{bmatrix} \tag{7-10}$$

$$kernel_s = \begin{bmatrix} H_1 & H_2 & H_3 \\ H_3 & H_1 & H_2 \end{bmatrix} = \begin{bmatrix} K_{11} & K_{12} & 0 & K_{21} & K_{22} & 0 & 0 & 0 & 0 \\ 0 & K_{11} & K_{12} & 0 & K_{21} & K_{22} & 0 & 0 & 0 \\ 0 & 0 & 0 & K_{11} & K_{12} & 0 & K_{21} & K_{22} & 0 \\ 0 & 0 & 0 & 0 & K_{11} & K_{12} & 0 & K_{21} & K_{22} \end{bmatrix} \tag{7-11}$$

$$Output_{4\times1} = kernel_{s4\times9} \cdot Input_{9\times1}, Output_R = \begin{bmatrix} O_{11} & O_{12} \\ O_{21} & O_{22} \end{bmatrix} \tag{7-12}$$

通过多层的卷积层及激励函数,获得较小的特征图;再通过平坦层将图像拉成一维向量,并通过全连接层,获得平均数(μ_i)与标准偏差(σ_i);再通过抽样得出潜在向量 **Z**。

2. 嵌入自注意力机制的译码器

译码器部分的主要目的是通过全连接层将输入的 z 投影到更高维度的空间，并通过激励函数进行非线性的转换，增强模型对非线性的表达能力，再通过 Reshape 层将输出转换成与卷积输出相同的形状，其中包含图像的高度、宽度和通道数，以便通过反卷积从小的特征图还原出图像的原始大小。

反卷积层通过矩阵来表示，以输入大小为 2×2 的特征图为例，通过双区 Toeplitz 矩阵转换成稀疏矩阵的过程如式(7-13)~式(7-16)所示；之后通过调转列的方向建立 Toeplitz 矩阵并组成稀疏矩阵的卷积核(kernels)，进行矩阵计算可以获得完整的输出(Output)，计算过程如式(7-17)所示；通过反卷积的特性可以将输入的形状大小逐渐扩增还原出图像的原始大小。

$$Input=\begin{bmatrix} I_{11} & I_{12} \\ I_{21} & I_{22} \end{bmatrix} \quad kernel=\begin{bmatrix} K_{11} & K_{12} \\ K_{21} & K_{22} \end{bmatrix} \tag{7-13}$$

$$h=\begin{bmatrix} K_{11} & K_{12} & 0 \\ K_{21} & K_{22} & 0 \\ 0 & 0 & 0 \end{bmatrix} \tag{7-14}$$

$$H_1=\begin{bmatrix} K_{11} & 0 \\ K_{12} & K_{11} \\ 0 & K_{12} \end{bmatrix} \quad H_2=\begin{bmatrix} K_{21} & 0 \\ K_{22} & K_{21} \\ 0 & K_{22} \end{bmatrix} \quad H_3=\begin{bmatrix} 0 & 0 \\ 0 & 0 \\ 0 & 0 \end{bmatrix} \tag{7-15}$$

$$kernel_s=\begin{bmatrix} H_1 & H_3 \\ H_2 & H_2 \\ H_3 & H_1 \end{bmatrix}=\begin{bmatrix} K_{11} & 0 & 0 & 0 \\ K_{12} & K_{11} & 0 & 0 \\ 0 & K_{12} & 0 & 0 \\ K_{21} & 0 & K_{11} & 0 \\ K_{22} & K_{21} & K_{12} & K_{11} \\ 0 & K_{22} & 0 & K_{12} \\ 0 & 0 & K_{21} & 0 \\ 0 & 0 & K_{22} & K_{21} \\ 0 & 0 & 0 & K_{22} \end{bmatrix} \tag{7-16}$$

$$Output_{9\times1}=kernel_{s9\times4}\cdot Input_{4\times1},Output_R=\begin{bmatrix}O_{11} & O_{12} & O_{13}\\ O_{21} & O_{22} & O_{23}\\ O_{31} & O_{32} & O_{33}\end{bmatrix} \tag{7-17}$$

本研究通过在每一层反卷积层中新增自注意力机制的网络层,使在图像还原上可以获取到全局的信息,进而增加图像的重建效果,其中新增自注意力前后的对比图如图 7-9 所示。

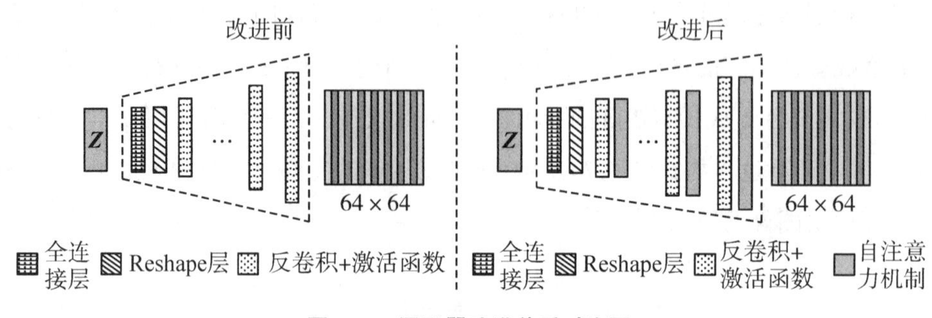

图 7-9　译码器改进前后对比图

四、算例分析

本研究主要是将嵌入自注意力机制 VAE 模型与原始的 VAE 进行比较,通过重建图像质量和异常检测的结果进行对比以及通过假设检定来验证二者在异常检测上是否有明显差异。在重建图像质量方面,利用 SSIM 指针计算。在 SSIM 指针中会将图像中三个部分的亮度、对比度以及结构结合成最终的指针,且 SSIM 值会落在 0 到 1 这个范围内。输入与输出的图像重建相似度越高,SSIM 指标的数值就会越高,据此可以判断出这个模型重建图像的质量越高。在异常检测方面,计算各类别异常检测模型的阈值。阈值是利用验证集中的数据分布确定的。通过四分位数与四分位距计算出阈值,利用阈值计算测试集中的异常结果的相关指标。本研究是计算 SSIM 作为阈值,在 SSIM 计算时只要图片小于阈值就会判定其为异常。测试集中包含了正常图像与异常图像,通过建立混淆矩阵来计算指标,用准确度、召回率、精确率、F1-SCORE 等相关指标来判定各异常检测模型的优劣。结果标记定义见表 7-2。

表 7-2　结果标记定义混淆矩阵

标记定义	实际为异常	实际为正常
预测为异常	true positive(TP)	false positive(FP)
预测为正常	false negative(FN)	true negative(TN)

因为研究的是异常检测,所以把异常当作正样本,且会特别注重召回率与精确度。为了确定重建图像质量与异常检测,本研究使用假设检定来验证最终的效果是否有显著性的差异。

1. 算例介绍

本研究所使用的数据来源于某公司 SMT 维修的 222 张 PCB,图像大小为 2448 像素×2048 像素。PCB 板上的电子元器件数量众多,且在不同角度有着不同的电子元器件,PCB 正面包含 30 个电子元器件,如电源接头、高画质多媒体接口(HDMI)输出接口、通用串行总线(USB)接口、无线网络(Wi-Fi)接口、风扇接口、柔性扁平电缆接口等,详细名称介绍见表 7-3。PCB 背面与侧面包含 16 个电子元器件,如背光板接口、键盘接口、电源供应接口及音箱接口等,详细名称介绍见表 7-4。

表 7-3　PCB 正面电子元器件名称表

序号	电子元器件名称	序号	电子元器件名称	序号	电子元器件名称
1	电源连接器	11	HHD 连接器	21	风扇连接器
2	BIOS 芯片	12	DC 电源连接器	22	FPC 连接器 3
3	对接连接器	13	BOSS Stand 1	23	USB 电缆连接器
4	以太网接口	14	BOSS Stand 2	24	DIMM 插座 1
5	HDMI 输出口	15	螺孔 1	25	DIMM 插座 2
6	USB 连接器	16	螺孔 2	26	DIMM 插座 3
7	转接板	17	螺孔 3	27	DIMM 插座 4
8	Wi-Fi 连接器	18	FPC 连接器 1	28	扁平电缆
9	FGP 连接器	19	FPC 连接器 2	29	Mylar 1
10	WWAN 连接器	20	连接器	30	Mylar 2

表 7-4　PCB 背面与侧面电子元器件表

序号	电子元器件名称	序号	电子元器件名称
1	电源连接器	9	power supply 连接器
2	USB 连接器	10	键盘连接器
3	插孔	11	BOSS 架 1
4	HDMI 端口	12	BOSS 架 2
5	USB 连接器	13	托架
6	音频插孔	14	BOSS 架 3
7	连接器	15	螺孔 1
8	背光连接器	16	螺孔 2

将整理出来的异常数量最多且异常数量超过个位数的电子元器件作为本研究的重点,使用一定数量的异常电子元器件来验证模型的异常检测情况。依照异常数量排序,从多到少的顺序为 FPC 连接器、USB 连接器、以太网接口、托架、对接连接器。裁切出电子元器件图片后进行边缘检测,再通过最大轮廓计算出旋转矩阵,进而找出图像的确切位置。裁切后的各电子元器件的正常与异常样本如图 7-10 所示,上方为正常样本,下方为异常样本。这些电子元器件主要的异常有缺件、刮伤及接角的歪斜等,最终数据集见表 7-5。

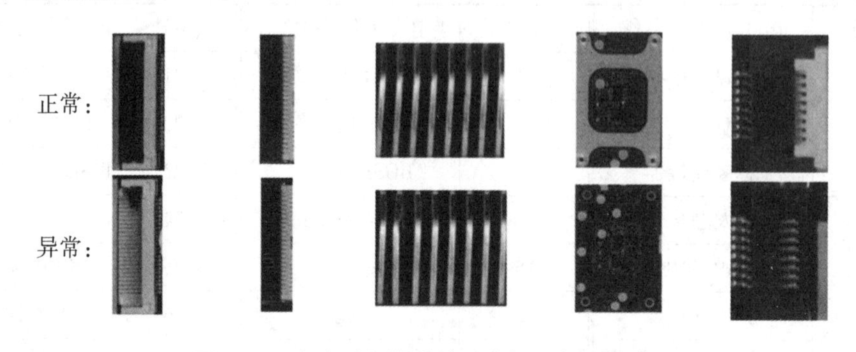

图 7-10　各电子元器件的正常与异常样本对比

表 7-6 为具有瑕疵的零件的图像数量。每一个图像的实际大小不相同,通过图像裁切,将输入模型的图像大小调整为 64×64 像素。由于图像原始矩阵内的数值分布在 0～255,通过正规化将图像压缩到 0～1,使模型能增加收敛速度并减少过拟合的风险。

表 7-5　异常检测数据集

电子元器件	异常情况		
FPC 连接器	 缺件	 缺少部件	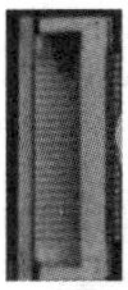 部件断裂
USB 连接器	 缺件	 屏蔽破裂	刮伤
以太网端口	缺件	 歪斜	
托架	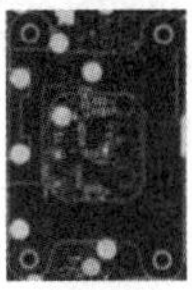 缺件		
对接连接器	 缺件	 缺少部件	

表 7-6　各电子元器件异常图像数量

单位:张

电子元器件	FPC 连接器	USB 连接器	以太网接口	托架	对接连接器
正常数	203	207	207	207	212
异常数	19	15	15	15	10

2. 模型参数调整

在模型训练时,对于隐藏空间、学习率、优化器与批量大小等参数,本研究针对不同电子元器件搜索出了最佳的参数组合。表 7-7 为各个电子元器件嵌入自注意力机制的 VAE 模型的最佳参数。从表中可以发现,不同的电子元器件,隐藏空间、学习率、优化器与批量大小等参数都有所差别。本研究先通过最佳的参数组合来建立嵌入自注意力机制的 VAE 模型,再与其他异常检测模型进行比较。

表 7-7　嵌入自注意力机制的 VAE 模型的最佳参数

电子元器件	隐藏空间	学习率	优化器	批量大小
FPC 连接器	64	0.001	Adam	16
USB 连接器	64	0.001	Adam	16
以太网接口	64	0.001	Adam	32
托架	32	0.000 1	Adam	32
对接连接器	32	0.001	RMSprop	32

3. 原始的 VAE 模拟与嵌入自注意力机制的 VAE 模型的比较

通过搜寻参数的结果来建立模型，对原始的 VAE 与嵌入自注意力机制的 VAE 两种模型进行比较。本研究通过两个部分来比较两个模型的结果，首先将数据集分成训练集、测试集和验证集，训练集中只包含正常样本且进行训练，在测试集中加入与异常照片同等数量的正常样本，验证集的部分只包含正常样本。通过输入与输出的结果计算 SSIM，再找出阈值。在验证集中通过计算 SSIM 的第一四分位数 Q_1 与第三四分位数 Q_3 来计算四分位距 IQR，计算式如式(7-18)所示。由于 SSIM 的最大值为 1，所以找出下界(lower whisker)当作阈值，计算式如式(7-19)所示。

$$IQR = Q_3 - Q_1 \tag{7-18}$$

$$\text{阈值} = Q_1 - 1.5 \times IQR \tag{7-19}$$

表 7-8 中列出了各电子元器件在两个模型的四分位距的计算结果。通过表 7-8 可以了解到各个电子元器件的 Q_1、Q_3 与 IQR，其阈值结果列于表 7-9。可以发现，在嵌入自注意力机制的 VAE 模型相比于原始的 VAE 模型，阈值都较高。阈值越大，则代表输入与输出的差距越小，重建的效果就越好。从 IQR 可以看出，有嵌入自注意力机制的 VAE 模型的正常样本的 SSIM 较为集中且生成的图像较为稳定。由此可以发现，嵌入自注意力机制的 VAE 模型比原始的 VAE 模型有较好的成像结果。

表 7-8　各电子元器件与两个模型的四分位距的计算结果

电子元器件	原始的 VAE 模型			嵌入自注意力机制的 VAE 模型		
	Q_1	Q_3	IQR	Q_1	Q_3	IQR
FPC 连接器	0.79	0.85	0.06	0.82	0.87	0.05
USB 连接器	0.77	0.83	0.05	0.79	0.83	0.03
以太网接口	0.85	0.89	0.03	0.89	0.91	0.02
托架	0.83	0.84	0.01	0.92	0.93	0.01
对接连接器	0.76	0.81	0.04	0.78	0.81	0.03

表 7-9　各电子元器件与两个模型的阈值比较

电子元器件	阈值	
	原始的 VAE 模型	嵌入注意力机制的 VAE 模型
FPC 连接器	0.70	0.75
USB 连接器	0.69	0.73
以太网接口	0.80	0.85
托架	0.81	0.91
对接连接器	0.70	0.73

通过计算出来的阈值对测试集进行异常检测，对每一个样本(x_i)计算 SSIM，若 SSIM 小于阈值则被视为异常。给予每一个样本(x_i)标签(Label_i)，异常样本为 1，正常样本为 0，如式(7-20)所示。

$$Label_i = f(x) = \begin{cases} 1, & if \quad SSIM_i < \text{阈值} \\ 0, & \text{否则} \end{cases} \tag{7-20}$$

通过实际的类别与预测的类别建立混淆矩阵，见表 7-10～表 7-14；各电子元器件异常检测的结果如图 7-11～图 7-15 所示。

表 7-10 FPC 连接器的混淆矩阵

原始的 VAE 模型			嵌入注意力机制的 VAE 模型		
	实际异常	实际正常		实际异常	实际正常
预测异常	15	0	预测异常	18	0
预测正常	4	19	预测正常	1	19

表 7-11 USB 连接器混淆矩阵表

原始的 VAE 模型			嵌入注意力机制的 VAE 模型		
	实际异常	实际正常		实际异常	实际正常
预测异常	15	0	预测异常	15	0
预测正常	0	15	预测正常	0	15

表 7-12 以太网接口混淆矩阵

原始的 VAE 模型			嵌入注意力机制的 VAE 模型		
	实际异常	实际正常		实际异常	实际正常
预测异常	14	0	预测异常	14	0
预测正常	1	15	预测正常	1	15

表 7-13 托架混淆矩阵

原始的 VAE 模型			嵌入注意力机制的 VAE 模型		
	实际异常	实际正常		实际异常	实际正常
预测异常	15	2	预测异常	15	0
预测正常	0	13	预测正常	0	15

表 7-14 对接连接器混淆矩阵

原始的 VAE 模型			嵌入注意力机制的 VAE 模型		
	实际异常	实际正常		实际异常	实际正常
预测异常	10	0	预测异常	10	0
预测正常	0	10	预测正常	0	10

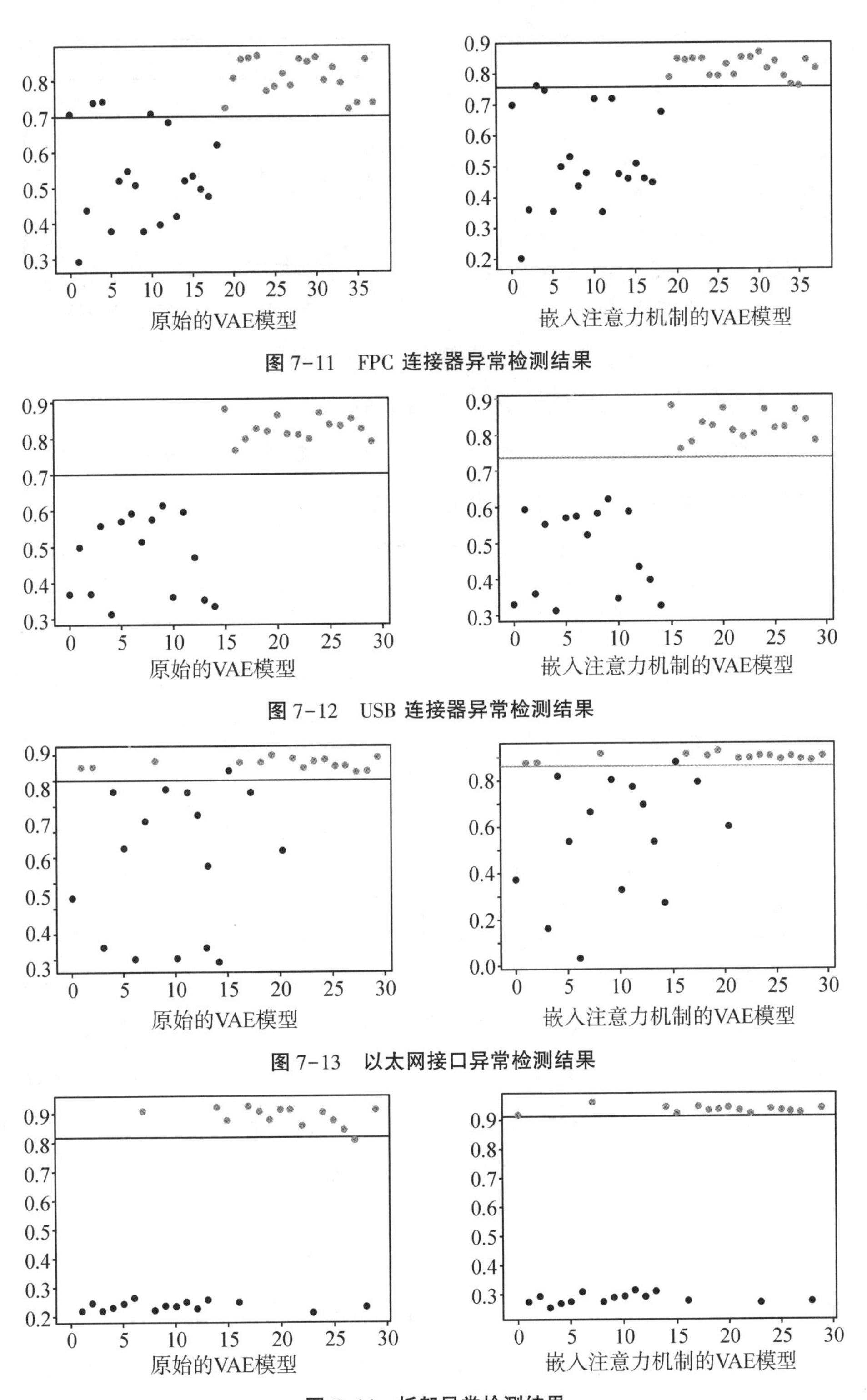

图 7-11　FPC 连接器异常检测结果

图 7-12　USB 连接器异常检测结果

图 7-13　以太网接口异常检测结果

图 7-14　托架异常检测结果

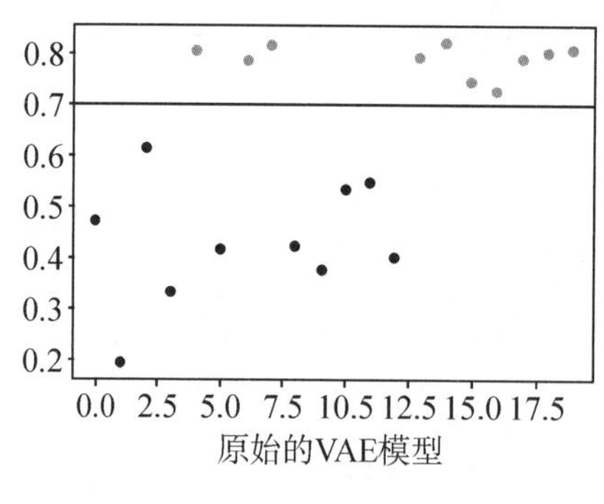

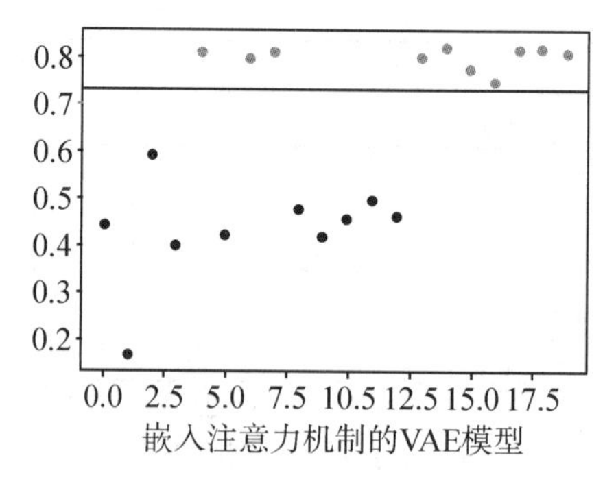

图 7-15　对接连接器异常检测结果

通过混淆矩阵的结果来计算准确度(accuracy)、召回率(recall)、精确率(precision)、平衡下分数(F1-score)指标,用于分析判断的结果。嵌入自注意力机制层的 VAE 模型与原始的 VAE 模型的指针计算结果列于表 7-15。

表 7-15　两个模型的指针计算结果

电子元器件	原始的 VAE 模型				嵌入注意力机制的 VAE 模型			
	准确度	召回率	精确率	F1 分数	准确度	召回率	精确率	F1 分数
FPC 连接器	0.89	0.79	1	0.88	0.97	0.95	1	0.97
USB 连接器	1	1	1	1	1	1	1	1
以太网接口	0.97	0.93	1	0.96	0.97	0.93	1	0.96
托架	0.93	0.88	1	0.93	1	1	1	1
对接连接器	1	1	1	1	1	1	1	1

通过表 7-15 的结果可以发现,嵌入自注意力机制的 VAE 模型相对于原始的 VAE 模型有较好的异常检测效果;计算正常样本的 SSIM,获得了较高且较为集中的阈值,IQR 较小且较为稳定。在异常样本检测上,嵌入自注意力机制的 VAE 模型的准确度、召回率、精确率、F1 分数也优于原始 VAE 模型,可以捕捉到一些原始 VAE 模型捕捉不到的异常情况,减少了漏检及误判,进而提高了准确率。

4. 统计检验

从先前的实验结果中可以了解到,在 VAE 模型中嵌入自注意力机制有较好的效果。下面通过统计的方法来验证这个结果显不显著。本研究通过原始的 VAE 模型和嵌入自注意力机制的 VAE 模型分别对每一个电子元器件进行多次实验。由于实验结果非常态分配且样本数量较小,无法使用 T 检验进行检验,故本研究使用无母数的

Mann-Whitney U(曼-惠特尼 U)检验。Mann-Whitney U 检验可以分为检定样本数量大于 10 和小于 10 两种情况。由于本研究的实验次数为 5 次,故采用样本数量小于 10 的小样本的检验方式来判断是否有差异,显著水平为 0.05。

统计检验分为两部分进行:第一部分检验在 VAE 模型中嵌入自注意力机制是否对重建的质量有显著影响。通过建立假设检验嵌入自注意力机制层的 VAE 模型的 SSIM 是否高于原始的 VAE 模型的 SSIM。假设如式(7-21)、式(7-22)所示,其中 SSIM 平均为各模型在测试集中各个正常样本的 SSIM 平均。

$$H_0: SSIM_{\text{嵌入注意力VAE}} = SSIM_{\text{VAE}} \tag{7-21}$$

$$H_1: SSIM_{\text{嵌入注意力VAE}} > SSIM_{\text{VAE}} \tag{7-22}$$

本研究利用 Mann-Whitney U 检验先对两组数据进行大小的排列,再提高等级分配,计算出统计量(U)。通过查表得到临界值,若统计量(U)小于临界值,则可以拒绝 H_0,即嵌入自注意力机制的 VAE 模型的 SSIM 显著大于原始的 VAE 模型的 SSIM。以 FPC 连接器为例,分别用两个模型各做了 5 次训练,所得到的个别样本量 n_1 与 n_2 为 5。具体操作如下。

(1)原始的 VAE 模型中 SSIM 平均的数据:[0.79,0.76,0.78,0.78,0.76];嵌入自注意力机制的 VAE 模型的 SSIM 平均的数据:[0.86,0.84,0.84,0.85,0.83]。

(2)排列重组后的数据:[0.76,0.76,0.78,0.78,0.79,0.83,0.84,0.84,0.85,0.86]。

(3)对每一个数据进行分级:[1,2,3,4,5,6,7,8,9,10]。

(4)将单一模型的等级求和可得到 W_1 和 W_2。

(5)通过式(7-23)、式(7-24),计算 U_1 和 U_2 最终可得统计量 U。U 为 U_1、U_2 中的较小者。

$$U_1 = n_1 n_2 \frac{n_1(n_1+1)}{2} - W_1 \tag{7-23}$$

$$U_2 = n_1 n_2 \frac{n_2(n_2+1)}{2} - W_2 \tag{7-24}$$

(6)通过 U 来判断是否在拒绝域 $RR=\{U \leqslant U_{0.05}(n_1, n_2)\}$。若统计量 U 值落在拒绝域内,则可以拒绝原假设 H_0,表明嵌入自注意力机制的 VAE 模型的 SSIM 显著地高于原始的 VAE 模型的 SSIM。

(7)也能通过近似常态的方法求出 Z 并查表得出 P 值。Z 统计量是 U 统计量在大样本下的近似值,用于评估两组样本的分布差异是否显著。Z 的计算式如式

(7-25)所示,其中 N 为总样本数量,再通过 P 值来判定是否拒绝原假设。

$$Z=\frac{U-\frac{n_1n_2}{2}}{\sqrt{\frac{n_1n_2(N+1)}{12}}} \tag{7-25}$$

表 7-16 列出了用 Mann-Whitney U 检验每一个电子元器件的 SSIM 检验结果。通过查表可以发现,单品的临界值为 4。由于每一个电子元器件的检验结果统计量都落在拒绝域,所以可以拒绝原假设 H_0,可以相信应用嵌入自注意力机制的 VAE 模型对每一个电子元器件的异常检测,其 SSIM 显著高于原始的 VAE 模型的 SSIM 的结果。

表 7-16　Mann-Whitney U SSIM 检验结果

电子元器件	U	P 值
FPC 连接器	0	0. 005 4
USB 连接器	0	0. 005 4
以太网接口	0	0. 005 4
托架	0	0. 005 4
对接连接器	0	0. 005 4

第二个部分检验嵌入自注意力机制的 VAE 模型对异常检测的 F1 分数是否有影响,显著水平为 0. 05。由于数据也非常态分配,这个部分也沿用 Mann-Whitney U 来进行检定。在评估二分类的模型上结合召回率、精确率两种指标,能更全面地评估模型的结果。

表 7-17 列出了用 Mann-Whitney U 对每一个电子元器件的 F1 分数检验结果。通过查表可以发现,只有电子元器件 FPC 连接器与托架上的统计量 U 落在拒绝域,可以相信在这两个电子元器件嵌入自注意力机制的 VAE 模型的 F1 分数显著高于原始的 VAE 的 F1 分数的结果。由于其他电子元器件的异常较为单一,较容易判断在两个模型的实验中 F1 分数都有很高的结果,所以在检验上没有显著的差别。表 7-18 列出了不显著的电子元器件在 5 次检验中的平均 F1 分数。通过查表可以发现,平均 F1 分数都具有相当高的水平,也就是说,明显的异常非常容易被检测到。通过上面的假设检验可以发现,在 VAE 模型中嵌入自注意力机制,对图像重建或者电子元器件异常检测都有显著的帮助。

表 7-17　Mann-Whitney U F1 分数检定结果

零件	*U*	P 值
FPC 连接器	2	0.015 8
USB 连接器	7.5	0.440
以太网接口	12.5	0.55
托架	1	0.009 4
对接连接器	12.5	0.55

表 7-18　不显著的电子元器件在 5 次检验中的平均 F1 分数

零件	平均 F1 分数	
	VAE 模型	嵌入注意力机制的 VAE 模型
以太网接口	0.98	1
托架	0.96	0.96
对接连接器	1	1

5. 泛化性测试

下面对模型进行泛化性的测试,测试嵌入自注意力机制的 VAE 模型在其他数据集中能否一样地有显著改善。本研究使用 MVTec AD 数据集,在这个数据集中找寻几种与异常电子元器件较为相似的物品来验证。

MVTec AD 数据集模仿了许多工业生产场景的异常资料,其中训练集内都为正常样本,在测试集中包含正常与异常的样本。与前文所使用的方法类似,通过正常样本进行训练,然后进行异常检测;裁切部分图像当作验证集来计算阈值,最终通过阈值来判定样本是否异常,进而计算 SSIM 指标来评估模型的好坏。也用假设检定来判断是否有证据说明嵌入自注意力机制的 VAE 模型有较好的效果。

最终选定的物品为晶体管、螺母与榛果,这些物品与原始的资料较有相似的异常,如接脚的扭曲歪斜、刮痕等。所用的数据集详细信息如图 7-16 所示。MVTec AD 数据集的样本个数见表 7-19。

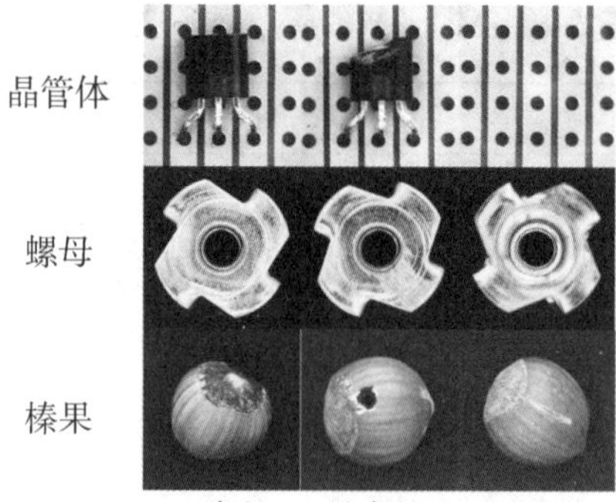

图 7-16　MVTec AD 数据集样本图像

表 7-19　MVTec AD 数据集样本个数

物品	训练/个	验证/个	测试(好)/个	测试(不合格)/个
晶体管	183	30	60	40
螺母	190	30	22	93
榛果	361	30	40	70

将最终的训练结果与 MVTec AD 中所用到的方法进行比较,结果列于表 7-20,每个物品第一行为正常样本的准确率,第二行为异常样本的准确率,粗体为这四种方法中结果最佳的。可以发现,通过原始的 VAE 模型与嵌入自注意力机制的 VAE 模型进行异常检测的效果相较于 AE(SSIM)模型和 AnoGA 模型具有优势,大幅提升了异常样本检测的准确度。

表 7-20　模型训练结果矩阵

物品	AE(SSIM)模型	AnoGAN 模型	原始的 VAE 模型	嵌入自注意力机制的 VAE 模型
晶体管	**1**	0.98	0.88	0.98
	0.03	0.35	0.52	**0.61**
螺母	**1**	0.86	0.77	0.88
	0.08	0.13	0.38	**0.50**
榛果	**1**	0.83	0.85	0.86
	0.07	0.16	0.61	**0.71**

在假设检验部分也使用无母数的 Mann-Whitney U 检验,显著水平为 0.05。每一个物品的检验结果统计量都落在拒绝域,可以拒绝原假设,有 95%的信心相信对每一个物品的异常检测结果。本研究的检验结果列于表 7-21,可以发现,嵌入自注意力机制的 VAE 模型的 SSIM 显著高于原始的 VAE 模型的 SSIM。

表 7-21　Mann-Whitney U SSIM 检测结果

物品	U	P 值
晶体管	2.5	0.020 2
螺母	0	0.005 4
榛果	1	0.009 4

最后也通过无母数的 Mann-Whitney U 检验对 F1 分数进行检验。其中多次实验后的 F1 分数来进行假设检定以判断嵌入自注意力机制的 VAE 模型在异常检测上是否有显著效果。检验结果列于表 7-22,可以发现,所有的统计量 U 都落在拒绝域,可以拒绝原假设,验证了设计的模型的有效性。

表 7-22　Mann-Whitney U F1 分数检定结果

物品	U	P 值
晶体管	0	0.005 4
螺母	0	0.005 4
榛果	1	0.009 4

五、结论

因为在某公司提供的 PCB 上有许多非定义的瑕疵且待检测的电子元器件十分细小,所以先粗略地对图像进行裁切,找出物体大致范围,再通过边缘检测找到物体的实际位置后裁切,可以获得较为精细的检测对象。若对全局图像进行异常检测,参数量会过大,甚至会使准确度较低。

本研究在 VAE 模型的译码器中嵌入了自注意力机制,在每一层的反卷积后嵌入自注意力机制网络层,使模型通过译码器进行还原时,可以获得较多的信息,不再是单纯地通过反卷积的卷积核进行小范围的卷积计算。这在一定程度上解决了图像成像上只有局部信息导致图像重建能力较差的问题。也通过统计的相关检验证明了在 VAE 模型中嵌入自注意力机制能显著改善原始的 VAE 模型重建图像的质量,对部分电子元器件的异常检测的 F1 分数有显著的改善。在 MVTec AD 数据集中,选取与本研究的电子元器件的相似异常的物品来进行测试,验证了本研究的方法在不同数据集中也有相同的效果。

第二节　螺纹瑕疵检测

一、问题的提出

螺丝是一种常见的紧固件,在机械、电器及建筑物上被广泛使用。螺纹瑕疵会导致与另一螺旋机制的扣件无法相互紧锁,降低系统的可靠性,易造成危险。目前业界所使用的图像检测法仍未充分考虑特征描述的复杂度、图像处理的计算量与低内存使用量的需求,因此若自行开发检测系统且把握住关键技术,运用低计算量且具有高精确辨识率的检测算法,不仅可符合业界所需,亦可将相关技术应用于已有系统对其进行功能升级。

本小节对螺丝的断牙(图 7-17)进行瑕疵检测,采用伽马校正来解决图像上的低对比度与亮度不均等问题,核心目标是开发一套扣件瑕疵自动检测系统,并运用分类器进行判别。分类器则采用卷积神经网络(CNN)与支持向量机(support vestor machine,SVM)两种模型进行研究与分析。开发的扣件瑕疵自动检测系统,可以依照用户的检测需求弹性调整,并立即上线检测。

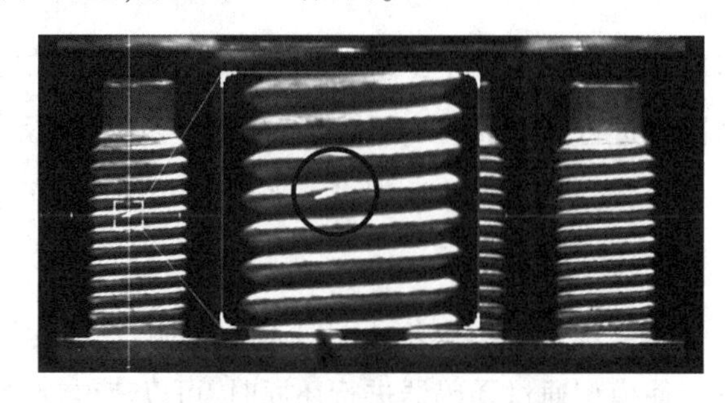

图 7-17　螺丝的断牙示意图

本研究首先对图像进行中值滤波(median filter),以解决噪声所造成的影响,使用伽马校正解决亮度不均的问题。在挑选候选瑕疵部分,针对螺纹不确定性的瑕疵,对比编码的一致性来判断瑕疵是否存在。本研究采用自适应阈值搭配连通区域编码(connected- component labeling)将可能为瑕疵的螺纹挑选出来,再进行下一阶段的分类。在 SVM 分类模块中,针对候选瑕疵的图像,计算其螺纹的平均灰阶值与平均梯度的方式进行瑕疵判别,同时比较两种数值对瑕疵的分类效率。在 CNN 分类模块中,针对候选瑕疵的图像以原图方式输入模块进行瑕疵判别。

螺丝扣件在制作过程中,可能因人为因素或生产过程中的相关因素导致螺丝扣件受损。如图 7-18 所示为本研究所定义的螺纹瑕疵的图像特征。

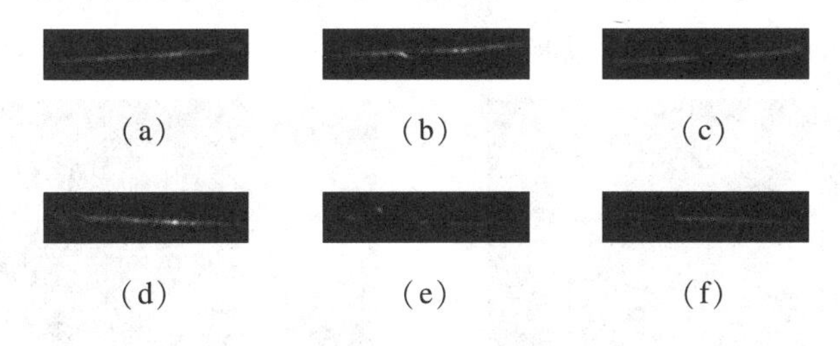

图 7-18　螺纹瑕疵的图像特征

二、图像预处理

系统输入的数据为螺丝的灰阶图像,经过图像预处理、候选瑕疵挑选与瑕疵特征提取后,将相关瑕疵特征输入分类模块进行判别。在进入系统处理流程之前,为了节省后续的检测时间,先定义图像检测范围。在四面镜图像中,由于螺丝的四面图像位置几乎固定不变,所以事先定义出检测范围,再针对自定义的范围进行相关图像处理。每个感兴趣区域(region of interest,ROI)的宽度为 102 像素,高度为 343 像素。自定义螺丝的检测范围如图 7-19 中的方框所示。

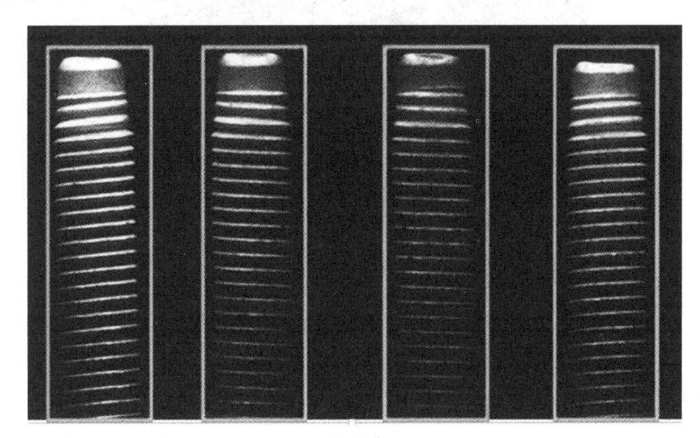

图 7-19　自定义螺丝的检测范围图像

1. 中值滤波器

在生产与运送过程中,螺丝本体上常常会有些许的铁屑与油渍等噪声干扰,会增加后续处理的复杂度。为了降低处理的复杂度,提升图像处理的正确性,采用中值滤波器进行噪声过滤。中值滤波器对观察窗口中的数值进行排序后,将位于观察窗中间的中值输出,是一种非线性的滤波技术。本研究采用 3×3 中值滤波器去除图像中的噪声。首先,每一个像素 $p(i,j)$ 的坐标为 (i,j)。以 $p(i,j)$ 为中心点产生 $N\times N$ 的屏蔽矩阵,中值滤波器则以矩阵内像素值的中位数来取代 $p(i,j)$ 的像素,以达到去噪的目的。原始图像(图 7-20)经中值滤波器去除噪声后的图像如图 7-21 所示。

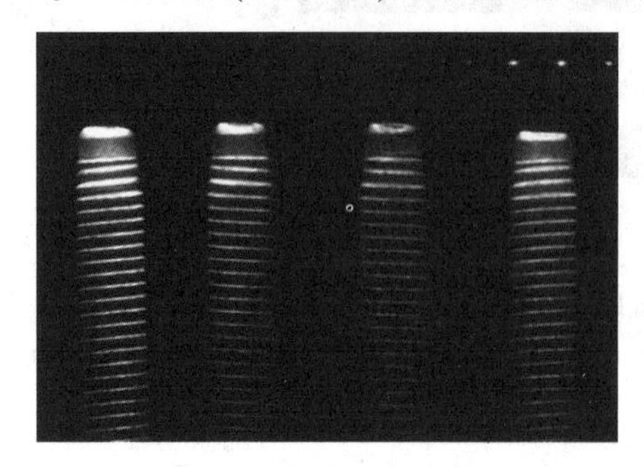

图 7-20　原始图像(去除噪声前)

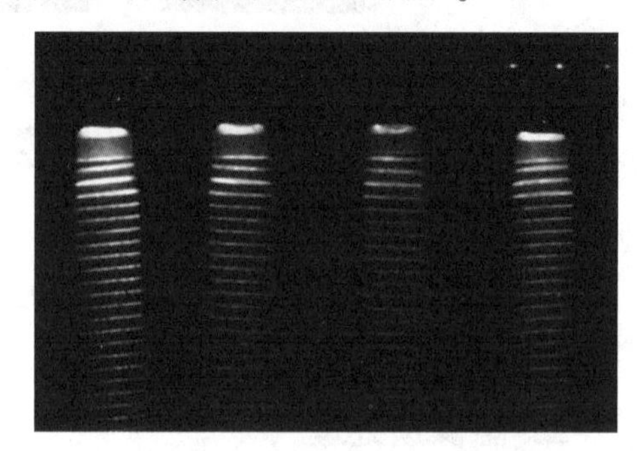

图 7-21　结果图像(去除噪声后)

2. 伽马校正

由于硬设备的局限,检测图像上的特征亮度会由上至下地逐渐衰减(图 7-22),而图像的亮度不均与螺纹特征的不明显问题会增加后续处理的复杂度。本研究采用伽马校正,对图像进行非线性补偿,使检测图像恢复该有的亮度。

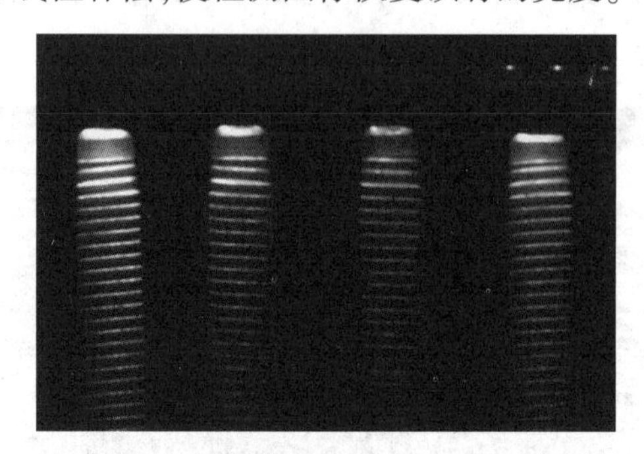

图 7-22　原始图像的灰阶值分布

伽马校正的数学式如式(7-26)所示。

$$Z=X^{g} \tag{7-26}$$

式中,X 表示图像尺寸 $m\times n$;g 定义为对比度增强的程度。当伽马值小于 1 时,提升图像的整体亮度值,同时增强低灰度区域的对比度,降低高灰度区域的对比度,这更利于分辨低灰度值的特征细节。当伽马值大于 1 时,减少图像的整体亮度值,同时减弱低灰度区域的对比度,增强高灰度区域的对比度。处理之后的图像结果如图 7-23 所示。

图 7-23　伽马校正后的图像

三、瑕疵候选区域检测

虽然前一步骤已将整体图像的亮度提高,但图像仍有亮度不均的问题。为了提升后续图像处理的效率,在进入瑕疵候选区域检测前系统会再对四个 ROI 区域进行切割,将每一条螺纹独立切割出来,并分别进行后续的相关图像处理。本研究通过 ROI 的宽度中位数的位置,取得每条螺纹的最大灰阶值,再切割出每个 ROI 中的螺纹。切割出来的螺纹图像宽度为 96 像素,高度为 23 像素,如图 7-24 所示。其中,图(a)、图(b)为 ROI 宽度中线的灰阶分布,图(c)为依照图(b)切割的结果。

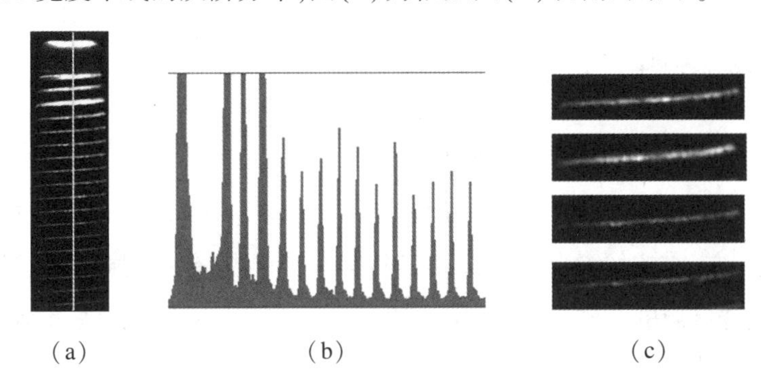

(a)　　(b)　　(c)

图 7-24　候选区域图像处理示例

1. 自适应阈值(Otsu)

在进行连通组件编码前,本研究会先针对从每个 ROI 内切割出的螺纹进行二值化处理。但因为每条螺纹的亮度值均不同,为了增加检测图像的辨识率,本研究采用 Otsu 算法对每条螺纹进行图像二值化。

Otsu 算法为一种图像灰度自适应阈值分割算法。它依照图像上灰度值的分布,将图像分成背景与前景两部分。前景则是使用者要依照阈值分割出来的部分,背景与前景的分界值则是使用者预求出的阈值。

对于图像 $I(x,y)$,设前景与背景部分的分割值为 T,属于前景的像素点占整张图像的比例记为 ω_0,其平均灰度值为 μ_0;背景像素点占整张图像的比例为 ω_1,其平均灰度值为 μ_1。设图像的总平均灰度值为 μ,类内方差为 g。假设图像的背景较暗,而图像的大小为 $M\times N$,图像中像素灰度值小于阈值 T 的像素个数为 N_0,像素灰度值大于阈值 T 的像素个数为 N_1,则有式(7-27)~式(7-32)。

$$\omega_0=\frac{N_0}{M\times N} \tag{7-27}$$

$$\omega_1=\frac{N_1}{M\times N} \tag{7-28}$$

$$N_0+N_1=M\times N \tag{7-29}$$

$$\omega_0+\omega_1=1 \tag{7-30}$$

$$\mu=\omega_0\times\mu_0+\omega_1\times\mu_1 \tag{7-31}$$

$$g=\omega_0(\mu_0-\mu)^2+\omega_1(\mu_1-\mu)^2 \tag{7-32}$$

将式(7-31)代入式(7-32),得到等价公式(7-33)。

$$g=\omega_0\omega_1(\mu_0-\mu_1)^2 \tag{7-33}$$

采用遍历的方法得到类间方差 g 的最大阈值 T,即为所求。

2. 连通组件表示法

在图像中,最小的分辨率单位是像素,每个像素周围有八个邻接像素,常见的连通类型有两种:4-连通(4-connectivity)与 8-连通(8-connectivity)。4-连通一共有四个接点,即上、下、左、右的像素点。8-连通一共有八个接点,包括对角线位置的像素点。在挑选瑕疵候选区域的时候,因有些螺纹瑕疵较小,为了不让此方法将小瑕疵与螺纹的本体判断为一体,使用 4-连通。

通过自适应阈值后的二值化图像上的白色部分(前景像素点)进行连通区域编码。编码方式为:对每一个前景像素点观察其邻域是否也有前景像素点,如有,则给其一个编号;再依序观察已编号过的前景像素点的邻域是否也有其他前景像素点,若有,则给予这些像素点一个编号。所有已编码的点,都必须检查其周围邻域是否存在前景像素点,若有,则予以编号;若无(邻域均为背景像素点),则表示此像素点位于连通区域的末端,邻域中已无其他前景像素点与其相邻。在此方法中,属于同一个连通区域的像素点会存在相同的编号,而属于不同连通区域的像素点则会有不同的编号。

本研究采用 OpenCV 中的连通标记算法,此算法会反馈给开发者其标记面积的相关数值,如长度、宽度与面积大小等。本研究采用该算法反馈的长度值进行初步判定。若长度值小于系统中所设定的阈值,将初步判定为不好(NG),并将该图像输入下一阶段的分类器进行最后判别。图 7-25 为扣件螺纹连通组件编码示意图。在所有示意图中,不同颜色表示不同的连通区域。其中,图(a)~图(f)为原始图像,图(g)~图(l)为结果图像。

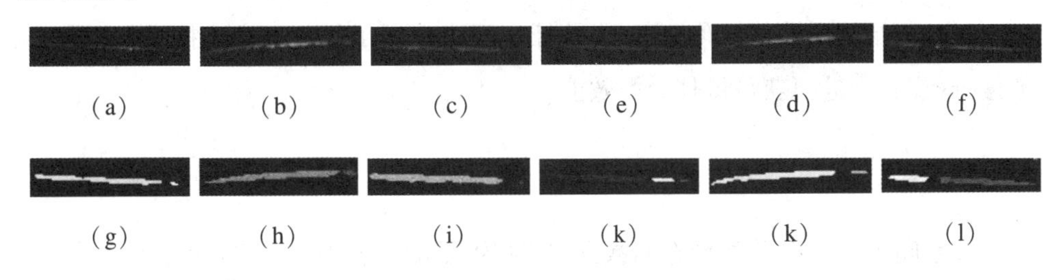

图 7-25　连通组件表示法

本研究所用的比较分类器为支持向量机与卷积神经网络。针对 SVM 模块的训练与分类,是计算其瑕疵图像的平均灰阶与平均梯度,因螺丝每个位置的亮度不同,所以本研究将其检测图像划分成四个部分,每一个部分都有专属的分类模块。相关区域划分如图 7-26 所示。例如,C 部分的螺纹图像则采用 C 部分的螺纹特征值所训练出来的 SVM 模块进行判别。

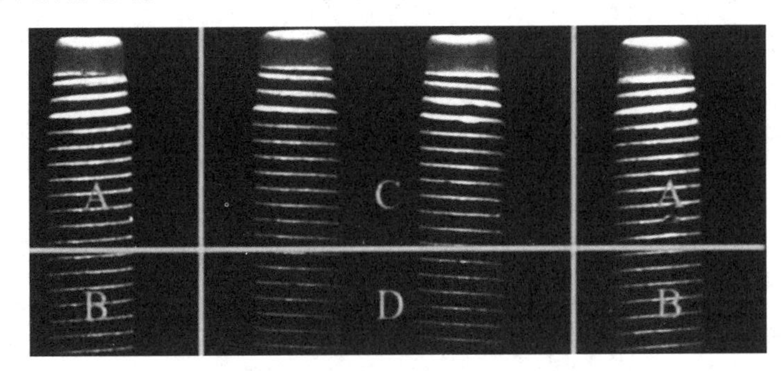

图 7-26　分类模块划分示意图

四、支持向量机

SVM 由 Vapnik 在 1995 年提出,是由统计学习理论的风险最小化原则所衍生出来的机器学习方法之一。SVM 为一种分类算法,在许多领域被用于处理不同的分类问题,其中包括图像辨识(image recognition)、文字分类(text categorization)、数据挖掘(data mining)、手写文字辨识(hand-written recognition)等分类问题。SVM 属于监督式学习方式(supervised learning),在学习过程中必须赋予训练数据分类卷标,输入向量与输出结果必须已知,所以学习算法可以通过输出结果对其学习过程进行学习调整。

SVM 属于处理两种不同类别的数据集的分类器,但其应用不一定只局限于对两种类别的分类。SVM 想达到进行多类别的分类有以下两种方法。

一是将最初较低维度的向量空间映射到高维度的向量空间,使其变成线性可分的状态,并使用线性算法在高维的空间里对非线性的特征向量进行线性分割。

二是基于结构风险最小化原理,在特征空间中使用了优化工具来搜寻超平面,并将数据分成两类,进而获得最佳分类效能。

1. 超平面

假设空间中有一群两类型态的数据,分别为三角形与圆形。若在该空间中能有一平面使得这两类数据分开,该平面就称为超平面。SVM 在找出该平面的同时,还希望找出距离两类数据最远的最佳超平面(optimal separation hyper-plane,OSH)。本研究将使用图 7-27 所示的示意图来介绍最佳超平面算法。

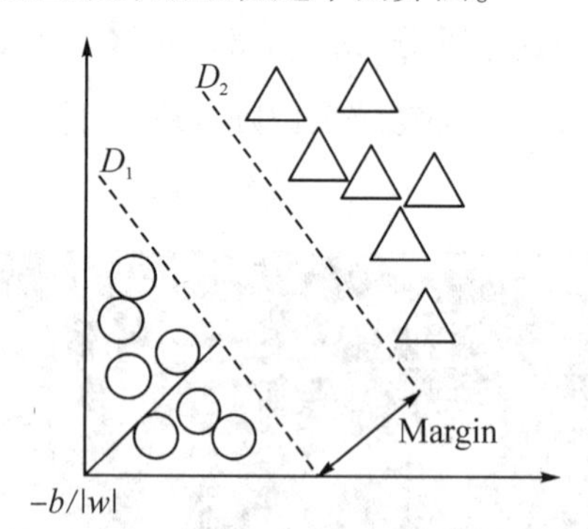

图 7-27 SVM 最佳超平面计算示意图

将图 7-27 中的两类数据资料用数学式表示为

$$X=\{(x_1,y_1),\cdots,(x_i,y_i)\mid x_i\in\Re^d,y_i\in(+1,-1)\} \tag{7-33}$$

圆形类别(D_1)以-1 表示,三角形类别(D_2)以+1 表示,超平面的定义如式(7-34)所示,其中 w^{T}为超平面的法向量,b 为偏权值。$f(x)$为决策函数,其数学式如式(7-35)所示。

$$w^{\mathrm{T}}x+b=0 \tag{7-34}$$

$$f(x)=\mathrm{sign}(w^{\mathrm{T}}x-b),b\in\Re \tag{7-35}$$

圆形(D_1)与三角形(D_2)分别表示为式(7-36)和式(7-37)。

$$D_1:w^{\mathrm{T}}x-b+\delta=0 \tag{7-36}$$

$$D_2: w^{\mathrm{T}}x-b-\delta=0 \tag{7-37}$$

式中，δ 为边界值。

以常数 1 替代 δ，则有式(7-38)和式(7-39)。

$$D_1: w^{\mathrm{T}}x-b=1 \tag{7-38}$$

$$D_2: w^{\mathrm{T}}x-b=-1 \tag{7-39}$$

圆点与 D_1 的距离为$\frac{|1-b|}{\| w \|}$，圆点与 D_2的距离为$\frac{|-1\ -b\ |}{\| w \|}$，$D_1$与 D_2之间的距离则可表示为$\frac{2}{\| w \|}$。此时 $\Re^d$ 数据点必须满足：

$$w^{\mathrm{T}}x_i-b\geqslant 1,\quad y_i=1 \tag{7-40}$$

$$w^{\mathrm{T}}x_i-b1\leqslant 1,\quad y_i=-1 \tag{7-41}$$

将式(7-40)与式(7-41)整合成式(7-42)。

$$y_i(\ \| w \|^{\mathrm{T}}x_i-b)\geqslant 1 \tag{7-42}$$

由式(7-42)可知，当$\frac{2}{\| w \|}$为极大值时，便可找出边界值最大的超平面。相反，$\frac{2}{\| w \|}$就必须为极小值。因此便可归纳出式(7-43)。

$$\min w,b\ \frac{1}{2}\| w \|^2$$

$$\text{s. t.}\quad y_i(\ \| w \|^{\mathrm{T}}x_i-b)\geqslant 1, i=1,2,\cdots N \tag{7-43}$$

式(7-43)即为超平面最佳解。但是一旦数据维度转变成高维度，则求解过程变得复杂且困难，因此应用拉格朗日方法对式(7-43)进行转换。

$$L_q(w,b,a)=\frac{1}{2}\| w \|^2-\sum_{i=1}^{N}a_i[y_i(w^{\mathrm{T}}x_i-b)-1] \tag{7-44}$$

对式(7-44)中的 w 与 b 分别进行微分，得到极值：

$$w=\sum_{i=1}^{N}a_iy_ix_i \tag{7-45}$$

$$b=\sum_{i=1}^{N}a_iy_i \tag{7-46}$$

将式(7-45)及式(7-46)代入式(7-44)，便可得到式(7-47)。此转换即为将原本的极小值转变成极大值，进而求得最佳超平面。

$$\begin{aligned}L_k(w,b,a)&=\frac{1}{2}\| w \|^2-\sum_{i=1}^{N}a_i[y_i(w^{\mathrm{T}}x_i-b)-1]\\&=\frac{1}{2}\sum_{i,j=1}^{N}a_ia_jy_iy_jx_ix_j-\sum_{i,j=1}^{N}a_ia_jy_iy_jx_ix_j+\sum_{i=1}^{N}a_i\end{aligned}$$

$$= \sum_{i=1}^{N} a_i - \frac{1}{2}\sum_{i,j=1}^{N} a_i a_j y_i y_j x_i x_j \tag{7-47}$$

2. 核函数(kernel function)

针对一般数据,SVM 皆可通过超平面的线性可分的方式对数据进行分类,但是大多数数据皆是线性不可分的。若数据为线性不可分,则必须通过核函数改变数据形态,将数据从低维度空间通过核函数映像到高维度空间,进而转变为线性可分。常用的核函数有以下四种。

(1)线性核函数(liner kernel function):

$$K(x_i, x_j) = x_i^{\mathrm{T}} x_j \tag{7-48}$$

(2)多项式核函数(polynomial kernel function):

$$k(x_i, x_j) = (\gamma x_i^{\mathrm{T}} x_j + r)^d \tag{7-49}$$

(3)径向基核函数(radial basis kernel function):

$$k(x_i, x_j) = \exp(-\gamma \| x_i - y_j \|^2), \gamma > 0 \tag{7-50}$$

(4)双曲线核函数(sigmoid kernel function):

$$k(x_i, x_j) = \tanh(\gamma x_i^{\mathrm{T}} x_j + r) \tag{7-51}$$

本研究采用径向基核函数作为核函数,此核函数会将数据正规化到 0～1,这可以有效地减少计算量且使相关调整参数较少。

3. 目标函数(objective function)

目标函数亦称适性函数(fitness function),它是用一个数值来描述深度学习或机器学习模型的好坏。本研究的目标函数使用均方误差(mean square error,MSE),数字式如式(7-52)所示。

$$MSE = \frac{1}{m}\sum_{k=1}^{m} (t_k - y_k)^2 \tag{7-52}$$

式中,m 为训练样本数;t_k 为对应的标签值;y_k 为 m 个训练样本的输出值。

模型训练完后查看其累积均方误差(L)是否收敛,其中 L 的数学式如式(7-53)所示。

$$L_{n+1} = 0.99L_n + 0.01MSE \tag{7-53}$$

以研究计算出来的均方误差(MSE)乘以 0.01,并加上前一次的累积均方误差(L_n)乘以 0.99 为本次的累积均方误差(L_{n+1}),此算法能记录整体均方误差的变化,并不会用一次太好或太坏的结果来判断训练阶段的好坏,而是通过整体的趋势进行判断。

五、实验结果

下面展示本研究的实验成果,并分析与探讨不同分类器的分类结果的成效。

1. 实验环境与数据

取像镜头使用特殊四面镜的镜头。相机的感光组件采取感光耦合组件(charge-coupled device,CCD),分辨率为 659×494 像素,90 fps,GigE 界面。光源部分则采取外环蓝光,外环光源的直射光可从任意角度向检测物集中照射。因检测物为金属表面,故选择波长较短的蓝光来进行照明以达到突显目标、减少干扰的目的。

本研究中使用的图像资料由某公司提供,测试的检测图像总数为 630 张,好的(OK)图像共 455 张,不好的(NG)图像共 175 张。通过对要输入 CNN 的训练数据做数据扩增(data augmentation),以获取更多相同的特征图像,让神经网络更容易找到可辨别的特征,同时可避免因资料量过少而无法辨别出重要特征的情况。本研究采用的数据扩增方法有两种:镜像(水平与垂直)和旋转(旋转±3°、±5°与 180°)。

第一种方法是对原图做水平与垂直镜像翻转。第二种方法是先对原图进行 180°旋转,再将原图、180°旋转后的图像、水平与垂直镜像翻转后的图像分别旋转±3°、±5°。将原始图像进行数据扩增后,每张原始图像可增加 19 张不同样式的图像。好的图像因做镜像翻转与 180°旋转皆无太大变化,故只进行±3°与±5°的旋转。数据扩增后,好的图像张数为 1 820 张,不好的图像为 3 500 张。

此研究采取 5-fold Cross-Validation 的方法来训练分类器,采用此方法的原因是可客观地统计其分类的准确率。而 5-fold Cross-Validation 是将每个训练资料均分为 5 等份,每等份中好的图像有 91 张,不好的图像有 35 张,轮流将其中 4 份用作训练,剩余 1 份用作测试,将 5 次结果的平均值用作对此算法精度的估计。图 7-28 为 5-fold Cross-Validation 方法示意图。

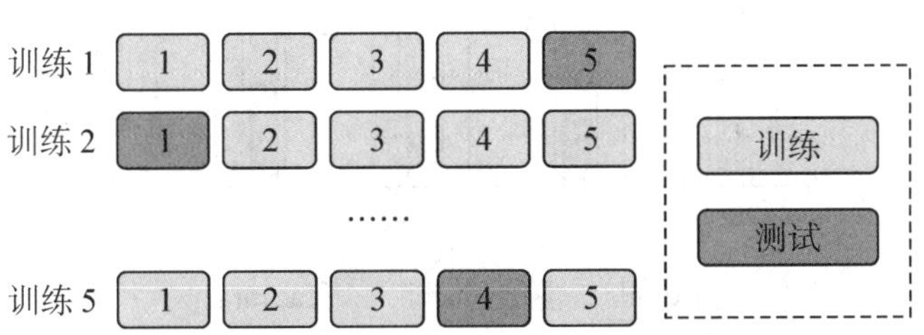

图 7-28　5-fold Cross-Validation 示意图

混淆矩阵是对监督式学习分类算法的准确率进行评估的工具,有时亦称为分类矩阵。通过将模型预测的数据与测试数据进行对比,使用准确率、查全率等指标对模型的分类效果进行度量。假设螺丝扣件经人工检视后,确认为良品(标记为 1)或瑕疵(标记为 0),若实际为良品,经算法分类后,若系统也判断为良品,则表示为(1→1),则此类我们定义为 TP。其他类似意义定义如下。

TP(true positive):原始分类为良品且被系统判定良品的个数(1→1)。

TN (true negative):原始分类为瑕疵但被系统判定瑕疵的个数(0→0)。

FP(false positive):原始分类为瑕疵但被系统判定良品的个数(0→1)。

FN (false negative):原始分类为良品但被系统判定为瑕疵的个数(1→0)。

TP+FN(actual positive):实际上为良品的个数。

TN+FP(actual negative) :实际上为瑕疵的个数。

TP+FP(predicted positive):系统预测为良品的个数。

TN+FN(predicted negative) :系统预测为瑕疵的个数。

下面使用 5-fold Cross-Validation 验证其 SVM 与 CNN 的分类效能,并以直方图与文字说明的方式呈现其分类结果。结果以训练数据(training data)、测试数据(test data) 和全部数据(total data) 3 种类别呈现,全部数据是训练数据和测试数据之和。

2. SVM 分类结果

针对 SVM 分类部分,本研究计算当前检测图像的平均灰阶与平均梯度,并通过这两个数值进行分类判别,分析两个数值的分类效果。

首先,针对平均灰阶数值对分类结果进行进一步说明。

如图 7-29 所示,平均灰阶的训练数据(training data)的召回率(recall)为 93.8%~95.5%,5 次的平均值为 94.7%;精确率(precision)为 82.9%~90.9%,5 次的平均值为 86.8%;准确度(accuracy)在 94.4%~95.4%,5 次的平均值为 95.0%。

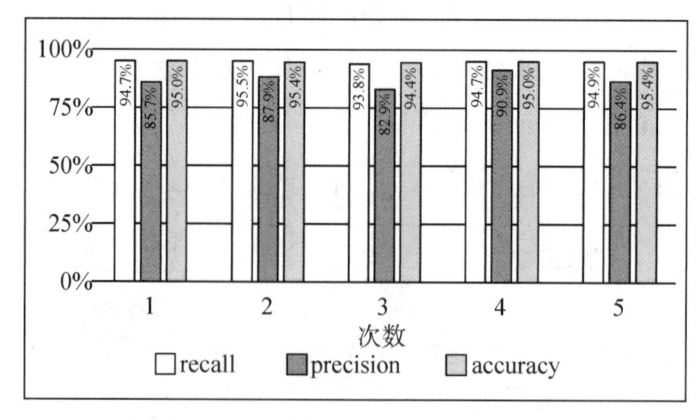

图 7-29 训练数据(平均灰阶)的分类结果

如图 7-30 所示,平均灰阶的测试数据(test data)的召回率(recall)为 90.7%~93.6%,5 次的平均值为 91.9%;精确率(precision)为 74.3%~82.9%,5 次的平均值为 77.7%;准确度(accuracy)为 91.2%~92.9%,5 次的平均值为 91.9%。

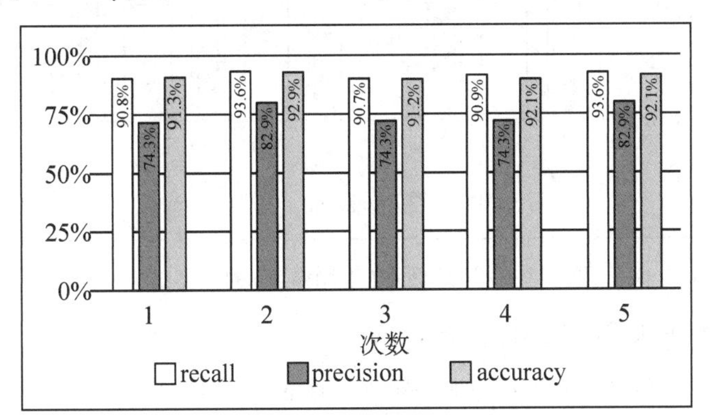

图 7-30　测试数据(平均灰阶)的分类结果

如图 7-31 所示,平均灰阶的全部数据(total data)的召回率(recall)为 93.1%~95.1%,5 次的平均值为 94.1%;精确率(precision)为 81.1%~86.9%,5 次的平均值为 84.1%;准确度(accuracy)为 93.8%~94.8%,5 次的平均值为 94.4%。

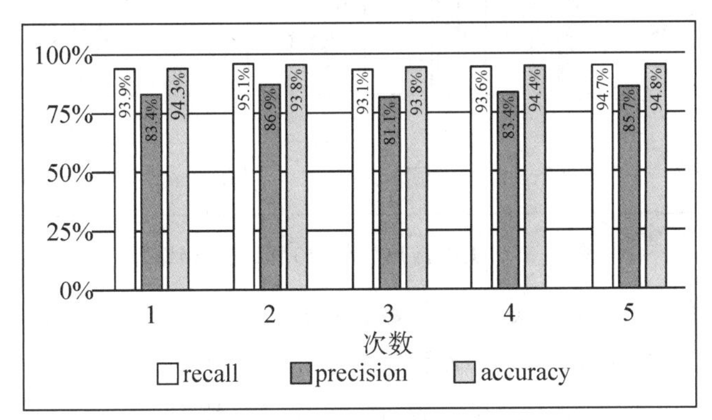

图 7-31　全部数据(平均灰阶)的分类结果

如图 7-32 所示,平均梯度的训练数据(training data)的召回率(recall)为 95.8%~97.6%,5 次的平均值为 96.7%;精确率(precision)为 88.6%~93.3%,5 次的平均值为 91.2%;准确度(accuracy)为 96.4%~97.6%,5 次的平均值为 97.1%。

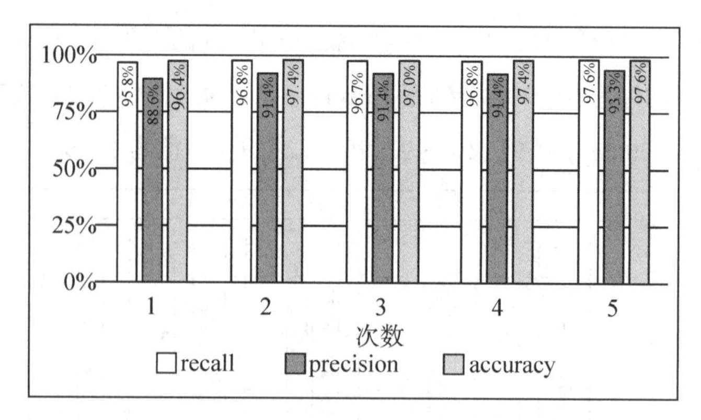

图 7-32　训练数据(平均梯度)的分类结果

如图 7-33 所示,平均梯度的测试数据(test data)的召回率(recall)为 92.7%~94.8%,5 次的平均值为 94.2%;准确率(precision)为 80.0%~85.7%,5 次的平均值为 83.9%;准确度(accuracy)为 92.9%~96.0%,5 次的平均值为 95.2%。

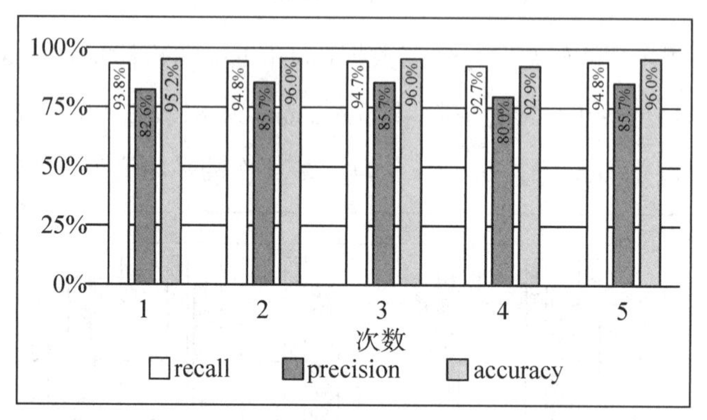

图 7-33　测试数据(平均梯度)的分类结果

如图 7-34 所示,平均梯度的全部数据(total data)的召回率(recall)为 95.4%~97.0%,5 次的平均值为 96.1%;准确率(precision)为 87.4%~93.3%,5 次的平均值为 91.0%;准确度(accuracy)为 96.2%~97.3%,5 次平均数为 97.0%。

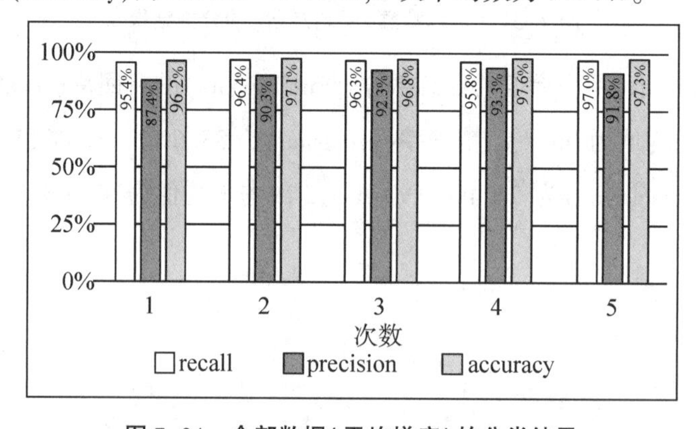

图 7-34　全部数据(平均梯度)的分类结果

从上述实验结果中可知,平均梯度的相关分类数据都优于平均灰阶。每个分类阶段的各指标的平均数据分别相差 2.0%、1.8%和 7.1%,分类结果差异最为明显的数据为准确率。平均灰阶未将图像上的特征数值做进一步的计算。当螺纹出现小瑕疵时,计算出来的数值会趋近于正常螺纹的特征数值,进而容易造成误判。但对于两数值的整体分类,正确率皆已达到目前业界需求。

3. CNN 分类结果

针对 CNN 分类,本研究通过资料扩增技术提高了训练样本数。CNN 训练模型经过 1000 次的迭代后,计算累积均方误差,其模型收敛情形如图 7-35 所示。

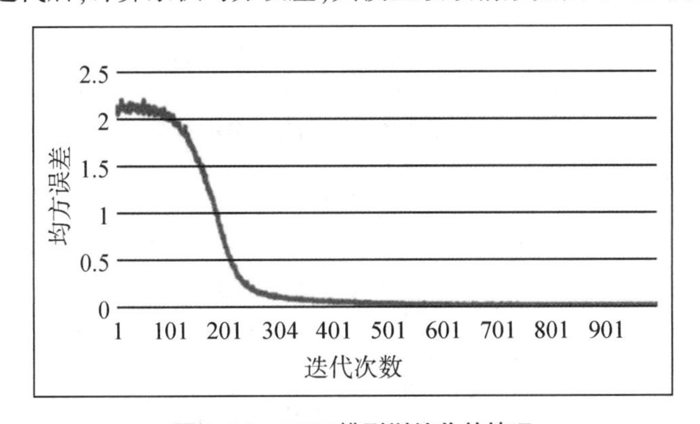

图 7-35　CNN 模型训练收敛情况

在分类验证阶段,本研究为了与 SVM 模型使用相同的数据量来比较分类结果,故只使用原始图像进行分类验证,经过数据扩增的图像则不用于验证数据。

如图 7-36 所示,图像分类的训练数据(training data)的召回率(recall)为 91.9%～94.6%,5 次的平均值为 93.3%;准确率(precision)为 77.1%～85.0%,5 次的平均值为 81.3%;准确度(accuracy) 为 93.7%～95.8%,5 次的平均值为 94.8%。

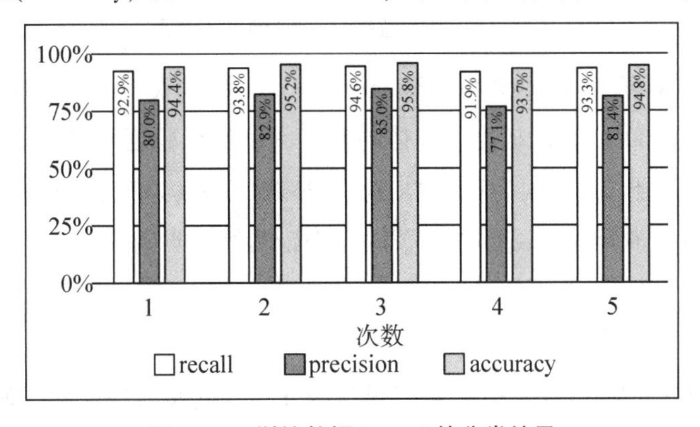

图 7-36　训练数据(CNN)的分类结果

如图 7-37 所示,图像分类的测试数据的召回率(recall)为 85.5%~92.9%,5 次的平均值为 89.1%;准确率(precision)为 57.1%~80.0%,5 次的平均值为 68.0%;准确度(accuracy)为 88.1%~94.4%,5 次的平均值为 91.1%。

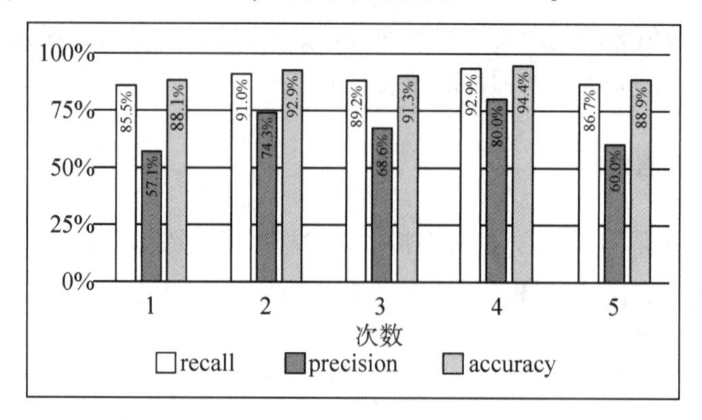

图 7-37　测试数据(CNN)的分类结果

如图 7-38 所示,图像分类的总的数据的召回率(recall)为 91.4%~93.4%,5 次的平均值为 92.4%;准确率(precision)为 75.4%~81.7%,5 次的平均值为 78.6%;准确度(accuracy)为 93.2%~94.8%,5 次的平均值为 94.1%。

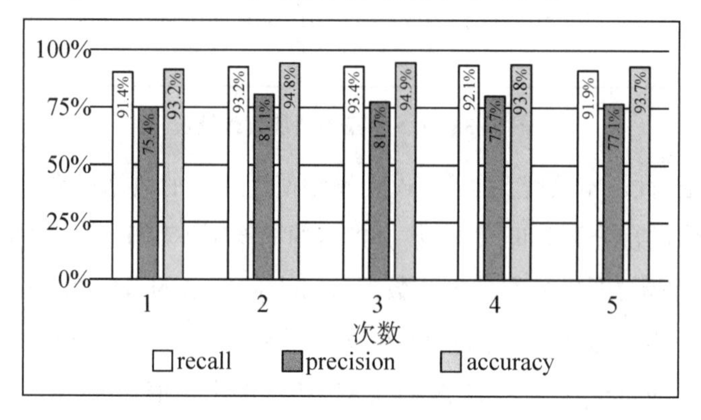

图 7-38　总的数据(CNN)的分类结果

上述验证结果显示,精确率都达到 90%,但这是因为 CNN 模型对于好的图像的分类正确率达到 100%,进而提高了整体的精确率。每个验证阶段针对不好的图像的分类精确率皆不理想,这是因为螺纹的瑕疵特征若不是极为明显,该图像经过 CNN 模型中的总函数计算获得的较高的总函数的类别皆为好的类别。

4. CNN + SVM 分类结果

本实验将 CNN 与 SVM 结合并进行讨论与比较。先将螺纹原始图像输入 CNN 进行初步的结果判定,因图 7-36 ~图 7-38 的实验结果显示 CNN 对于瑕疵图像的判别较不理想,故本实验将 CNN 所判定为好的图像再进行平均梯度的计算,并输入 SVM

进行第二阶段的判别。

如图 7-39 所示，针对 CNN 与 SVM 两阶段分类结果，其训练数据的召回率（recall）为 96.3%～97.9%，5 次的平均值为 97.1%；准确率（precision）为 90.0%～94.3%，5 次的平均值为 92.1%；准确度（accuracy）为 97.2%～98.4%，5 次的平均值为 97.8%。

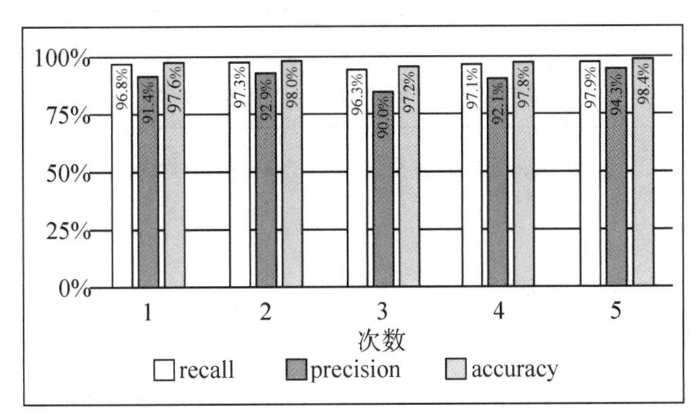

图 7-39　训练数据（CNN+SVM）的分类结果

如图 7-40 所示，针对 CNN 与 SVM 两阶段分类结果，其测试数据的召回率（recall）为 94.8%～97.9%，5 次的平均值为 96.4%；准确率（precision）为 85.7%～94.3%，5 次的平均值为 90.3%；准确度（accuracy）为 96.0%～98.4%，5 次的平均值为 97.3%。

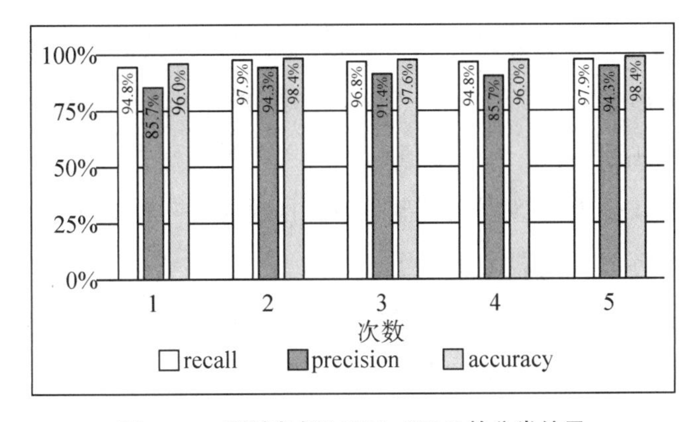

图 7-40　测试数据（CNN+SVM）的分类结果

如图 7-41 所示，针对 CNN 与 SVM 两阶段分类结果，其总的数据的召回率（recall）为 96.4%～97.9%，5 次的平均值为 96.9%；准确率（precision）为 90.3%～94.3%，5 次的平均值为 91.8%；准确度（accuracy）为 97.3%～98.4%，5 次的平均值为 97.7%。

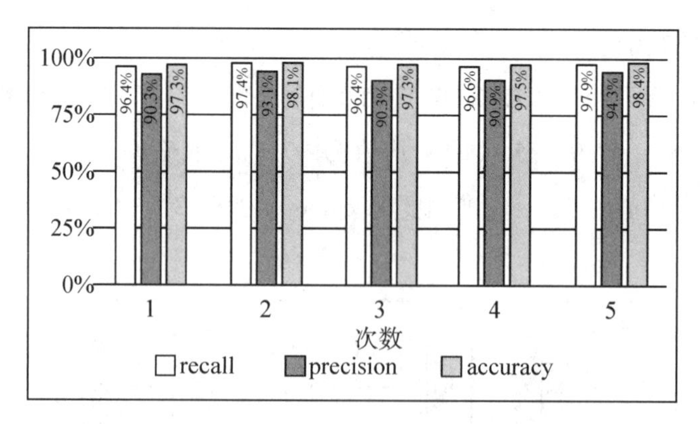

图 7-41　总的数据(CNN+SVM)的分类结果

六、系统分类效能讨论

根据上述所有分类数据,本阶段将所有的分类数据绘制成一张 ROC 曲线(receiver operating characteristic curve,受试者工作特征曲线)。ROC 曲线图的 *Y* 轴为真良品率(true positive rate,TPR),对应上述所定义的召回率;*X* 轴为伪良品率(false positive rate,FPR),以 1-准确率(1-precision)表示。用 ROC 曲线进行判别时,会以对角线为参考线,若是该分类器的 ROC 曲线刚好在对角线,则表示此分类器对螺纹瑕疵没有鉴别力。ROC 曲线愈往左上方移动,表示该分类器对螺纹瑕疵的敏感度愈高,且伪良品率愈低,表明此分类器的鉴别力较佳。在判别分类器对螺纹瑕疵的鉴别力时,除了看曲线的形状之外,还可利用 ROC 曲线下的面积(area under curve,AUC)来判别。AUC 数值的范围从 0 至 1,数值愈大,分类器的鉴别力愈好。

以下为根据 AUC 数值,对分类器鉴别力进行判别的一般规则。

AUC=0.5,表示该分类器无鉴别力。

0.7≤AUC<0.8,表示分类器具有可接受的鉴别力。

0.8≤AUC<0.9,表示分类器具有优良的鉴别力。

0.9≤AUC≤1.0,表示分类器具有极佳的鉴别力。

以 SVM(平均灰阶)进行分类的 AUC 为 0.875,以 SVM(平均梯度)进行分类的 AUC 为 0.918,以 CNN 进行分类的 AUC 为 0.81,以 CNN 与 SVM(平均梯度)结合进行分类的 AUC 为 0.953。从图 7-42 与 AUC 值可知,具有极佳分类效率的为 SVM(平均梯度)、CNN 与 SVM(平均梯度)结合的这两种方式。但从图 7-34 与图 7-41 的直方图可得知,这两种分类结果略为接近;而 CNN 与 SVM(平均梯度)结合的分类结果跟单一使用 CNN 分类的结果差异较大。这是因为 CNN 已先将较大的螺纹瑕疵挑出,然后再将存在较小瑕疵的螺纹经过 SVM(平均梯度)分类得到最终的结果。因此此分类使用单一的 SVM(平均梯度)即可得到理想的分类效率,若再结合 CNN 将会增加分类器上的训练时间,增加设备的成本。

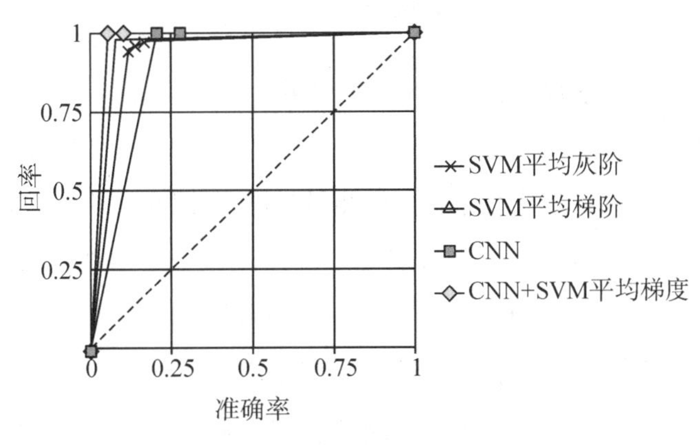

图 7-42　ROC 曲线图

根据上述实验,整体实验结果最为重要的数据为准确率,因为要求检测系统对瑕疵要具有高敏感度。业界可允许将良品判别为瑕疵品,却不容许将瑕疵品判别为良品,因为误判为良品将会给使用者造成安全隐患。SVM 对于平均灰阶其分类结果的准确率最高达 86.9%,而平均梯度可达 93.3%。CNN 模型对于好的图像的辨识率虽可达 100%,但准确率最高只有 81.7%。因为瑕疵螺纹的特征是不可预测的特征,且 CNN 模型对于较小的瑕疵会有误判的情况发生(分类结果为好的)。CNN 模型的训练阶段需要搭配高规格的硬件配备与充足的数据量,且 CNN 训练阶段需花费较长的时间,对于需要高产量的厂商而言,CNN 模型是一个不太经济的选择。而使用 SVM 模型,训练阶段只需要一般硬件规格的计算机即可进行,且训练时间短、辨识率高。

第三节　刀具磨损监测与寿命预测

研究显示,图像处理已被应用于刀具磨损的检测,并且可计算出磨损的程度,但目前大部分研究都只是测量出磨损量,并没有用于预测刀具寿命;而在寿命预测方面,大多使用间接信号来进行,并且都有许多缺点。Wang[189] 等的研究,只是将刀具的健康程度分成四种状态,而无法预测一个明确的寿命终止时间点。Cyril[190] 等的研究可在其他加工条件下预测刀具寿命,但只能局限于训练范围内的转速。

本研究把在线实时取得的端铣刀磨损数据与已有磨损数据结合，得到一个完整的混合型磨损曲线图，再使用最小平方法计算混合数据取得最佳函数匹配参数，进而实时预测刀具当前的剩余使用时间。此方法除了能够预测端铣刀的寿命终止时间外，还可以在预测初期就有准确的结果，而且即使更换加工条件，预测结果仍然可以信赖。

一、磨损定义与寿命规范

本研究是对端铣刀的磨损量进行图像测量与计算，因此必须先了解端铣刀磨损的定义。根据国际标准化组织（ISO）对端铣刀寿命测试所给出的定义，如图 7-43 所示，在右侧图片的刀腹面中，VB_1为凹凸起伏较平缓的均匀磨损，VB_2为在均匀磨损中一些磨损较为剧烈的不均匀磨损，VB_3为大多固定出现在特定区域的局部磨损。计算磨损量的方法是将磨损点与原切削刀边缘的垂直距离作为磨损量。当刀腹磨损均匀分布时，则均匀磨损（VB_{avg}）为 0.3 mm 时，判定端铣刀寿命终了；当磨损出现明显的不均匀磨损或是局部磨损时，则最大磨损（VB_{max}）为 0.5 mm 时，判定端铣刀寿命终了。而本研究在实际进行端铣刀磨损实验后，从提取出的图像中发现，端铣刀的磨损为非均匀磨损，因此本研究将对刀腹最大磨损（VB_{max}）进行测量。

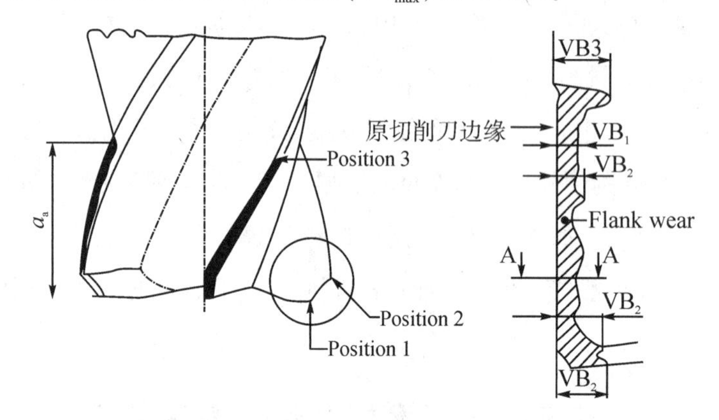

图 7-43　端铣刀刀腹磨损定义示意图[201]

为了能在 CNC 铣床机台内进行在线磨损测量，本研究将工业相机与光源装在线性滑轨上，并把线性滑轨固定在 CNC 铣床机里面。平时不提取图像时，工业相机是收在上方的，并不会影响切削空间；当需要提取图像时，线性滑轨会将工业相机向下移，拍照完后随即将相机收回。其中拍摄环境的工作距离约为 32 mm，图像视野范围约为 1.5 mm×1.7 mm，工业相机使用 BASLAR 的 ACA2500-14GC 相机，图像分辨率为 1 024×1 280 像素，并搭配 TOKINA 的 APL75 镜头组。

二、磨损量的测量

为了确保每张图像拍照的角度一致，在提取照片之前都会使用工具机的旋转定位功能将主轴角度固定。本研究利用端铣刀会反光的特性，将环形光源直接照射在端铣刀的刀尖上以突显磨损区域，之后编写一套图像处理程序来分析铣刀的刀腹图像，测量出刀腹的磨损量，作为寿命预测的输入数据。

因为在测量刀具磨损量时不需要太多的颜色信息，因此先将彩色图像转换为灰阶图像。由于刀具磨损的区域只占整张图像的一部分，为了减少背景的影响，把图像范围缩小至刀腹磨损区域，剔除不需要的信息，只留下磨损边缘，并计算原切削刀边缘与磨损边缘的垂直距离，此长度即为端铣刀磨损量。

1. 彩色图像转灰阶图像

在彩色图像转灰阶图像的方法上，本研究将彩色图像的红、蓝、绿三个颜色以一定比例结合，组成灰阶图像，转换公式如式(7-54)所示，此公式为 YIQ 彩色模型中 Y(亮度)的转换公式，其转换比例是依据人眼对颜色的灵敏度而设计的。因为人眼对绿色较为敏感，所以绿色所占的比重就相对较大，而人眼对蓝色较不敏感，所以蓝色所占比重就相对较低。如图 7-44 所示为彩色图像转灰阶图像的结果。

$$gray=0.2989\times red+0.5870\times green+0.1140\times blue \tag{7-54}$$

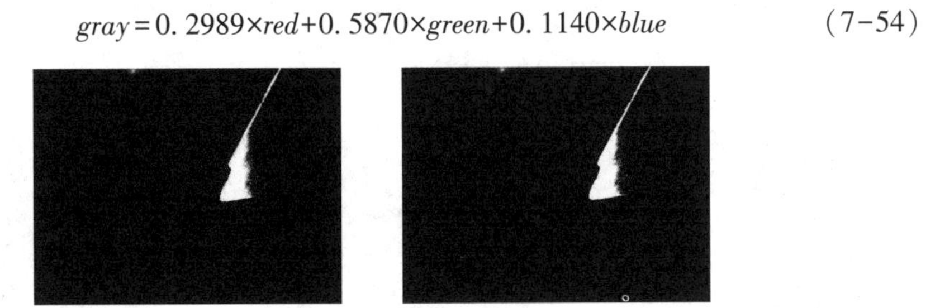

(a)彩色图像　　　　(b) 灰阶图像

图 7-44　彩色图像转灰阶前后对比

2. 提取刀具图像

本研究将光源刻意照射在刀尖上，因此在图像的刀尖部位，未磨损的平坦部位会产生强烈反光，而已磨损及光线未照射到的区域不会反光。将彩色图像转成灰阶图像后，因刀腹磨损图像只占原始图像的一部分区域，为了降低背景所造成的影响，需把图像范围缩小至刀腹磨损部分。首先使用 Otsu 二值化处理图片,让刀尖反光处的值为 1,其余不反光处的值皆为 0,效果如图 7-45(a)所示。接着从左到右,由下而上逐一搜索像素点,当寻找到灰阶值为 1 时停止,并依据该像素位置选取约 1 mm× 1 mm 的范围,套回图 7-44(b)所示的原灰阶图像,即可将刀腹图像提取出来,提取后的图片效果如图 7-45 (b)所示。

(a)提取前　　(b)提取后

图 7-45　提取刀腹图像的前后对比

观察图 7-45(b)可知,在图像中的磨损刀刃边缘会有一些模糊,可通过灰阶值拉伸来锐化边缘。将反光较强的区域(磨损边缘)增强,反光较暗的部分(噪声)削弱,如图 7-46(a)所示。接着对图像做 Otsu 三值化,把灰阶值强度最亮的部分留下,其余删除,再用 Canny 边缘检测取出边缘,如图 7-46(b)所示。观察图 7-46(b)可知,图像右侧的边缘为光线投射的边界,并不属于刀具边缘,必须将其去除,因此应对图像做逐点搜索。从左至右、由下而上地进行,当找寻到第一个边缘点后向上平移图像垂直长度的 1/20,再将该水平高度上右侧的边缘点去除,使刀具边缘与右侧的非刀具边缘截断,再取最大连通区域,即可将刀尖区域顺利取出,如图 7-46 (c)所示。

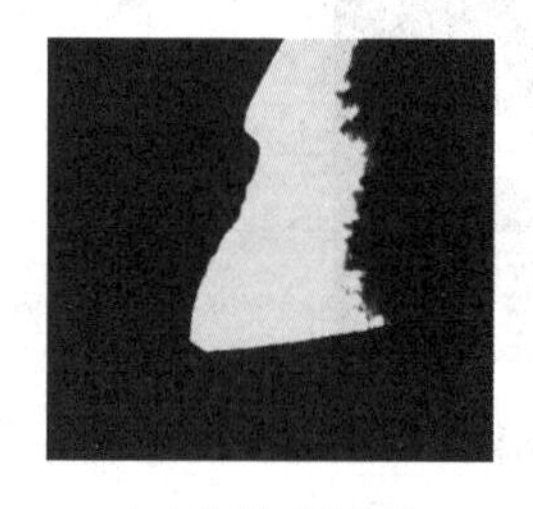

(a)灰阶值拉伸

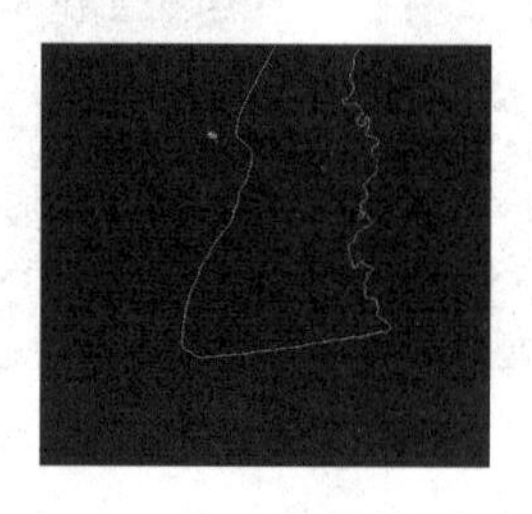

(b)Canny 边缘检测

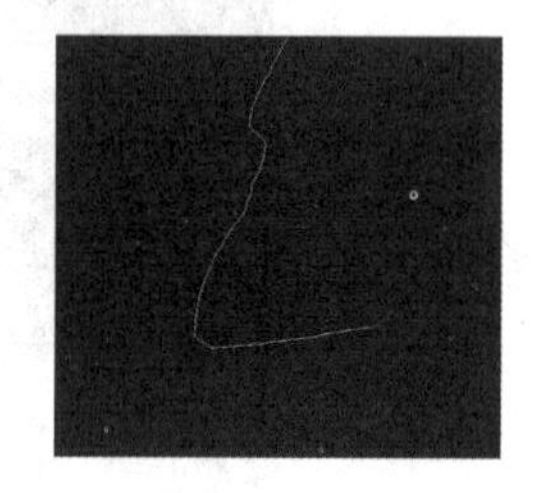

(c)去除噪声后

图 7-46　刀边缘提取结果

依照国际标准规范中的定义,刀腹磨损量是磨损边缘与未磨损刀缘的垂直距离,因此当拍摄第一张图像也就是尚未磨损的刀具时,必须将未磨损刀缘位置提取出来,作为之后计算磨损量的基准边缘。如图 7-47(a)所示为一把新的端铣刀刀尖图像。经处理后,Canny 边缘检测结果如图 7-47(b)所示。而端铣刀的刀刃与轴线间会保持一定角度，称为螺旋角，如图 7-47(c)所示，其作用是帮助排出切削，因此刀刃并非直线。由于磨损大多发生于刀尖端点，本研究在先前步骤已将图像范围缩小至 1 mm×1 mm。观察图 7-47(b)可知，刀刃部位已经可视为直线，因此使用霍夫直线进行检测，将上下刀刃边缘的直线方程式提取出来，提取公式如式(7-55)所示，其中，a 为斜率，b 为截距。直线检测结果如图 7-47 (d)所示。

$$y=ax+b \tag{7-55}$$

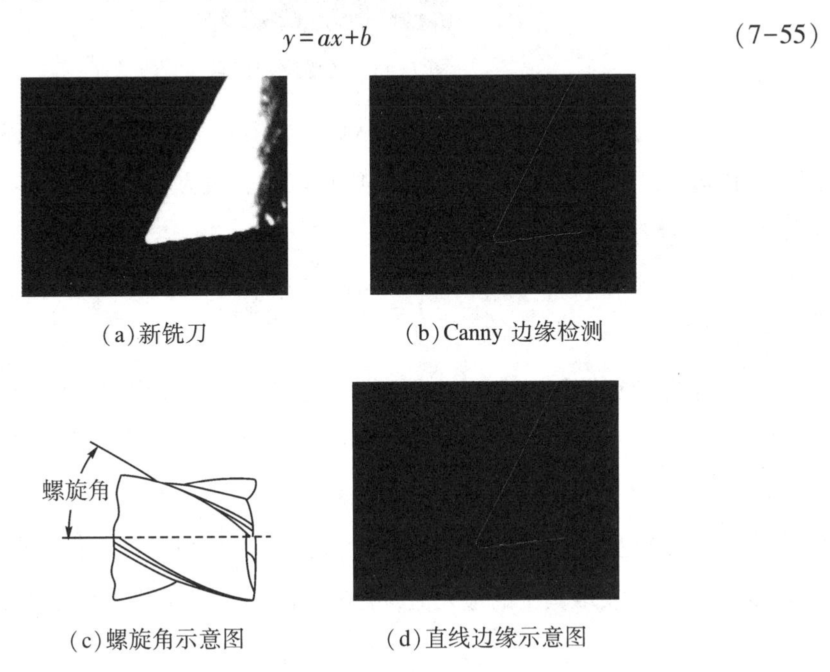

(a)新铣刀　(b)Canny 边缘检测

(c)螺旋角示意图　(d)直线边缘示意图

图 7-47　端铣刀未磨损的刀缘

3. 磨损量计算

如图 7-46 (c)所示，虽然所有磨损轮廓都已经取出，但是上、下两端有部分边缘属于未磨损的部分，因此必须将其去除。在线测量硬件在做图像提取时，通过旋转定位后，理论上每张图像的刀缘位置必须要一致，但是经实际测量后发现，每一次刀具定位仍然会有些误差，刀尖图像的位置都会有小幅度的偏移。因此在前文所取得的未磨损刀缘直线方程中，斜率为固定值，而截距必须依照每张图像做些微调。在此步骤，为了避免受到其他边缘干扰，会先将未磨损的部分截取出来，其方法为先从上而下、由左至右地将图像总长 1/5 距离的像素取出，再从下而上、由右至左地将图像总长 1/5 距离的像素留下。接着将式(7-55)中的斜率固定，改变截距，当图像上下边在线的像素点分别与其直线方程式的直线距离总和最小时，即得最佳直线边缘。取得新的直线方程式后代回去噪后的图像，并且把靠近此方程式的像素点删除，即可得到只有磨损轮廓的边缘。如图 7-48 所示,其中较暗的为未磨损边缘,较亮的为已磨损边缘。

图 7-48 边缘磨损提取

依据 ISD 的定义,磨损测量计算是从磨损点到原切削刀缘的直线最短距离,假设刀具磨损边缘上的像素坐标为(x_0,y_0),则该点到直线方程式 $\alpha x+\beta y+\gamma=0$ 的距离用式(7-56)计算。

$$D=\frac{|\alpha x_0+\beta y_0+\gamma|}{\sqrt{\alpha^2+\beta^2}} \tag{7-56}$$

将求得的边缘直线方程式(7-55)代入式(7-56)后,即可得到

$$D=\frac{|\alpha x_0+y_0+b|}{\sqrt{\alpha^2+1}} \tag{7-57}$$

将所有磨损边缘上的像素坐标分别代入式(7-57)后,即可得到所有磨损像素点与直线边缘的距离,取其中的最大值,再经长度换算后,即可得到最大磨损量 VB_{max}。

三、刀具寿命预测系统

本研究在工具机上进行实测,获得每段加工距离的刀腹磨损量,再用获得的磨损量来进行曲线拟合。利用拟合的曲线参数计算到达特定磨损量所对应的加工距离,以实现实时预测刀具寿命的功能。

1. 磨损量数据前处理

研究中测试出的每段加工距离的刀腹磨损量的数据会上下起伏,原因有许多,例如拍摄空间限制会导致图像中刀具边缘不够明显,或是在切削时,工件材料粘连在端铣刀上,导致图像处理判断错误等。而这些噪声都会影响系统参数计算的准确度,因此本研究利用平均滤波的方法剔除噪声,其中滤波器选择长度为 3 的平均滤波器。经过滤波后的输出结果如图 7-49 所示。

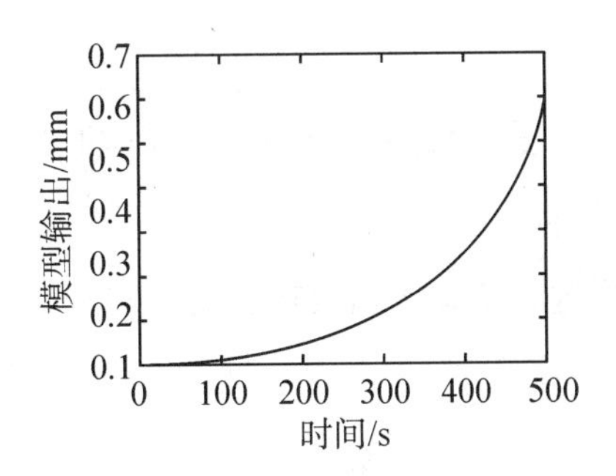

图 7-49　滤波后的磨损趋势图

2. 曲线模型

本研究的寿命预测是对刀具的磨损趋势图作曲线拟合，当曲线的磨损值为 0.5 mm 时，即为刀具寿命终了。首先设定系统模型，再给每个磨损值设定权重后，使用加权最小平方法求出平方误差最小的曲线。

将刀具磨损分成三个阶段，分别是初期磨损、正常磨损与剧烈磨损。从初期磨损阶段进入正常磨损时，转变的趋势通常并不明显，但是从正常磨损进入剧烈磨损期，则会有大幅度的增长。一般而言，磨损量会随着加工距离越来越大，且越到后期磨损越快，因此在进行曲线拟合时，只要是后期有大幅度成长的渐增函数都可以作为拟合函数。在此，本研究选择如式(7-58)所示的一阶指数函数进行拟合。

$$y(t)=k\mathrm{e}^{-at} \tag{7-58}$$

式中，$k>0$，$a<0$。为了使趋势接近磨损曲线，模型输出必须发散且为正值，因此模型中的参数必须给予限制条件。若 $k=0.004$，$a=-0.01$，则模型曲线如图 7-50 所示。

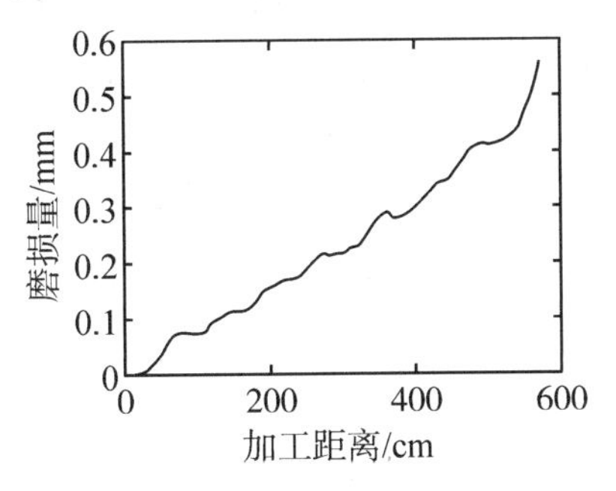

图 7-50　加入限制条件的模型曲线

3. 加权最小平方法

最小平方法是一种数据回归分析方法，其目的是针对数据的分布寻找出一组模型参数，使得模型输出值与实际数据值之间的误差平方和最小。假设理论模型为线性系统,可用式(7-59)表示。

$$y_i=\beta_0+\beta_1x_1+\beta_2x_2+\cdots+\beta_px_p+\varepsilon \quad (i=1,2,\cdots,n) \tag{7-59}$$

式中,y_i 为系统输出,i 代表第 i 笔数据;$x_1,x_2,\cdots,x_p$ 为已知的系统输入;$\beta_0,\beta_1,\cdots,\beta_p$ 为未知参数;ε 为误差。将这 n 笔系统函数表示成矩阵的形式,可以得到式(7-60)。

$$\begin{bmatrix} y_1 \\ y_2 \\ \vdots \\ y_n \end{bmatrix}=\begin{bmatrix} x_{1,0} & x_{1,1}x_{1,2} & \cdots & x_{1,p} \\ x_{2,0} & x_{2,1}x_{2,2} & \cdots & x_{2,p} \\ \vdots & \vdots & & \vdots \\ x_{n,0} & x_{n,1}x_{n,2} & \cdots & x_{n,p} \end{bmatrix}\begin{bmatrix} \beta_0 \\ \beta_1 \\ \vdots \\ \beta_p \end{bmatrix}+\begin{bmatrix} \varepsilon_1 \\ \varepsilon_2 \\ \vdots \\ \varepsilon_n \end{bmatrix} \tag{7-60}$$

或表示为

$$\boldsymbol{Y}_n=\boldsymbol{X}_n\boldsymbol{\beta}+\boldsymbol{E}_n$$

如果将式(7-58)的拟合模型化成此线性函数形式,转换结果如式(7-61)所示。

$$\ln y(t)=\ln(k\mathrm{e}^{-at})=-at+\ln k \tag{7-61}$$

令

$$\begin{cases} Y=\ln y(t) \\ K=\ln k \end{cases}$$

则

$$Y=-at+K=[-t \quad 1]\begin{bmatrix} a \\ K \end{bmatrix}=\boldsymbol{X}^{\mathrm{T}}\boldsymbol{\beta} \tag{7-62}$$

为了最小化误差,定义

$$\sum_{i=1}^{n}\varepsilon_i^2=\boldsymbol{E}_n^{\mathrm{T}}\boldsymbol{E}_n=(\boldsymbol{Y}_n-\boldsymbol{X}_n\boldsymbol{\beta})^{\mathrm{T}}(\boldsymbol{Y}_n-\boldsymbol{X}_n\boldsymbol{\beta})^{\mathrm{T}} \tag{7-63}$$

因为极值会出现在一阶导数为零的位置,因此对式(7-63)进行微分,即

$$\frac{\partial \boldsymbol{E}_n^{\mathrm{T}}\boldsymbol{E}_n}{\partial \boldsymbol{\beta}}=-2\boldsymbol{X}_n^{\mathrm{T}}\boldsymbol{E}_n+2\boldsymbol{X}_n^{\mathrm{T}}\boldsymbol{X}_n\boldsymbol{\beta}=0$$

得

$$\boldsymbol{X}_n^{\mathrm{T}}\boldsymbol{X}_n\boldsymbol{\beta}=\boldsymbol{X}_n^{\mathrm{T}}\boldsymbol{Y}_n \tag{7-64}$$

若 $\boldsymbol{X}_n^{\mathrm{T}}\boldsymbol{X}_n$ 为非奇异矩阵,则式(7-64)有唯一解,即

$$\hat{\boldsymbol{\beta}}=(\boldsymbol{X}_n^{\mathrm{T}}\boldsymbol{X}_n)^{-1}\boldsymbol{X}_n^{T}\boldsymbol{Y}_n \tag{7-65}$$

此时,$\hat{\boldsymbol{\beta}}$ 称为 $\boldsymbol{\beta}$ 的最小平方拟合。

加权最小平方法是在最小平方法的基础上衍生出来的方法,其目的是通过设定权重值来改变特定数据对拟合结果的影响力。其权重值以矩阵形式展开为

$$W=\begin{bmatrix} w_1 & 0 & \cdots & 0 \\ 0 & w_2 & \cdots & 0 \\ \vdots & \vdots & & \vdots \\ 0 & 0 & \cdots & w_n \end{bmatrix} \tag{7-66}$$

式中，w 为权重值，将式（7-66）入式（7-65），可得

$$\hat{\boldsymbol{\beta}}=(\boldsymbol{X}_n^{\mathrm{T}}\boldsymbol{W}_n\boldsymbol{X}_n)^{-1}\boldsymbol{X}_n^{\mathrm{T}}\boldsymbol{W}_n\boldsymbol{Y}_n \tag{7-67}$$

由于此寿命预测系统为实时预测，新数据会不断更新，为了使寿命预测能依当下的状况做出准确的预测，在此引入遗忘因子的概念。遗忘因子是一种对过去数据给予适当程度衰减的机制，让数据权重随着时间递减。此应用常出现在时变的系统中，当遗忘因子越小，对数据的追踪能力就越强，对噪声却越灵敏；反之，遗忘因子越大，虽然对数据的追踪能力降低，但是较为稳定且更贴近全局的趋势。一般地，遗忘因子的设置方式如式（7-68）所示。

$$w(i)=\lambda^{N-i} \tag{7-68}$$

式中，w 为权重值；i 为数据索引；λ 为遗忘因子；N 为资料总数。数据索引代表数据加入的顺序，索引值越大，表示数据越新。随着数据索引的增加，其权重值就越接近 1。

4. 寿命预测

已知曲线拟合与权重值设定的方法后，就可以通过拟合曲线预测刀具磨损量的趋势。假设已知从刀具开始切削到当前的刀具磨损量，使用曲线拟合即可计算出模型的系统参数，最后代入曲线模型就可以得知再切削多少长度刀具就会到达寿命终点。

刀具寿命终了的判断方法：依据加工质量所需的条件，设定可容许的最高磨损量；之后根据曲线的拟合参数，计算到达设定磨损量时的切削距离，和当前的切削距离相比，即可预测刀具剩余的切削距离，即刀具的剩余寿命。

5. 混合型磨损曲线

最小平方法是通过最小化误差平方和寻找所有数据的最佳函数匹配，因此数据越多，所计算出的曲线就越准确。但这也代表在预测的前中期，会因为磨损数据不足而导致模型参数错误，预测结果则不准确。为了解决此问题，本研究将新刀具的数据与前一把刀具的数据结合，产生一个混合型磨损数据，再对此数据进行拟合以预测刀具寿命。每取得一项新资料，就将前一把刀的资料换掉，并且给予最新取得的资料最高权重值。本研究所提出的权重值的设定方法如式（7-69）所示。

$$w(i)=\lambda^{N-\mathrm{mod}\left(\frac{i+N-P}{N+1}\right)} \tag{7-69}$$

式中,i 为新数据的索引值;λ 为遗忘因子;N 为资料总数;P 为目前新资料的总数。最新加入的资料权重值最大,为 1,而其他数据的权重会随着时间慢慢递减,最旧资料的权重最低。

四、实验结果与数据分析

下面将切削条件、磨损数据与寿命预测结果进行整理与分析,并且分析系统成果。

1. 加工条件

本研究使用 PA-400MVE 型号 CNC 铣床进行磨损数据实验。工件材料为 SCM440 铬钼合金钢,端铣刀选用 4 刃高钴钢铣刀(LIST6210),直径为 18 mm,并以表 7-23 中的切削条件进行切削,线速度为刀具商提供的建议范围。设定好后再使用式(7-70)求得对应的主轴转速 N,其中 v 为线速度, D 为端铣刀直径,进给量 F 经测试后依转速快慢等比例增减。

主轴转速的计算式如式(7-70)所示。

$$N=\frac{1\,000v}{\pi D} \tag{7-70}$$

切削的轴向深度为 0.8 mm,侧向切宽为 0.2 mm,工件的面长 100 mm、宽 60 mm。当每切削完 100 mm 的距离就将主轴归回原点并且旋转定位,再用工业相机拍摄磨损图像,直到刀具寿命终了。最后将提取到的图像传输至计算机进行处理。同一切削条件分别进行三次实验,每次都使用新的刀具,因此共使用了九把刀具。

表 7-23　切削参数

条件	线速度 $v/(\mathrm{m\cdot min^{-1}})$	主轴转速 $N/(\mathrm{m\cdot min^{-1}})$	进给量 $F/(\mathrm{mm\cdot min^{-1}})$
加工参数#1	60	1061	175
加工参数#2	45	800	133
加工参数#3	35	618	102

2. 磨损量测量结果

依据前面所介绍的磨损量的测量方法,本研究任取五张工业相机所拍摄的刀腹图像进行最大磨损量(VB_{max})测量,并与显微镜拍摄得到的磨损量进行比较。如图 7-51 所示,图(a)为工业相机拍摄的图像,图(b)为显微镜拍摄的图像。分别算出刀具的最大磨损量后,利用式(7-71) 与式(7-72)计算两者间的绝对误差与误差百分比,比较结果见表 7-24. 五组刀具的绝对误差为 0.001 3 ~ 0.075 3 mm,而平均误差百分比为 4.72%。

$$绝对误差 = |VB_{max显微镜} - VB_{max工业相机}| \tag{7-71}$$

$$误差百分比(\%) = \frac{绝对误差}{VB_{max显微镜}} \times 100\% \tag{7-72}$$

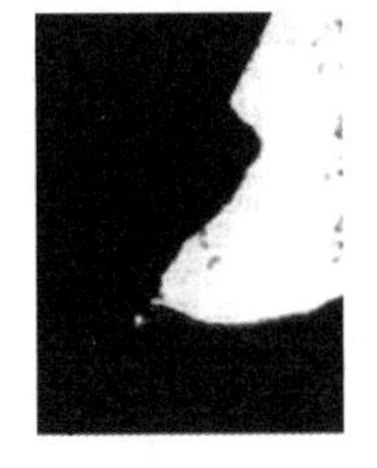

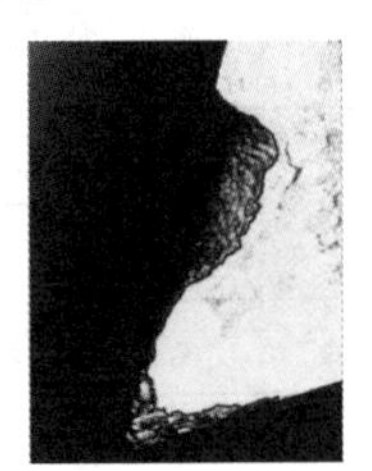

(a)工业相机拍摄　　(b)显微镜拍摄

图 7-51　刀腹图像

表 7-24　磨损量结果比较

条件	刀具最大磨损量 VB_{max}/mm		绝对误差/mm	误差百分比/%	平均误差百分比/%
	工业相机	显微镜			
#1	0.530 3	0.531 6	0.001 3	0.2	4.72
#2	0.683 6	0.678 9	0.004 7	0.7	
#3	0.584 8	0.629 4	0.044 6	7.1	
#4	0.613 5	0.650 6	0.037 1	5.7	
#5	0.833 6	0.758 3	0.075 3	9.9	

图 7-52 为根据表 7-23 的切削参数所得的端铣刀磨损量曲线。表 7-25 为在三种切削条件下,根据磨损趋势用加权最小平方法所计算出的平均参数。通过对照表 7-25 与图 7-52 可观察出,主轴转速越快,刀具寿命就越短,计算出的参数 a 会越小;反之,主轴转速越慢,刀具寿命就越长,计算出的参数 a 会越大。故参数 a 是直接关系磨损成长幅度的关键参数。

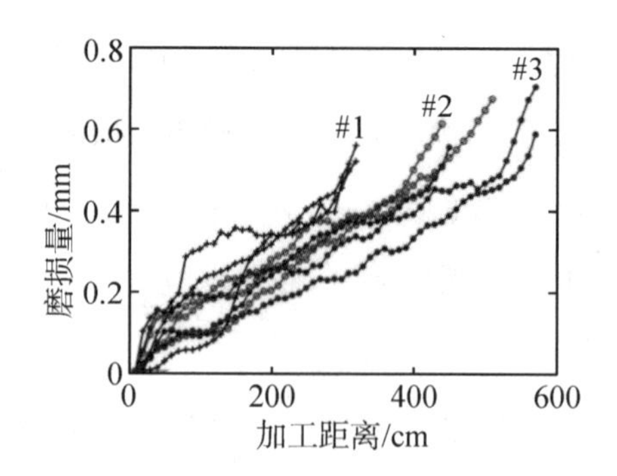

图 7-52　端铣刀磨损量曲线

表 7-25　寿命曲线参数比较

平均参数	加工参数#1	加工参数#2	加工参数#3
k	0. 113	0. 102	0. 104
a	-0. 053	-0. 039	-0. 032

3. 寿命预测结果

将切削距离和剩余寿命正规化为 1,当正归化切削距离为 0 时,剩余寿命为 1,代表刀具寿命尚未减少;而当正归化切削距离为 1 时,剩余寿命则为 0,代表刀具寿命终了。图 7-53(a)为使用最小平方法所预测的刀具剩余寿命。当初期数据点不足,时拟合参数错误,预测误差大。图 7-53(b)为根据式(7-68)使用加权最小平方法所预测的刀具剩余寿命,其中遗忘因子 $\lambda=0.9$。由于新加入的数据权重值最大,因此曲线拟合会更接近当下的磨损趋势,使寿命预测结果能够更贴近实际寿命,预测效果比未加入遗忘因子的更好。

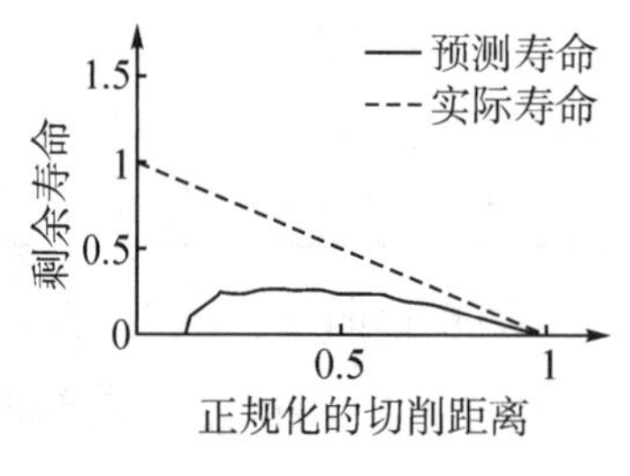

(a)最小平方法的寿命预测结果

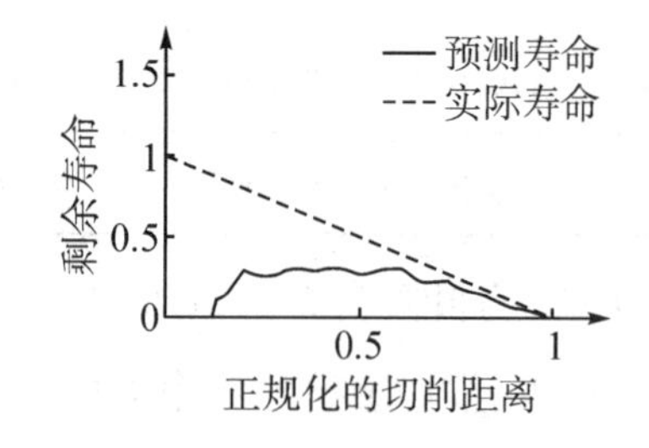

(b)加权最小平方法的寿命预测结果

图 7-53　寿命预测结果

图 7-53 所示的预测结果在初期仍不尽理想。为了解决此问题,本研究应用提出的混合型磨损曲线进行预测,结果如图 7-54 所示。与图 7-53(b)的预测结果相

比,初期因数据缺乏导致的误差较大的缺点已经大幅改善。

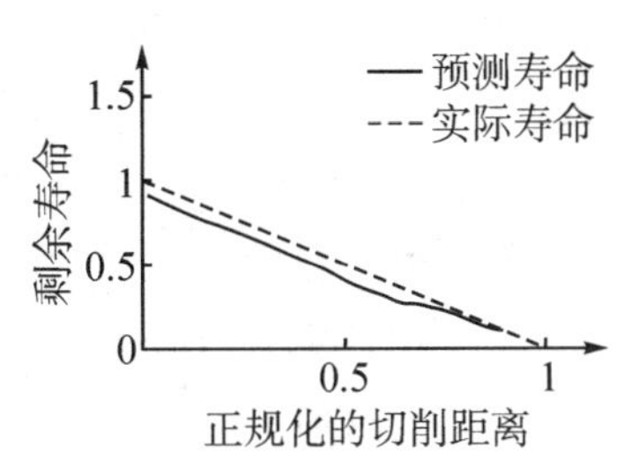

图 7-54　混合型磨损的寿命预测结果

本研究的寿命预测系统可以预测相同加工参数情况下的刀具寿命,也可以预测改变切削参数后的刀具寿命。为了比较各项变因所造成的预测误差,本小节依照实际应用的情况,规划了两种寿命预测的组合:一是相同切削参数的寿命预测;二是改变切削参数的寿命预测。下面介绍两种预测组合及其寿命预测结果。

(1)相同切削参数的寿命预测。

同一组加工参数下,共实验三次,因此每一组加工参数共使用三把刀:第一把刀由于没有之前的磨损数据可以参考,因此直接使用加权最小平方法进行寿命预测;第二把刀使用本研究提出的混合数据拟合方式,和第一把刀的磨损数据混合后,进行寿命预测;第三把刀则和第二把刀的数据混合进行寿命预测。针对三种切削条件,每次切削三次,可获得九把刀的寿命预测结果。下面以使用加工参数#1 为例进行说明。

图 7-55 为在加工参数#1 的条件下三把刀具的寿命预测结果。图 7-55(a)为第一次还没有磨损数据可以参考时,用加权最小平方法所进行的寿命预测结果。可以看出初期由于数据量不足,磨损趋势还不明确。本研究所选用的一阶指数函数只要参数稍有错误,就会使磨损趋势误差很大,导致系统所构建的寿命预测曲线与实际趋势差异很大。但当资料累积越来越多时,预测曲线也会越来越接近实际的磨损趋势,所以预测结果会逐渐准确。图 7-55(b)为第二把刀具混合第一把刀具数据后的寿命预测结果。图 7-55(c)为第三把刀具混合第二把刀具数据后的寿命预测结果。观察图 7-55(b)和 7-55(c)可见,预测系统从初期就相当准确。虽然在同样的切削条件下,每把刀具的磨损趋势不尽相同,但混合前一把刀具的数据作曲线拟合,可以有效限制参数的范围,再加上式(7-68)所设定的权重值,预测趋势会偏重新取得的数据,所以即使前一把刀具的磨损趋势与当下不尽相同,也能够在初期有较准确的预测结果。

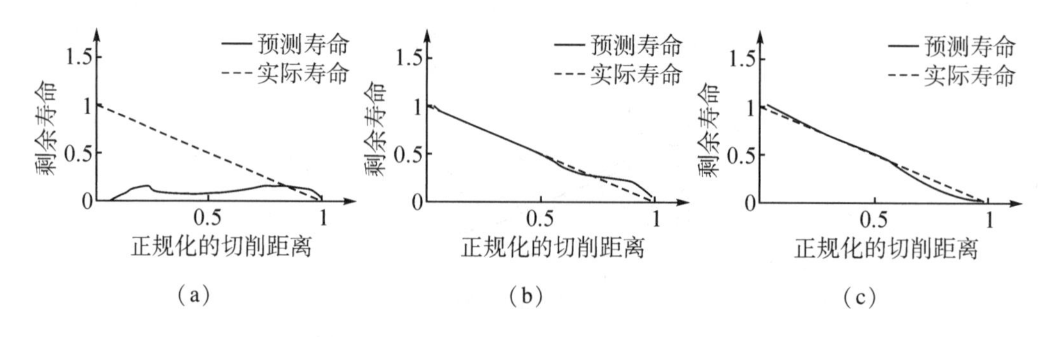

图 7-55　在加工参数#1 下三把刀具的寿命预测结果

表 7-26 为各组别的预测结果的误差比较。其中,组别(a)为第一把刀具以加权最小平方法作的寿命预测结果,组别(b)为第二把刀具混合第一把刀具磨损数据的寿命预测结果,组别(c)为第三把刀具混合第二把刀具磨损数据的寿命预测结果。

表 7-26　相同切削条件下的预测结果误差

预测组别	加工参数#1			加工参数#2			加工参数#3		
	最大误差/%	最小误差/%	平均误差/%	最大误差/%	最小误差/%	平均误差/%	最大误差/%	最小误差/%	平均误差/%
(a)	112.3	0.1	39.3	108.8	0.2	36.5	104.7	0.1	31.9
(b)	14.3	0.3	4.8	12.1	0.5	8.5	18.6	0.1	11.5
(c)	8.2	0.2	4.1	8.2	0.3	4.3	7.9	0.3	4.9

图 7-56 为根据表 7-26 中各加工参数下的平均误差作的曲线图,可以清楚地看出,第一把刀具在没有磨损数据可以参考时,预测误差相当大,而组别(b)与组别(c)则因为有前一把刀的磨损数据可以限制参数范围,预测误差得以大幅下降。

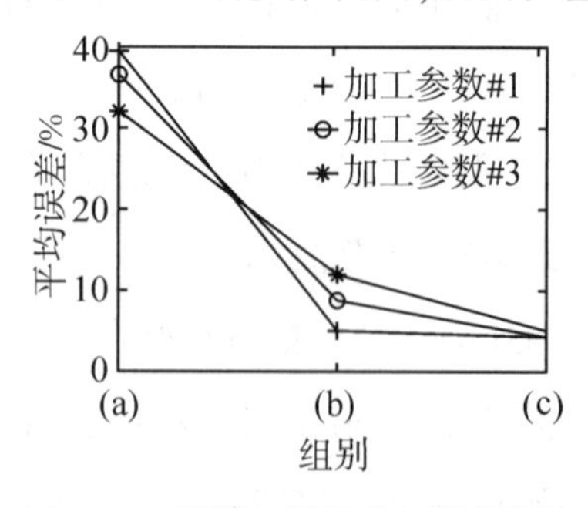

图 7-56　预测结果的平均误差曲线

(2)改变切削参数的寿命预测。

此实验主要测试混合不同切削条件的磨损数据对寿命预测结果的影响。下面以切削参数#2 下三把刀分别混合切削参数#1 中任意一把刀的寿命预测为例进行分析,预测结果如图 7-57 所示。

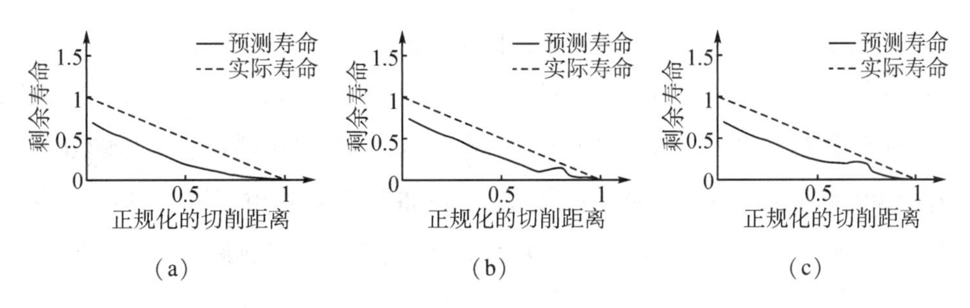

图 7-57　加工参数#2 的刀具混合加工参数#1 其中一把刀的寿命预测结果

表 7-27 为各预测结果的误差比较。其中,组别(a)为第一把刀具在加工参数#1 切换至参数#2 的寿命预测结果,组别(b)为第二把刀具在加工参数#2 切换至参数#3 的寿命预测结果,组别(c)为第三把刀具在加工参数#3 切换至参数#1 的寿命预测结果。

由表 7-27 和图 7-52 的刀具磨损趋势可知,虽然初始条件已经限制了一阶指数函数的参数范围,但因为此为两种不同加工参数,刀具磨损的趋势相差也大,故参数限制的范围有所偏差,导致寿命预测结果的误差也较大。

表 7-27　不同切削参数预测结果的误差比较

组别	加工参数#1 切换至参数#2			加工参数#2 切换至参数#3			加工参数#3 切换至#参数 1		
	最大误差/%	最小误差/%	平均误差/%	最大误差/%	最小误差/%	平均误差/%	最大误差/%	最小误差/%	平均误差/%
(a)	29. 2	0. 7	22. 1	11. 6	0. 1	5. 1	73. 5	14. 1	63. 5
(b)	22. 4	0. 1	16. 1	19. 1	0. 1	11. 8	70. 1	8. 8	59. 0
(c)	28. 6	0. 2	19. 5	19. 0	0. 4	13. 1	74. 8	3. 6	58. 8

图 7-58 为根据表 7-27 的各组别平均误差作的曲线图,其中以切削条件#3 的磨损数据预测切削条件#1 下的刀具寿命的误差最大。因此更换加工参数后,假如刀具磨损趋势相差越大,其预测结果也越差。

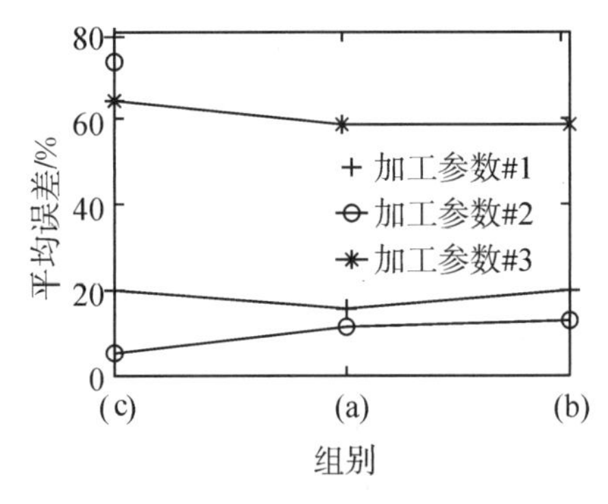

图 7-58　预测结果的平均误差曲线

综合以上实验结果,本研究在初始无任何数据时,使用加权最小平方法进行第一把刀具的寿命预测。早期磨损数据不足会导致预测结果误差相当大,直到中后期数据逐渐累积后,预测结果才会慢慢接近实际寿命。而之后如果维持相同加工参数继续切削,寿命预测结果从初期开始就会相当稳定。假如突然改变切削的加工参数,更换后的第一把刀具的寿命预测的误差会相当大,但第二把刀之后的预测结果则又会相当准确。

五、结论

本研究在 CNC 内部架设工业相机,从机床上面直接测量端铣刀的磨损数据,并研究了一套寿命预测系统,希望在磨损初期到后期都能准确地计算刀具剩余使用寿命。为了解决磨损初期因磨损资料不足导致的预测结果错误,本研究提出了将前一笔刀具的磨损数据与当前刀具的磨损数据相互混合,以限制拟合模型的参数范围,并且引入了遗忘因子的概念来设定数据权重,用来预测下一把刀具的寿命。实验结果的平均误差显示,本研究发展的寿命预测系统,在相同切削条件的情况下,从预测初期就能有稳定的预测结果。即使中途更换切削条件,除了第一次预测误差较大外,之后的预测仍然可以很快地将误差收敛至稳定的范围,这符合本研究的预期目标。但是在进行端铣刀图像磨损监测时,除了工件粘连于刀具外,也因为拍摄空间限制使刀具边缘不明显,导致图像处理产生错误。因此如何能够使图像质量提升,让刀具磨损监测精度提升,是未来应该注重的环节。

第八章　总结与展望

维护优化是企业对高效维护管理的需求不断提高的结果。在经济全球化的背景下和科技快速发展的条件下，企业设备的复杂程度和资金密集程度达到了空前水平，这给设备的维护带来了很大的困难，同时也为设备维护的研究提出了新的问题。正是科技水平的迅速提高，使设备维护中复杂信息的处理成为可能，从而为解决设备维护所面临的问题提供了技术保障。维护管理模式在经历了传统的计划维护和预测维护阶段后，又出现了多种不同维护管理模式全面发展的阶段。在此阶段 RCM、RAM、BCM、TPM、设备综合工程学、后勤工程学等理论在企业中获得了广泛的应用。

维护优化模型的建立利用了数学工具，旨在反映维护变化规律，并研究诸如维护技术人员构成比例、维护备件管理、维护策略优化与选择、维护评价以及维护管理战略等方面的问题。在这个模型中，采用了多种理论和方法，包括但不限于统计学、运筹学以及系统工程学等，以期对维护工作进行系统、全面的分析和优化。这些方法既包括对主观数据的分析，也包括对客观数据的统计，以提高模型的可操作性。

RCM 不仅涵盖了传统的维护计划优化问题，还包括了可靠性的优化控制方法，从而拓展了维护优化的含义。这种基于可靠性的维护研究的方法，是一种新兴的维护方法。它建立在对设备设计特点、运行功能、失效模式以及后果分析的基础上，旨在满足设备使用可靠性的目的。

本研究基于可靠性的设备维护优化模型，目标在于以最小的维护成本满足系统的可靠性要求，完成了以下工作。

(1)总结了传统寿命周期费用分析方法，并在此基础上建立了可靠性和寿命周期费用优化模型，以实现最佳匹配。这一模型的主要特点在于考虑了设备的可靠性，并将其纳入整体成本评估中。

(2)构建了基于可靠性的单设备系统预防性维护优化模型，充分考虑了不同维护活动对系统可靠性的动态影响,旨在减小由于维护活动而造成的停机损失。该模型的关键在于通过合理安排维护计划,提高系统的长期可靠性和稳定性,从而降低维护成本,同时最大限度地保证了设备的可用性和工作效率。

(3)设计了基于可靠性的设备更新模型。该模型充分考虑了设备更新时机和维护周期优化的因素,旨在最小化单位时间内的维护费用。通过精准分析设备的寿命周期和维护周期,以及对设备更新时机的合理评估,该模型能够有效降低系统维护成本,延长设备的使用寿命,并且最大限度地提高生产效率和经济效益。

(4)建立了基于可靠性的备件优化的混合整数非线性规划数学模型,以解决备件可靠性与成本之间的多样性关系。该模型通过充分考虑备件的可靠性特征和成本约束,以及对系统运行过程中备件需求的动态变化,实现了备件优化的有效管理。通过该模型的应用,可以实现备件库存的最优化配置,确保在系统的运行过程中随时可获得所需备件,从而有效降低备件的存储成本和系统的维护成本,提高系统的可靠性和稳定性。

(5)针对物联制造智能车间生产物流自适应协同优化难题,面向工业物联网环境下的智能车间多维大数据处理、生产物流协同模型构建以及自适应动态优化等关键问题,重点从工程技术及企业实际应用的刚性需求出发,构建了一种具有主动感知、异常识别、敏捷响应、自适应协同优化能力的智能管控系统。

(6)通过在变分自编码器中嵌入注意力机制构建模型,用于异常检测,来判断PCB上电子元器件是否异常。通过正常样本进行训练,计算出输入与输出的图像差异来判定电子元器件是否属于异常。研究提出的模型使得最终重建的图像质量有所提升,通过较为敏锐的指针结构相似性来判别元件是否异常,最终提升了异常检测的效率,以协助现场检验的人员减少检验的时间。优化了分类器,将支持向量机和神经网络结合,设计了螺纹的检测策略。设计应用图像处理的方法预测刀具的使用寿命,提升了生产决策的效率。

通过对以上问题的研究、模型的构建,丰富了设备维护的理论,同时通过案例分析表明所提出的方法对企业设备维护具有一定的指导作用。

为了维护优化,尤其是在面对现代复杂设备的挑战时,需要新的模型支持。这包括多状态设备,其特性增加了维护的复杂性。RCM作为一种维护优化方法,需要更多的研究和实验支持,以满足不同设备的需求。虽然本研究深入探讨了有限时间条件下的维护优化,但由于个人知识积累和时间限制,尚未涉及很多有意义的领域,这也是下一步继续研究的主要方向,这些内容主要包括以下五个方面。

第一,多状态设备的基于可靠性的维护优化。对于多状态设备的维护优化,需要考虑设备状态信息,这有助于降低维护成本并提高效率。因此,未来的研究应该聚焦于开发能够有效处理多状态设备的维护优化模型,以利用设备状态信息来制订更精准的维护策略。

第二,本研究的优化对象主要是单设备系统,且假设备部件相互独立。单设备系统是维护优化研究的基础,利用单设备系统的维护研究成果,研究多设备系统的优化模型是维护优化的研究方向之一。

第三,维修成本的动态变化在工业维护管理中扮演着至关重要的角色。将维修成本表示为动态变化的函数形式,尤其是与设备年龄相关的关系,可以显著提高优化模型对维护直接成本的精确度。通过这种方式,模型能够更好地反映实际工业维护中不同维修周期的变动成本特征。如果时间区间较长,随着设备老化程度的加重,设备的生产率也会发生较大变化。而且,如果产品的市场价格波动幅度较大,这两个因素会对停机损失和收益产生直接影响,从而影响维护的时机选择。显然,维护时间应当尽量避免选择在市场需求旺盛、备件价格较高时,而这也是企业在做维护决策时应考虑的重要因素之一。因此,在模型中加入市场需求对价格和生产率的影响,可以为产品受市场影响波动较大的生产设备的维护决策提供科学依据。

第四,计算资金的时间价值。将资金的时间价值纳入模型,能够更科学地计算维护成本,特别是针对工业企业长周期、高成本设备,资金的时间价值对维护成本的影响显著。

第五,将维护管理与其他企业管理职能集成优化,是提高维护管理效率的有效途径,例如,维护与生产计划的组合优化、维护与人力资源管理的组合优化等。这种集成优化不仅增加了模型的复杂度,也提高了模型对现实工业维护的贴近程度,具有重要的实际意义。

第六,设备维护呈现出智能化、自动化、数字化和预防性维护等多元化的发展趋势。基于数字化管理的数据支持,可以帮助企业更加科学地制订设备维护计划、优化资源配置和评估维护效果,同时还可以提高设备维护的透明度和可追溯性,为企业的持续改进提供有力保障。利用大数据分析技术,通过对海量的设备运行数据进行深度挖掘和分析,发现潜在的故障模式和关联关系,可以制订更加精准的预测性维护计划,减少非计划停机时间和维护成本,为企业带来更加高效、准确和可靠的设备维护解决方案。

参 考 文 献

[1] LOVE C E, GUO R. Utilizing Weibull failure rates in repair limit analysis for equipment replacement/preventive maintenance decisions[J]. Journal of Operational Research Society, 1996, 47 (11): 1366-1376.

[2] MARQUEZ A C, HEGUEDAS A S. Models for maintenance optimization: A study for repairable systems and finite time periods[J]. Reliability Engineering and System Safety, 2002, 75 (3): 367-377

[3] DUFFUAA S O, BEN-DAYA M, AI-SULTAN K S. A generic conceptual simulation model for maintenance systems[J]. Journal of Quality in Maintenance Engineering, 2001, 7(3): 207-219.

[4] CHARLES A S, ACCARO-PANTEL C, PIBOULEAU L. Optimization of preventive maintenance strategies in a multi purpose batch plant: application to semiconductor manufacturing[J]. Computers and Chemical Engineering, 2003, 27(4): 449-467.

[5] Li G Q, LI J J. A semi-analytical simulation method for reliability assessments of structural systems[J]. Reliability Engineering and System Safety, 2002, 78(3): 275-281.

[6] OZEKICI S. Optimal maintenance policies in random environments[J]. European Journal of Operational Research, 1995, 82(2): 283-294.

[7] LEVITIN G. Reliability and performance analysis for fault-tolerant programs consisting of versions with different characteristics[J]. Reliability Engineering and System Safety, 2004, 86(1): 75-81.

[8] KHAN F I, HADDARA M M. Risk-based maintenance (RBM): a quantitative approach for maintenance/inspection scheduling and planning [J]. Journal of Loss Prevention in the Process Industries, 2003, 16(6): 561-573.

[9]韩帮军,范秀敏,马登哲.制造车间设备两阶段预防性维修策略的优化研究[J].机械设计与研究,2003,1(19):50-52.

[10]韩帮军,范秀敏,马登哲,等.用遗传算法优化制造设备的预防性维修周期模型[J].计算机集成制造系统,2003,9(3):206-209.

[11]韩帮军,范秀敏,马登哲.生产系统设备预防性维修控制策略的仿真优化[J].计算机集成制造系统,2004,10(7):853-857.

[12] Fletcher J. D,Johnston R. Effectiveness and cost benefits of computer-based decision aids for equipment maintenance[J]. Computers in Human Behavior,2002,18(6):717-728.

[13]姬东朝,肖明清.一种新的最小维修优化数学模型的建立[J].航空计算技术,2002,32(3):31-33.

[14]冯柯,鲁冬林,丛伟,等.机械设备预防维修的经济性权衡[J].工程机械,2000,(5):10-13.

[15] WALTER D. Competency-based on-the-job training for aviation maintenance and inspection a human factors approach[J]. International Journal of Industrial Ergonomics ,2000,26(2):249-259.

[16]刘玉彬,王光远.以动态模糊随机可靠度为参数的在役结构维修决策[J].哈尔滨建筑大学学报,1996,(02):1-7.

[17] MARTORELL S, SANCHEZ A, CARLOS S. Comparing effectiveness and efficiency in technical specifications and maintenance optimization[J]. Reliability Engineering and System Safety ,2002,77(3):281-289.

[18]张建强,张涛,郭波.基于 Petri 网的维修保障流程多层次仿真模型研究[J].兵工自动化,2003,22(4):7-11.

[19]肖刚.评估复杂可维修系统可靠度与瞬态可用度的蒙特卡罗方法[J].兵工学报,2002,2:20-23.

[20]赵廷弟,田瑾.柔性可靠性与故障诊断处理综合设计技术[J].北京航空航天大学学报,2006,32(10):1205-1208.

[21]黄郁健,杨士清.基于威布尔分布的工件疲劳剩余寿命可靠度预测方法探析[J].科研,2016 (8):149.

[22] STREICHFUSS M, BURGWINKEL P. An expert-system-based machine monitoring and maintenance management system[J]. Control Engineering Practice,1995,3(7):1023-1027.

[23] YANG S K. An experiment of state estimation for predictive maintenance using Kalman filter on a DC motor[J]. Reliability Engineering & System Safety ,2002,75(1):103-111.

[24] BADíA F G, BERRADE M D. CLEMENTE A C. Optimal inspection and preventive maintenance of units with revealed & unrevealed failures [J]. Reliability Engineering and System Safety,2002 ,78(2):157-163.

[25]张本生,于永利,于传健.面向维修专家系统中维修知识的组织与表达研究[J].计算机工程与应用,2002,(2):221-223.

[26]陶欢,余琳.基于模糊综合判断的装备软件可靠性研究[J].舰船电子对抗,2006,29(5):69-72.

[27]蔡林峰,谭观音.基于遗传算法的信息系统可靠性优化设计[J].计算机工程与设计,2006,27(14):2578-2580.

[28]曲东才.大型武器装备的全寿命周期费用分析[J].航空科学技术,2004(5):27-31.

[29]曾庆禹.变电站的寿命周期成本与新技术发展分析[J].中国电力,2000,33(12):35-38.

[30]FRANGOPOL D M, LIN K Y. Life-cycle cost design of deteriorating structures[J]. Engineering Structures,1997, 36(10):1390-1401.

[31]韩天祥.上海市电力公司全寿命周期费用(LCC)管理研究项目[J].上海电力,2004,(1):45.

[32]PUTCHALA S R, KOTHA R, GUDA V, et al. Transformer data analysis for predictive maintenance[J]. Proceedings of Second International Conference on Advances in Computer Engineering and Communication Systems,22 February 2022: 217-230.

[33]郭基伟,柳纲,唐国庆,等.电力设备检修策略的马尔可夫决策[J].电力系统及其自动化学报,2004,(04):6-10.

[34]王竣锋.全寿命周期背景下如何通过可靠性管理达到军事装备采购的风险监督[J].北华航天工业学院学报,2012,22(06):25-27.

[35]DUANE J T. Learning curve approach to reliability monitoring[J]. IEEE Trans actions on Aerospace,2007,2(2):563-566.

[36] Reliability growth management: MIL-HDBK-189C-2011 [S]. USA: Department of Defense,2011.

[37]XIE M ,ZHAO M. On some reliability growth models with simple graphical interpretations [J]. Microelectronics Reliablity,1993,2(33):149-167.

[38]GOVIL K K. New analytical model for logistics support cost and life cycle cost VS reliability function[J]. Microelectronic Reliability,1984,6(24):1098

[39] GOVIL K K. Optimum design of reliable systems for special life cycle cost [J]. Microelectronic Reliability,1985,25(2):1239-1241.

[40]CHISHOLM R. Life cycle cost analysis(LCCA) in military aircraft procurement[J]. Design to Cost & Life cycle cost,1990(5):19-22

[41]周行权,蔡宁.电子产品寿命周期费用与可靠性关系的动态研究[J].电子学报,1994,22(11):22-27.

[42]朱兰.质量管理手册[M].上海:上海科学技术文献出版社,1979:82.

[43]刘晓东,张恒喜.飞机可靠性与研制费用相关关系研究[J].空军工程大学学报,2000(1):

63-66.

[44]TAHARA A ,NISHIDA T. Optimal replacement policy for minimal repair model[J]. Journal of Operations Research Society of Japan,1975,18 (3):113-124.

[45]NAKAGAWA T. Optimal policy of continuous and discrete replacement with minimal repair at failure[J]. Naval Research Logistics Quarterly,1984,31(4):543-550.

[46] SHEU S H, KUO C M, NAKAGAWA T. Extended optimal age replacement policy with minimal repair[J]. RAIRO:Operations Research,1993,27 (3):337-351.

[47] SHEU S H, GRIFITH W S, NAKAGAWA T. Extended optimal replacement model with random minimal repair costs[J]. European Journal of Operational Research,1995,85(3):636-649.

[48]WANG H,PHAM H. Some maintenance models and availability with imperfect maintenance in production systems[J]. Annals of Operations Research,1999,91:305-318.

[49]AMARI S,FULTON W. Bounds on optimal replacement time of age replacement policy[C]. 2003 Proceedings:Annual Reliability and Maintainability Symposium on Product Quality and Integrity: 417-422.

[50]LIU X G,MAAKIS V,JARDINE A K S. A replacement model with overhauls and repairs[J]. Naval Research Logistics(nrl),1995,42(7):1063-1079.

[51] NAKAGAWA T. Periodic and sequential preventive maintenance policies [J]. Journal of Applied Probability,1986,23(2):536-542.

[52] TANGO T. Extended block replacement policy with used items [J]. Journal of Applied Probability,1978,15:560 -572.

[53]LIE C H,CHUN Y H. An algorithm for preventive maintenance policy[J]. IEEE Transactions on Reliability,1986,35(1):71-75.

[54]BERGMAN B. Optimal replacement under a general failure model[J]. Advances in Applied Probability,1978,10(2):431-451.

[55] MAILLATR L M, POLLOCK S M. Cost-optimal condition - monitoring for predictive maintenance of 2-phase systems[J]. IEEE Transactions on Reliability,2002,51(3):322-330.

[56]BADIA F G,BERRADE M D,CAMPOS C A. Optimal inspection and preventive maintenance of units with revealed and unrevealed failures[J]. Reliability Engineering and Systcm Safety,2002,78 (2):157-163.

[57]MALIK M K. Reliable preventive maintenance scheduling[J]. AIIE Transactions,1979,11 (3):221-228.

[58]MING A M,ZUO M J,TOOGOOD R W. Reliability- based design of systems considering preventive maintenance and minimal repair[J]. International Journal of Reliability,Quality and Safety

Engineering,1997,4 (1):55-71.

[59]BARLOW R E,PROSHAN F. Mathematical theory of reliability[J]. IEEE Transactions on Reliability,1984,33(1):16-20.

[60]NGUYEN D G,MURTHY D N P. Optimal preventive maintenance policies for repairable systems[J]. Operations Research,1981,29(6):1181-1194.

[61]NAKAGAWA T. Sequential imperfect preventive maintenance policies[J]. IEEE Transactions on Reliability,1988,37 (3):295-298.

[62]DRINKWATER R W,HASTINGS N A J. An economic replacement model[J]. Journal of the Operational Research Society,1967,18:121-138.

[63]YUN W Y,BAI D S. Cost limit replacement policy under imperfect repair[J]. Reliability Engineering,1987,19(1):23-28.

[64]KAPUR P K,GARG R B,BUTANI N L. Some replacement policies with minimal repairs and repair cost limit[J]. International Journal of Systems Science,1989,20(2):267-279.

[65] BEICHELT F. A replacement policy based on limits for the repair cost rate[J]. IEEE Transactions on Reliability,1982,31(4):401-412.

[66]NALAGAWA T,OSAKI S. The optimum repair limit replacement policies[J]. Operational Research Quarterly ,1974,25:311-317.

[67]NGUYEN D G,MURTHY D N P . A note on the repair limit replacement policy[J]. Journal of Operational Research Society,1980,31(12):1103-1104.

[68]DOHI T ,MATSUSHIMA N,KAIO N,et al. Nonparametric repair-limit replacement policies with imperfect repair[J]. European Journal of Operational Research,1997,96(2):260-273.

[69] KOSHIMAE H, DOHI T, KAIO N, et al. Graphical statistical approach to repair limit replacement problem[J]. Journal of the Operations Research Society of Japan,1996,39(2):230-246.

[70]BLOCK H W,LANGBERG N A,SAVITS T H. Repair replacement policies[J]. Journal of Applied Probability,1993,30(1):194-206.

[71] GRAIL A, BERENGUER C, DIEULLE L. A condition - based maintenance policy for stochastically deteriorating systems[J]. Reliability Engineering and System Safety,2002,76(2):167-180.

[72]CHEN D,TRIVEDI K S. Closed-form analytical results for condition-based maintenance[J]. Reliability Engineering & System Safety,2002,76 (1):43-51.

[73]GERTSBAKH I B. Optimal group preventive maintenance of a system with observable state parameter[J]. Advances in Applied Probability,1984,16(4):923-925.

[74]ASSAF D,SHANTHIKUMAR J G. Optimal group maintenance policies with continuous and

periodic inspections[J]. Management Science,1987,33 (11):1440-1450.

[75]LOVE C E,RODGER A,BLAZENKO G . Repair limit policies for vehicle replacement[J]. Management Science ,1982,20(2):226-236.

[76]SHEU S,JHANG J P. A generalized group maintenance policy[J]. European Journal of Operational Research,1997,96(2):232-247.

[77]WILDEMAN R E,DEKKER R,SMIT A C J M. A dynamic policy for grouping maintenance activities[J]. European Journal of Operational Research,1997,99(3):530-551.

[78]POPOVA E,WILSON J G. Group replacement policies for parallel systems whose components have phase distributed failure times[J]. Annals of Operations Research,1999,91:163-190.

[79]ARCHIBALD T W, DEKKER R. Modified block - replacement for multiple - component systems[J]. IEEE Transactions on Reliability,1996,45(1):75-83.

[80]HSIEH C C,CHIU K C. Optimal maintenance policy in a multi state deteriorating standby system[J]. European Journal of Operational Research,2002,141(1):689-698.

[81]BREZAVSCEK A,HUDOKLIN A. Joint optimization of block-replacement and periodic-review spare-provisioning Policy[J]. IEEE Transactions on Reliability,2003,52(1):112-117.

[82]BERG M. Optimal replacement policies for two-unit machines with increasing running costs [J]. Stochastic Processes and Applications,1976,5:89-106.

[83]BERG M. General trigger-of replacement procedures for two-unit systems[J]. Naval Research Logistics,1978,25(3):15-29.

[84]ZHENG X,FARD N. A maintenance policy for repairable systems based on opportunistic failure rate tolerance[J]. IEEE Transactions on Reliability,1991,40(2):237-244.

[85]ZHENG X,FARD N. Hazard-rate tolerance method for an opportunistic-replacement policy [J]. IEEE Transactions on Reliability,1992,41(1):13-20.

[86]KULSHRESTHA D K. Operational behavior of a multi component system having stand-by redundancy with opportunistic repair[J]. Untemehmensforschung,1968,12:159-172.

[87]CHUNG C S,FLYNN J. Optimal replacement policies for k-out-of-n systems[J]. IEEE Transactions on Reliability ,1989,38(4):237-244.

[88]PHAM H,WANG H. Optimal opportunistic maintenance of a k-out-of-n:G system with imperfect PM and partial failure[J]. Naval Research Logistics,2000,47(3):223-239.

[89]ZHENG X. All opportunity-triggered replacement policy for multiple-unit systems[J]. IEEE Tram Reliab,1995,44(4):648- 652.

[90]LEGAT V,ZALUDORA A H,CERVENKA V. Contribution to optimization of preventive replacement[J]. Reliab Engng Syst Safety,1996,51(3):259-266.

[91]WANG K S,TSAI Y T,LIN C H. Study of replacement policy for components in a mechanical

system[J]. Reliab Engng Syst Safety,1997,58(3):191-199.

[92]CHAN J, SHAW L. Modeling repairable systems with failure rates that depend on age and maintenance[J]. IEEE Trans Rellab,1993,42(4):566-571.

[93]MARTORLL S,MUNOZ A,SERRADELL V. Age-dependent models for evaluating risks and costs of surveillance and maintenance of systems[J]. IEEE Tram Reliab,1996,45(3):433-441

[94]MARTORELL S,SANCHEZ A,SERRADLL V. Age-dependent reliability model considering effects of maintenance and working conditions[J]. Rellab Engng Syst Safety,1996,64(1):19- 31

[95]NAKAGAWA T. Modified periodic replacement with minimal repair at failure[J]. IEEE Transactions on Reliability,1981,30:165-168.

[96]SHEU S H,GRIFFITH W S. Extended block replacement policy with shock models and used items[J]. European Journal of Operational Research,2002,140(1):50-60.

[97]TSAI Y T,WANG K S,TSAI L C. A study of availability-centered preventive maintenance for multi-component systems[J]. Reliab Engng Syst Safety,2004,84(3):261- 270.

[98]奚立峰,周晓军,李杰.有限区间内设备顺序预防性维护策略研究[J].计算机集成制造系统,2005,11(10):1465-1468.

[99]蔡景,左洪福,王华伟.多部件系统的预防性维修优化模型研究[J].系统工程理论与实践,2007,2:133-138.

[100]钮平南.设备更新的技术经济分析[M].黑龙江水专学报,1994:1-7.

[101]张文泉.电力技术经济评价理论、方法与应用[M].北京:中国电力出版社,2004.

[102]LARRY H. Crow,methods for reducing the cost to maintain a fleet of repairable systems[J]. Reliability and Maintainability Symposium,2003:392-399.

[103]RUPE J W. Optimal-Maintenance modeling on finite time with Technology replacement and changing repair costs[J]. Reliability and Maintainability Symposium,2000:269-275.

[104]张小明,柳文勇.设备更新决策中的 LCC 理论应用[J].经济师,2004,10:257.

[105]梅强.关于在设备更新决策中如何体现 LCC 理论的探索[J].机械管理开发,2003,4:39-42.

[106]高克,李敏.设备管理与维修[M].北京:机械工业出版社,1987.

[107]丘仕义.电力设备可靠性维修[M].北京:中国电力出版社,2004.

[108]刘心报.设备更新问题的一个评价模型[J].合肥工业大学学报,1999,3 (22):81-93.

[109]王永清.设备更新决策的模糊评价[J].煤矿机械,2004,1:49-51.

[110]杨元梁.设备更新的博弈论决策模型[J].林业机械与木工设备,2001,5:32-35.

[111]MARSEGUERRA M,ZIO E. Optimizing maintenance and repair policies via a comtibinaon of genetic algorithms and Monte Carlo simulation [J]. Reliability Engineering and System Safety,2000,68:

69-83.

[112]SEO J H,BAI D S. An optimal maintenance policy for a system under periodic overhaul [J]. Mathematical and Computer Modeling,2004,39:373-380.

[113]YEH,R H,CHEN M Y. Optimal periodic replacement policy for repairable products under free-repair warranty[J]. European Journal of Operation Research,2007(176):1678-1686.

[114]PONGPECH J,MURTH,D N P. Optimal periodic preventive maintenance police for leased equipment [J]. Reliability Engineering and System Safety,2006(91):772-777.

[115]YEH R H,CHANG W L. Optimal threshold value of failure-rate for leased products with preventive maintance actions[J]. Mathemactical and Computer Modelling,2007(46):730-737.

[116] ZEQUEIRA R I, BEREEMGUER C. Periodic imperfect preventive maintenance whit two categories of competing failure modes [J]. Reliability Engineering and System Safety, 2006 (91): 460-468.

[117] JATURONNATEE J, MURTTY D N P. Optimal maintenance of leased equipment with corrective minimal repairs[J]. European Journal of Operation Research,2006(174):201-215.

[118]陈琦,马向阳.求解串并联系统配置问题的免疫遗传算法[J].计算机工程与应用,2010,46(15):235-238.

[119]MISRA,K B,Sharma,J. A new geometric programming formulation for a reliability problem [J]. International Journal Control,1973,18:497-503.

[120]CHERN M S. On the computational complexity of reliability redundancy allocation in a series system [J]. Operations Research Ietters. 1992,11(5):309-315.

[121]JATURONNATEE J,MURTTY D N P,BOONDISKULCHOK R. Optimal maintenance of leased equipment with corrective minimal repairs[J]. European Journal of Operation Research,2006,174 (1):201-215.

[122] LUUS R. Optimization of system reliability by a new nonlinear integer programming procedure [J]. IEEE Trans. Reliability. 1985,24:14-16.

[123] MISRA K B, SHARMA, U. Multicriteria optimization for combined reliability and redundancy allocation in systems employing mixed redundancies [J]. Microelectronics Reliability, 1991, 31(2-3):323-335.

[124]HAJELA P,YOO J,LEE J. GA based simulation optimization[J]. Engineering Optimization. 1997,22:131-149

[125] TAZAWA I, KOAKUTSU S,HIRATA H. A VLSI floor-plan design based on genetic immune recruitment mechanism[J]. Transactions of the Society of Instrument and Control Engineers, 1995,31(5):615-621.

[126]FYFFE D E,HINES W. W. LEE N K. System reliability allocation and a computational

algorithm [J]. Operations Research,1968,17:64-69.

[127]COIT,D W,SMITH A E. Reliability optimization of series-parallel system using a genetic algorithm [J]. IEEE Trans. On Reliability,1996,45:254-260.

[128]HSIEH Y. A linear approximation for redundant reliability problems with multiple component choice [J]. Computers and Industrial Engineering,2002,44:91-103.

[129] MANN L, Toward a systematic maintenance program [J]. The Journal of Industrial Engineering,1966,17(9):461-473.

[130]MAMER J W ,SMITH S A. Optimizing field repair kits based on job completion rate[J]. Management Science,1982,28(11):1328-1333.

[131]SEIDEL R. Optimization of the availability of complex manufacturing systems methods and examples[J]. International Journal of Production Research,1983,21(2):153-162.

[132]HANEVYELD W K,TEUNTER R H . Optimal provisioning strategies for slow moving spare parts with small lead times[J]. Journal of the Operational Research Society,1997,48:184-194.

[133]张金隆,陈涛,王林,等. 基于备件需求优先级的随机库存控制模型研究[J]. 中国管理科学,2003,(06):26-29.

[134]王强,史超,严盛文,等. 一种维修备件储备量决策分析模型[J]. 现代制造工程,2003,(05):77-80.

[135]王维娜,孙林岩,张盛浩,等. 基于设备状态监控的单级备件库存系统补货策略研究[J]. 运筹与管理,2013,22(05):217-225.

[136]刘琴,申海,朱美琳. 基于需求分布规律的石化企业备件库存优化研究[J]. 数学的实践与认识,2020,50(09):116-121.

[137]汪娅,王超峰. 基于约束调度的消耗性航材备件需求预测分析[J]. 科学技术与工程,2019,19(02):243-247.

[138]袁园,付兴方,吴佳康. 基于平均备件保障概率的备件库存优化模型研究[J]. 舰船电子工程,2018,38(10):156-159.

[139]杜文超,何曙光,边德军,等. 二维质保下基于使用强度的备件库存策略研究[J]. 工业工程与管理,2017,22(2):119-124+131.

[140]方忠民,韩福义,马蓉. 模糊 ABC-FSN 分类法在企业库存管理中的应用[J]. 物流技术,2019,38(01):114-119.

[141]逯程,徐廷学,王虹. 装备视情维修与备件库存联合优化决策[J]. 系统工程与电子技术,2019,41(07):1560-1567.

[142]李桃. 风力机维修与备件库存策略的联合优化[D]. 南京:东南大学,2018.

[143]杨建华,韩梦莹. 视情维修条件下 K/N(G)系统备件供需联合优化[J]. 系统工程与电子

技术,2019,41(09):2148-2156.

[144]孔子庆, 刘白杨,刘济. 一种新的不常用备件需求预测和库存优化方法[J]. 华东理工大学学报(自然科学版), 2022, 48(3): 366-372.

[145]SHERBROOKE C C. A multi-echelon technique for recoverable item control[J]. Operational Research,1968,16:122-141.

[146]MUCKSTADT J A, A medel for a multi-item, multi-echelon, multi-indenture inventory system[J]. Management Science,1973,20(4):472-481.

[147]SHERBROKE C C. Improved approximation for multi-indenture, multi-echelon availability mode[J]. Operations Research ,1986,34:311-319.

[148]戈洪宇,石全,夏伟. 装备维修备件库存量优化控制仿真研究[J]. 计算机仿真,2017,34(07):386-390.

[149]林杰,叶鸿庆,郑美妹,等. 基于状态的预防性替换和备件订购联合优化[J]. 工业工程与管理,2021,26(06):1-8.

[150]徐常凯,周家萱,杜加刚. 基于增强学习的航材二级库存优化配置研究[J]. 兵器装备工程学报,2019,40(08):106-110.

[151]邵帅,戴明强,张肖. 基于遗传算法的随机条件下多级库存管理研究[J]. 计算机与数字工程,2015,43(11):1924-1928+1967.

[152]张守京,秦小凡. BGA 算法在备件库存控制策略优化中的应用研究[J]. 机械科学与技术,2021,40(04):649-656.

[153]陈童,黎放,狄鹏. 基于马尔可夫到达过程的两级可修备件(S-1,S)库存优化模型[J]. 中国工程科学,2015,17(05):113-119.

[154]陈琦,马向阳. 求解串并联系统备件配置问题的蚂蚁算法[J]. 组合机床与自动化加工技术,2010,(04):49-51.

[155]YE X,JIANG J,LEE C,et al. Toward the plug-and-produce capability for industry 4. 0:An asset administration shell approach[J]. IEEE Ind. Electron. Mag,2020,3:146-157.

[156]TANTIK E. ANDERL R. Integrated data model and structure for the asset administration shell in industrie 4. 0[J] 2017,60:86-91.

[157]YE X, HONG S H. An automation ML/OPC UA-based industry 4. 0 solution for a manufacturing system[C]. 2018 IEEE 23rd International Conference on Emerging Technologies and Factory Automation (ETFA),2018:543-550.

[158]MARCON P,DIEDRICH C,ZEZULKA F,et al. The asset administration shell of operator in the platform of industry 4. 0[C]. International Conference on Mathematicans Mechatronika,2019:1-6.

[159]ASSADI A A,FRIES C,M. Fechter,et al. User-friendly, requirement based assistance for

production workforce using an asset administration shell design[J]. Procedia CIRP, 2020,91:402-406.

[160]Muralidharan S,YOO B,KO H. Designing a semantic digital twin model for IoT[C]//2020 IEEE International Conference on Consumer Electronics(ICCE). IEEE,2020:1-2

[161]YE X,HONG S H. Toward industry 4.0 components:insights into and implementation of asset administration shells[J]. IEEE Industrial Electronics. Magazine,2019,13:13(1)-25.

[162]康世龙,杜中一,雷咏梅,等. 工业物联网研究概述[J]. 物联网技术,2013,3(6):80-82+85.

[163]马南峰,姚锡凡,王柯赛. 面向未来互联网的智慧制造研究现状与展望[J]. 中国科学:技术科学,2022(1):55-75.

[164]高杨,李健. 基于物联网技术的再制造闭环供应链信息服务系统研究[J]. 科技进步与对策,2014(3):19-25.

[165]曹伟,江平宇,江开勇,等. 基于RFID技术的离散制造车间实时数据采集与可视化监控方法[J]. 计算机集成制造系统,2017,23(2):273-285.

[166]POON T C,CHOY K L,CHAN F T S,et al. A real-time production operations decision support system for solving stochastic production material demand problems[J]. Expert Systems with Applications,2011,38(5):4829-4838.

[167]POON T C,CHOY K L,CHAN F T S,et al. A real-time warehouse operations planning system for small batch replenishment problems in production environment[J]. Expert Systems with Applications,2011,38(7):8524-8537.

[168]POON T C,CHOY K L,CHENG C K,et al. Effective selection and allocation of material handling equipment for stochastic production material demand problems using genetic algorithm[J]. Expert Systems with Applications,2011,38(10):12497-12505.

[169]王建民. 工业大数据技术[J]. 电信网技术,2016(8):1-5.

[170]柴天佑. 复杂工业过程运行优化与反馈控制[J]. 自动化学报,2013,39(11):1744-1757.

[171]任杉,张映锋,黄彬彬. 生命周期大数据驱动的复杂产品智能制造服务新模式研究[J]. 机械工程学报,2018(22):194-203.

[172]ZHAO R,LIU Y Y,ZHANG N,et al. An optimization model for green supply chain management by using a big data analytic approach[J]. Journal of Cleaner Production,2017,142(PT.2):1085-1097.

[173]LI D,TANG H,WANG S Y,et al. A big data enabled load-balancing control for smart manufacturing of industry 4.0[J]. Cluster Computing,2017,20(2):1855-1864.

[174]VAN B H,WYNS J,VALCKENAERS P,et al. Reference architecture for holonic manufacturing systems:PROSA[J]. Computers in Industry,1998,37(3):255-274.

[175]ROCHA A,ORIO G D,BARATA J,et al. An agent based framework to support plug and produce[C]. Proceedings of the 12th IEEE International Conference on Industrial Informatics (INDIN),2014:504-510.

[176]WANG C,JIANG P Y. Cognitive computing based manufacturing data processing for internet of things in job-shop floor[C]. 2015 IEEE International Conference on Mechatronics and Automation (ICMA),2015:2521-2526.

[177]TANG C G,WEI X L,XIAO SH,et al. A mobile cloud based scheduling strategy for industrial internet of things[J]. IEEE Access,2018,6:7262-7275.

[178]KACEM I,HAMMADI S,BORNE P. Approach by localization and multiobjective evolutionary optimization for flexible job-shop scheduling problems[J]. IEEE Transactions on Systems,Man,and Cybernetics,Part C(Applications and Reviews),2002,32(1):1-13.

[179]ABDELMAGUID T F. A neighborhood search function for flexible job shop scheduling with separable sequence-dependent setup times[J]. Applied Mathematics and Computation,2015,260:188-203.

[180]WOO K J. A job shop scheduling game with GA-based evaluation[J]. Applied Mathematics and Information Sciences,2014,8(5):2627-2634.

[181]WANG L,CAI J C,LI M,et al. Flexible job shop scheduling problem using an improved ant colony optimization[J]. Scientific Programming,2017,2017(Pt. 1):1-11.

[182]ZANDIEH M,KHATAMI A R,RAHMATI S H A. Flexible job shop scheduling under condition-based maintenance:Improved version of imperialist competitive algorithm[J]. Applied Soft Computing,2017,58:449-464.

[183]TKINDT V,MONMARCHE N,TERCINET F,et al. An Ant Colony Optimization algorithm to solve a 2-machine bicriteria flowshop scheduling problem[J]. European Journal of Operational Research,2002,142(2):250-257.

[184]NEEMA M N,MANIRUZZAMAN K M,OHGAI A. New genetic algorithms based approaches to continuous p-median problem[J]. Networks and Spatial Economics,2011,11:83-99.

[185]Parsopoulos K E,VRAHATIS M N. Particle swarm optimization method for constrained optimization problems[J]//Intelligent Technologies-Theory and Applications:New Trends in Intelligent Technologies,2002,76:214-220.

[186]RESENDE M G C,WERNECK R F. A fast swap-based local search procedurefor location problems[J]. Annals of Operations Research,2007,150:205-230.

[187]LIAO Y,VEMURI V R. Use of K-nearest neighbor classifier for intrusion detection[J].

Computers & Security,2002,21(5):439-448.

[188] DOSSELMANN R, YANG X D. A comprehensive assessment of the structural similarity index[J]. Signal,Image and Video Processing,2011,5(1):81-91.

[189] WANG M, WANG J. CHMM for tool condition monitoring and remaining useful life prediction[J]. The International Journal of Advanced Manufacturing Technology, 2012, 59 (5/8): 463-471.

[190] CYRIL D, JAYDEEP K, CHANDRA N, et al. Tool life predictions in milling using spindle power with the neural network technique[J]. Journal of Manufacturing Processes, 2016, 22 (Apr.): 161-168.